俄罗斯最新装备理论与技术丛书

航空无线电系统与机载雷达信息处理技术

（上）

航空无线电系统

［俄］A. C. Карташкин 著

滕克难　主编译

贾慧　薛鲁强　韩建立　编译

曲长文　主审

国防工业出版社

·北京·

著作权合同登记　图字:军-2014-219号

图书在版编目(CIP)数据

航空无线电系统与机载雷达信息处理技术. 上,航空
无线电系统／(俄罗斯)A. C.卡尔达什艮著;滕克难
主编译. —北京:国防工业出版社,2017.1
(俄罗斯最新装备理论与技术丛书)
ISBN 978-7-118-11004-3

Ⅰ. ①航... Ⅱ. ①A... ②滕... Ⅲ. ①航空通信-无
线电通信②机载雷达-信息处理 Ⅳ. ①V243.1
②TN959.73

中国版本图书馆 CIP 数据核字(2016)第 325310 号

Авиационные радиосистемы
А. С. Карташкин
ISBN:978-5-93037-225-0
本书通过中华版权代理总公司授权出版。

※

国防工业出版社出版发行
(北京市海淀区紫竹院南路 23 号　邮政编码 100048)
腾飞印务有限公司印刷
新华书店经售

*

开本 710×1000　1/16　印张 18¼　字数 357 千字
2017 年 1 月第 1 版第 1 次印刷　印数 1—2000 册　定价 98.00 元

(本书如有印装错误,我社负责调换)

国防书店:(010)88540777　　　发行邮购:(010)88540776
发行传真:(010)88540755　　　发行业务:(010)88540717

编译者序

航空无线电技术是军用飞机通信、导航、着陆、目标探测和识别，以及电子侦察、对抗和防御的关键支撑技术，它不仅直接关系到军用飞机的品质，还决定着军用飞机的遂行各种作战任务的能力。因此，世界航空大国都十分重视航空无线电技术在现代军用飞机上的应用研究。

俄罗斯作为航空大国，历来重视航空无线电技术的研究和应用。《航空无线电系统》一书俄文版 2011 年由俄罗斯无线电软件出版社（Издательское предприятие РадиоСофт）出版，原著俄文书名 *Авиационные радиосистемы*，汇集了俄罗斯航空无线电技术领域的最新研究成果。该书从基本理论和基本方法入手，深入阐述了无线电技术在航空工程领域的各项应用，特别是对军用飞机机载电子设备系统设计与信号分析处理的工程技术方法等方面讲解透彻、案例详实、深入浅出、言之有物；既介绍了基础理论和研究方法，又直观地反映出俄制航空电子设备的技术特点和工程设计理念，具有较高的学术和实用价值。

近些年来，通过航空工业技术领域对俄合作，我国科技人员对俄罗斯航空无线电系统跟踪研究多年，在工程技术领域也有深入地消化吸收，但对其内在原理理论和设计理念仍缺少系统完整地剖析掌握。本书面世，将有利于国内从事航空装备科研任务的人员掌握相关知识和技术，促进我国国防科技事业和武器装备建设的发展。

为方便读者阅读，编译过程中在保持原著章节结构不变的基础上，对章节内的部分内容编目进行了细化和明确。本书适用于无线电通信、导航、着陆、目标探测和识别，与电子侦察、对抗和防御专业的科研设计人员，以及航空装备发展论证研究人员、航空装备使用维护工程师，与高等院校教师、研究生和大学生参考使用。

全书的翻译编辑出版工作从 2013 年初启动。滕克难教授担任主编译，对全书进行统稿和审校，并对第 1 章、第 2 章内容进行了译校；韩建立对第 3 章内容进行了译校；薛鲁强对第 4 章内容进行了译校；贾慧承担了全书的文字翻译工作，对第 5 章、第 6 章进行了译校，并承担了所有图表和公式的翻译、编辑工作。曲长文教授对全书进行了审校。

历时 3 年多时间，本译著终于与读者见面了。特别感谢国防工业出版社为本译著编辑出版工作给予的悉心指导。由于编译者水平有限,错误和疏漏之处在所难免,敬请同行专家和广大读者予以指正。

主编译:滕克难

2016 年 6 月 7 日

前　言

现代航空领域正处于迅猛发展的时期，一方面是因为主张使用近地空间的战略、战术任务范围不断拓展，另一方面是因为航空技术和飞行器技术性能（例如飞行器的飞行高度、爬升速度、载重量、飞行距离等）得到不断提高。这两个原因导致了需要更加细微地观察日趋复杂的空中态势，同时要更加有效地缓解这种紧张情况。为了解决观察和缓解空中态势的问题，很多情况下我们将希望寄托于无线电系统。

无线电系统这个术语来源于拉丁语"radio"（辐射的意思）和希腊语"systēma"（意思是紧密结合在一起的整体），具体的词语解释就是：用于确定战术任务并在工作过程中使用电磁波的复杂技术综合体。可以根据战术任务的相似性，将无线电系统进行归类，例如，执行单独的航行阶段（飞机机动或着陆）任务的无线电系统，或者是在指示器屏幕上反映空中态势的自动化无线电设备等。

作为一种技术综合体，无线电系统的复杂性是由两个因素决定的。第一个因素是功能结构具有多样性，即无线电系统通常是多种不同的装置（用于完成某种技术功能的组件）组成的，而每种装置的结构都与其他装置有所不同，并且执行的任务与其他装置也不尽相同。一般来说，无线电系统的组成部分，通常包括的功能组件有发射装置、接收装置、天线和指示器等。

第二个因素是使用的材料具有多样性，即为了保证无线电系统正常工作，不仅要使用电子器件（放大器、振荡器等）或机械组件（天线、波导等），而且还要使用特殊的信息载体——电磁场。

无线电系统承担的战术任务是非常宽泛的，包括发射和接收各种语音与非语音信息、确定飞行器的国籍属性、确定自身的位置等。所以，无线电系统既可以在自主（独立的）状态下工作，也可以作为更大型系统的组成部分与其他几个无线电系统共同完成战术任务（导航驾驶综合系统就属于这种情况）。

无线电系统在航空领域中的应用开始于100多年前，即20世纪初。历史上第一次出现的无线电系统是电报机（当时的电报员在地面上向飞行员发送空中态势变化的情报，例如出现大规模的敌方飞机），此后，又出现了无线电定向导航系统（当飞机从海上飞入到云层后，机载无线电接收机可以根据安装在海岸上的无线电信标机发射的信号来确定航向）。在现代，无线电系统与其他系统（例如陀螺仪和电动液压装置）一同成为航空领域的必备装置。

无线电系统可以解决大部分的航空任务,其优点主要体现在以下几个方面:

(1)作用距离。无线电系统的作用距离与电磁波辐射源的特性,以及电磁波在空间中的传播距离有关。多数情况下,无线电系统是唯一的可以实现远距离联系的方法,例如有雾情况下光学设备的作用距离会比较小,而在夜间飞行员利用肉眼观察也会比较困难。

(2)多功能。这个优点体现在应用前景非常广阔,例如,使用无线电系统不仅可以确定飞行器位置,而且还可以计算出飞行器的速度、向它发送信息和确定它的国籍属性等。

(3)灵活性。这个优点体现在无线电系统可以在不改变重量、尺寸和供电指标的情况下,在足够宽的范围内改变自身参数,特别是可以采用多种无线电信号调制样式,进而实现大容量的信息发送,而采用变频方法还可以提高无线电系统的抗干扰能力。

(4)工作效率。由于电磁波在空间中的传播速度非常快,而且信号处理器中的信号处理速度也非常快,所以这个优点已经得到证实。

(5)大信息量。这个优点体现在使用高频无线电信号复杂编码的情况下,因为这种无线电信号的每一个信号都可以携带大容量的多样化的信息。

(6)自主性。这种优点的前提条件是,无线电系统可以不借助其他系统独立完成工作。

无线电系统的优点还因为下述的一些其他原因得到进一步凸显:

(1)无线电系统的理论研究和应用实践,均得到了比较好的发展。

(2)现代元器件制造工艺可以使无线电系统的重量、尺寸、供电需求和可靠性指标满足使用要求。

(3)计算机可以提高大容量信息的处理速度。

此外,无线电系统也存在着一些不足,例如:

(1)价格比较昂贵(根据各种资料统计,无线电系统的造价占整个飞行器造价的 60% ~80%)。

(2)能量消耗比较大,而且飞行器上使用的大功率无线电系统效率比较低。例如,多普勒导航系统 AN/ASM-128,在机载 400Hz 电网供电功率为 125W 的条件下,其瞬时辐射功率可达 50MW。

(3)机载无线电系统的发射天线必须(许多情况下是这样)超出机身,这就导致了飞行器的空气动力特性变差。

(4)不可能(多数情况下)只使用某一种地面无线电系统和机载无线电系统就可以完成整个飞行过程(从起飞到着陆)的无线电联络,通常需要使用几种无线电系统,这就导致了飞行成本的提高,甚至还会存在不能联络的飞行区域。

(5)无线电系统向空间辐射电磁波必然会引起周围生态环境的破坏。

对于无线电系统来说,可以根据不同的标准进行分类。现代通常使用的分

类方法是,根据无线电系统的安装位置和使用用途进行分类:

(1) 地面无线电系统(例如,无线电信标机、空间扫描无线电系统等)。

(2) 机载无线电系统(例如,无线电罗盘、地面扫描无线电系统等)。

此外,需要注意的是,某些无线电系统既有地面设备,也有机载设备(例如,国籍属性识别无线电系统、无线电着陆系统)。

根据使用用途,无线电系统可以分为:

(1) 民用无线电系统(例如,防相撞无线电系统、空中管制无线电系统等)。

(2) 军用无线电系统(例如,无线电拦截和瞄准系统、无线电制导系统等)。

最后,需要注意的是,大多数无线电系统具有双重使用用途,既可以用于民用,也可以用于军用(例如,无线电高度表、多普勒测速系统)。

目　　录

第 1 章　无线电信号

1.1　无线电信号的基本概念

"信号"这个单词来源于拉丁语 signum（符号），通常解释为信息的物质载体。正是由于这个原因，信息（传递具有涵义的消息）和信息载体（信号）一般被认为是彼此相互独立的客体。信息或许是非物质的（可以是虚拟的，假想出来的），而信号则总是物质的，它们或许是声音、温度（热度）、水压等。有两种情况可以发出无线电信号：

一是电流和带电子的电荷流经电阻 R 而出现的电流 I 或电压 U。

二是电磁波。这种情况下，信号的物质载体是由一组相互关联的场强为 E 的电场和场强为 H 的磁场构成的电磁场。

因此，以电流（或电压）形式存在的无线电信号，通常在某个无线电设备中的电器仪表、电子管、晶体管等之间传播。而以电磁场形式存在的无线电信号，通常在特定介质中（对流层、电离层等）的空间传感器或各种无线电系统之间传播。

无线电信号的两种存在方式可以相互转换，其中的物理原理是：一是流经导体的交流电 I 可以引起导体周围空间的电磁场变化；二是电磁体磁场变化会对导体产生电磁感应，而使导体产生交流电。由于上述原因，电磁场和交流电的频率是一致的，这就保证了无线电信号的稳定性。

无线电信号随时间的变化，可以用各种解析函数的数学公式进行表示，并且还可以随意地进行函数变换，但进行函数变换时不总是可以用很规范的表达式进行表示，特别是在设计标准的无线电组件的时候。

为了解决这个问题，通常选择一个基本数学公式作为基准函数。选择基准函数通常依据一些技术性的因素（例如，是否便于产生特定形式的信号，是否可以将特定的信号放大后而其失真很小，信号的参数调制起来比较简单等）或者是一些便于理解的因素（例如，数学公式简单明了，数学运算简单方便，数学关系可以被完全解析等）。总之，通常选择那些常见的被称为谐波的正弦函数作为基准函数。

利用谐波作为基准函数的优点是，那些不是正弦波的无线电信号可以用线性的正弦复合函数进行表示。

基准函数还可以利用下列公式进行表示：

$$U(t) = U_m \sin(\omega_0 t + \varphi_0) \tag{1.1.1a}$$

$$I(t) = I_m \sin(\omega_0 t + \varphi_0) \tag{1.1.1b}$$

$$E(t) = E_m \sin(\omega_0 t + \varphi_0) \tag{1.1.2a}$$

$$H(t) = H_m \sin(\omega_0 t + \varphi_0) \tag{1.1.2b}$$

上述公式中的 $U(t)$、$I(t)$、$E(t)$、$H(t)$ 是瞬时值，其中：$U(t)$ 为瞬时电压强度，单位是伏特（V）；$I(t)$ 为瞬时电流强度，单位是安培（A）；$E(t)$ 为瞬时电场强度，单位是伏特每米（V/m）；$H(t)$ 为瞬时磁场强度，单位是安培每米（A/m）；U_m 为电压强度幅度值（最大值），量纲是 V；I_m 为电流强度幅度值，量纲是 A；E_m 为电场强度幅度值，量纲是 V/m；H_m 为磁场强度幅度值，量纲是 A/m；ω_0 为角频率，单位是弧度每秒（rad/s）；t 为当前瞬时时间，单位是秒（s）；φ_0 为初始相位，单位是弧度（rad）或度（°），弧度和度之间的换算关系约为：$1\text{rad} = 180/3.14° \approx 57.3°$；$1° = 3.14/180 \approx 0.0174\text{rad}$。

需要注意到的是，尽管电流 $I(t)$ 和电压 $U(t)$ 具有不同的物理属性，但它们彼此之间相互依存，因此可以用相同的公式进行表示，即如图 1.1.1 所示的函数表达式。同样，电动扬声器的不同物理性质的电场 $E(t)$ 和磁场 $H(t)$，也可以用相同的公式进行表示，为了简化只使用如图 1.1.2 所示的函数表达式。补充一点就是，电流频率与激发电流的电磁场频率相同，对于研究无线电信号的基础函数特征来说，可以只从一个函数表达式（1.1.1）入手。无线电信号基础函数图形如图 1.1.1 所示。

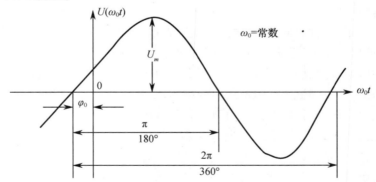

图 1.1.1　周期无线电信号基础函数图形 1

实际上，经常会有无线电信号角频率 ω 与频率 f 不同的情况出现。频率的测量单位是 1Hz，即 1s 振荡 1 次的频率记为 1Hz，而 1s 与 1Hz 之间的转换关系是 $S^{-1} = \text{Hz}$，数学公式是

$$f_0 = \frac{1}{T} \tag{1.1.3}$$

式中：T 为振荡周期（s）。

2

如果换算角频率 ω 与频率 f,则

$$\omega_0 = 2\pi f_0 \tag{1.1.4}$$

式中:$\pi = 3.14$。基础函数在坐标系中的表现形式可能与图 1.1.1 不同,而是如图 1.1.2 所示。这种情况下分析基础函数可以利用下列公式:

$$U(t) = U_m \sin(2\pi f_0 t + \varphi_0) \tag{1.1.5}$$

$$U(t) = U_m \sin\left(\frac{2\pi}{T}t + \varphi_0\right) \tag{1.1.6}$$

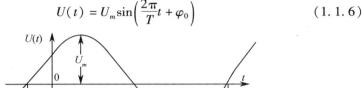

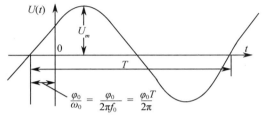

图 1.1.2　周期无线电信号基础函数图形 2

容易看出,式(1.1.5)和式(1.1.6)可以表示成:

$$U(t) = U_m \sin\left[2\pi f_0\left(t + \frac{\varphi_0}{2\pi f_0}\right)\right]$$

$$U(t) = U_m \sin\left[\frac{2\pi}{T}\left(t + \frac{\varphi_0}{2\pi}T\right)\right]$$

无线电理论中角频率与频率(后文中统一简称为频率)相关的一项非常重要的研究就是关于频谱的问题。

通常情况下,无线电信号完整频谱被称为指定频率组成的无线电信号谐波调幅调制关系式。根据这个定义,完整的频谱包含两个部分:

一是由各种频率为 f_0 的谐波成分组成的无线电信号,这些谐波成分的初始相位 φ_0 曲线图(无线电信号相位频谱);

二是由各种频率为 f_0 的谐波成分组成的无线电信号,这些谐波成分的幅度 U_m 曲线图(无线电信号幅度频谱)。

实际上经常使用到的频谱主要是幅度频谱,而相位频谱的使用情况比较少,因而幅度频谱通常被简称为频谱。

最初的时候,人们通常会从两种物理特性对无线电信号开展研究,一是无线电信号内部的电子特性,二是无线电设备或无线电系统之间传播信号的空间电磁场特性。因此,一说到频谱的概念,就会联系到无线电信号的电子特性。

图 1.1.3 描述了低频和高频无线电信号及其频谱的基础函数形式。

如果从电磁场特性对无线电信号进行分析,实际上就会衍生出一个使用更为广泛的概念——波长。

基础函数数学表达式中的无线电谐波信号波长 λ,被称为谐波振荡一个周

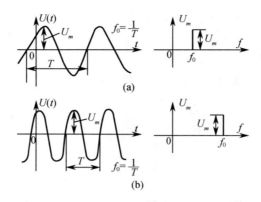

图 1.1.3　低频和高频无线电信号的基础函数波形及其信号频谱

期 T 内无线电信号传播的距离。波长 λ 和周期 T 之间的关系是

$$\lambda = CT \tag{1.1.7}$$

式中:C 为空间中无线电信号的传播速度。对于在地球大气层中传播的无线电信号来说,C 为 299792.4562km/s $\pm$ 0.2m/s,但实际计算时,C 取 300000km/s(无线电波在真空中的传播速度)。

如果要对式(1.1.7)进行求解,那么式(1.1.2a)可以改写成

$$E(l) = E_m \sin\left(\frac{2\pi}{\lambda_0}l + \varphi_0\right) \tag{1.1.8}$$

式中:l 为当前无线电信号传播的距离($l = Ct$);λ_0 为无线电信号波长。

根据式(1.1.8)可以看出,如果固定时间 t,那么在无线电波的传播距离中场强 E 的分布情况,如图 1.1.4 所示。

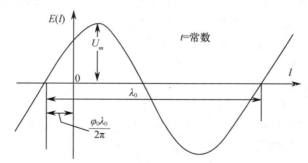

图 1.1.4　固定时间 t 时,无线电基础函数谐波的空间波形图

谐波振荡 $E(l)$ 的初始相位是 $\frac{\lambda_0}{2\pi} \cdot \varphi_0$,因此式(1.1.8)可以改写为

$$E(l) = E_m \sin\left[\frac{2\pi}{\lambda_0}\left(l + \frac{\lambda_0}{2\pi}\varphi_0\right)\right]$$

在空间中的固定点上,谐波振荡 $E(t)$ 的函数特性如图 1.1.5 所示。

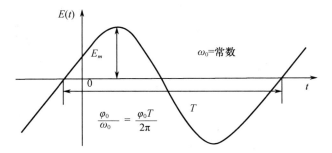

图 1.1.5　随时间变化的电场强度(基础函数谐波振荡信号的)特性曲线

同样,根据图 1.1.4 和图 1.1.5 的图解说明,式(1.1.2a)和(1.1.8)可以用于表示电场强度 E 的空间和时间变化特性。图 1.1.6 和图 1.1.7 可以描述固定时间 t 时,电流 I 和磁场强度 H 之间的关系曲线。可以注意到,这些关系曲线与如图 1.1.2 所示的 $U(t)$ 图形没有太大的不同,可作为另一种表示 $U(t)$ 的关系曲线。

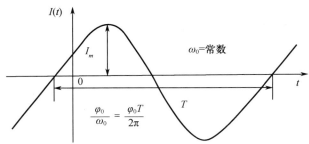

图 1.1.6　随时间变化的电流强度(基础函数谐波振荡信号的)特性曲线

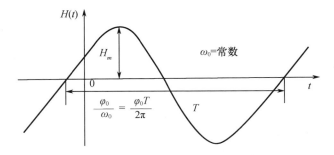

图 1.1.7　随时间变化的磁场强度(基础函数谐波振荡信号的)特性曲线

另外,将式(1.1.1b)、式(1.1.6)和式(1.1.8)进行转换之后,可以为某个基础函数的构成参数(时间、相位和幅度)提供不同的注解。

再回到前言中提到过的关于无线电信号分类的问题。

实际上诞生于 20 世纪初的那些航空无线电系统,至今仍然被允许使用,所以就造成了在大气层中会有各种波长的无线电波同时传播。因此,波长成为无线电信号波段划分的一个重要原则。

现代无线电波和光波(用于测向)的波段划分,如表1.1.1所列。

表 1.1.1

下边界		波段名称	上边界	
f_0/Hz	λ_0/m		f_0/Hz	λ_0/m
3×10^{-3}	10^{11}	次声波	3×10^3	10^5
3×10^3	10^5	超长波	3×10^4	10^4
3×10^4 (30kHz)	10^4	长波	3×10^5	10^3
3×10^5 (300kHz)	10^3	中波	3×10^6	10^2
3×10^6 (3MHz)	10^2	短波	3×10^7	10
3×10^7 (30MHz)	10	超短波:米波	3×10^8	1
3×10^8 (300MHz)	1	超短波:分米波	3×10^9	10^{-1}
3×10^9 (3GHz)	10^{-1}	超短波:厘米波	3×10^{10}	10^{-2}
3×10^{10} (30GHz)	10^{-2}	超短波:毫米波	3×10^{11}	10^{-3}
3×10^{11} (300GHz)	10^{-3}	光波:红外光	4×10^{14}	7.5×10^{-7}
4×10^{14} (400THz)	7.5×10^{-7}	光波:可见光	7.5×10^{14}	4×10^{-7}
7.5×10^{14} (750THz)	4×10^{-7}	光波:紫外光	3×10^{15}	10^{-7}

对表1.1.1做出以下说明:

(1)航空无线电系统中实际上没有使用波长长度超过 10^5 m 和短于 10^{-5} m (如红外线波段)的波段,只是为了波段图谱的完整性而列出其他波段。

(2)航空无线电系统中实际上集中使用超短波波段(波长从 1~10m),而处于厘米波和分米波段的电磁波有时会被称为特高频电磁波。

(3)表1.1.1中附带的参数单位对应的参数值是:

1kHz = 10^3 Hz;1MHz = 10^6 Hz;1GHz = 10^9 Hz;1THz = 10^{12} Hz。

1.2 无线电信号的传播

前文提到各种波长 λ_0 的无线电波通过各种方式在大气层(航空无线电系统

的主要工作空间)中传播,下面将深入研究这个问题。

简要说明一下无线电波在两个最有效的大气层空间(对流层和电离层)中的传播效应。

1.2.1 对流层对无线电信号传播的影响

最靠近地表的大气层最底层部分被称为对流层。在两极上空的对流层上限高度为10km,在热带地区上空的对流层上限高度为18km。对流层中有十分充沛的水蒸气(从海洋表面蒸发出来的),其质量占据整个大气层质量的大部分(大约80%)。由于对流层内部的不均匀性(水蒸气凝结后从高空 h 处落下,改变了对流层内电介质的渗透性和折射系数 $n = \sqrt{\varepsilon}$),进而导致无线电波在对流层中传播路径发生弯曲(折射)。

通常情况下,较厚的对流层表面折射梯度 $\frac{\partial n}{\partial h}$ 值是恒定值,取值 $4 \cdot 10^{-8} 1/m$,因此无线电波以曲度半径 $R_{\text{КРИВ}} = \left(-\frac{\partial n}{\partial h} \right)^{-1}$ 开始向地面方向偏转(如图1.2.1 中的线条1)。对于标准的对流层来说,$R_{\text{КРИВ}}$ 等于 25 000km。由于折射增大了无线电台工作距离,同时也提高了无线电接收装置配置点处的电磁场强度。

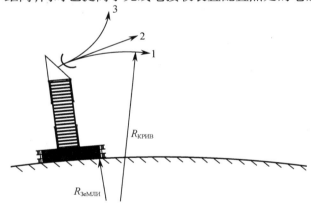

图1.2.1 对流层中无线电波传播示意图

但是受各种气象因素影响,对流层会从标准状态转变成具有异常性质的状态,如果不同高度 h 的折射系数 n 不同,那么可能不会产生折射(如图1.2.1 中的线条2),而如果折射系数 n 随着高度 h 增强,那么无线电波传播路径会向地面凸起(如图1.2.1 中的线条3)。这两种情况实际上对航空无线电系统来说都是不利的,因为这两种情况会使接收端接收不到无线电信号或是无线电信号较弱。

最后,还有一种折射效应就是超折射(图1.2.2)。这种情况下,由于某个折射角度弯曲较大,无线电波在对流层下层部分受到反射而反射回地表,并依次反复传播下去。在无线电中继、大洋表面或是气象良好稳定的陆地上空，会偶尔观察到主要是分米波的超折射现象，这种效应会导致无线电系统作用距离大幅提升（可能大大超过视距范围），但是因为随机性，这种效应并不具有规律性。

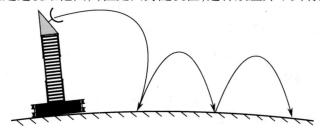

图 1.2.2　超折射现象

此外，无线电波在发生折射后，对流层中的某些部分还会吸收无线电波。长波、中波和短波在对流层中差不多没有被减弱，而波长 $\lambda_0 < 10\text{cm}$ 的无线电波被吸收的最为明显。这是因为一部分电磁能量被消耗而转换为热能（如对流层中的氧气和水蒸气被加热，形成雨、雪、雾和冰雹），而另一部分被降水和硬质粉尘（灰尘、烟）散射到各个方向。对流层对厘米波的散射效应，与距离和对流层内部层次稳定性、均匀性有关，此外对流层中涡流源的不均匀性也导致散射效应成为无线电系统作用距离增加到视距以外的原因（这个问题的说明可见图1.2.3）。如图 1.2.3 所示，无线电发射装置天线 A1 发射的厘米无线电波，其传播路径在对流层中经过反射（散射）而被拉伸，无线电波向各个方向散射的同时，也向无线电接收装置天线 A2 方向散射，这样就在 A1 和 A2 之间建立起了无线电联系通道。

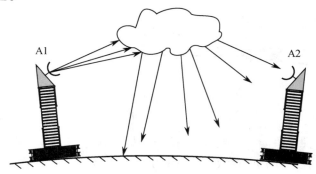

图 1.2.3　由于积雨云反射形成无线电波作用距离增大的现象

对流层传播的无线电波容易受到不良效应衰减，例如接收端的无线电信号电平会发生变化和延迟。为了减少衰减影响，通常在垂直于无线电信号传播方向上不是布置一个接收天线，而是根据信号衰减性在接收空间中（在 $100\lambda_0$ 距离上）布置两个接收天线。

1.2.2　电离层对无线电信号传播的影响

高度为 60～20000km 的大气层部分被称为电离层。电离层含有大量被部分或完全电离化的气体。这意味着电离层中拥有众多的自由电子和离子,这些粒子是由太阳辐射的紫外线和射线产生的,此外太阳光和宇宙粒子流中的带电电荷落入大气层后也会产生这些粒子。但是,在太阳向地球辐射过程中,离子化过程中也有一个逆转换过程,即电子与合适的离子重新组合成中性的原子和分子。特别是在离子化活动停止之后,这种重组的发生更为激烈,例如日落之后。所以,电离层是准中性的,不同高度上的电子密集情况也各有不同(电子最为密集的区域是 100～1000km)。因此,电离层中电介质的渗透性会随着高度的变化而改变,折射系数 $n = \sqrt{\varepsilon}$ 也变化不定。当 $\varepsilon < 1$ 时(比真空中的折射系数小),会出现这样的情况,即随着高度增加 ε 会逐渐趋于 0,而后变为负值,此时无线电波被折射向电离层的各个部分,直到折射结束为止。图 1.2.4 展示了这种情况下无线电波传播路径图。如图 1.2.4 所示,随着高度增加 ε 值下降(电子密集程度提高),在从 i 层(更为稠密的电离层)到 $i+1$ 层(相对不太稠密的电离层)的每个转换过程中,无线电波的折射角度不断下降,最后当折射角度大约等于(或大于)90°时的瞬间,无线电波折射向地球方向,此时角度 φ_0 可根据下列公式计算:

$$\sqrt{\varepsilon_0}\sin\varphi_0 = \sqrt{\varepsilon_1}\sin\varphi_1 = \cdots = \sqrt{\varepsilon_m}\sin\varphi_m \tag{1.2.1}$$

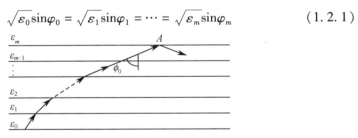

图 1.2.4　存有足够密集自由电子的电离层反射无线电波现象

当 $\sqrt{\varepsilon_0} = 1$,则

$$\sin\varphi_0 = \sqrt{\varepsilon_m} = \sqrt{1 - 80.8 \cdot \frac{N}{f_0^2}} \tag{1.2.2}$$

式中:N 为 m 层电离层中电子密集程度;f_0 为无线电波频率。

分析式(1.2.2)和某些个别情况可以发现,如果频率 f_0 增加,那么无线电波向电子密集程度更高的电离层反射,无线电发射装置到地面接收端的距离增长,但角度 φ_0 不变。如果频率 f_0 增加的更大,那么无线电波不会被当前电离层反射,对这个无线电波来说当前电离层变成透明的,无线电波可能传播向宇宙空间。

综合分析可以得出这样的结论,电离层可能成为一个频率无线电波(KB 波段)的特殊镜面,可以大幅提升无线电系统作用距离,而其他一些频率无线电波(УKB 波段)可以实现与宇宙飞行器的通信(图 1.2.5)。

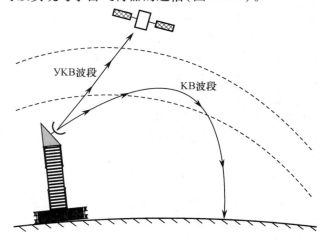

图 1.2.5　各种波段无线电波在电离层中传播

综上所述,对流层和电离层是无线电波传播最理想的大气层部分。对流层和电离层的中间大气层被称为平流层(对流层上界到 60km 高的大气层部分),平流层对无线电波衰减影响较小,这是因为平流层的空气稠密性较小(相比于对流层),而且自由电子和离子的密集程度较低(相比于电离层)。因此,平流层对于无线电波来说是透明的。

下面简要总结一下无线电波在大气层中传播的主要特点,实际上就是归纳一下无线电波在近地空间的传播特点。

红外线无线电波:这种无线电波是由长时间的(大约 100ms)闪电放电产生的,而且这种无线电波是沿着地球磁场的磁力线传播的(由北向南)。红外线无线电波的传播可以离开地球较远的距离(10 倍的地球半径)再返回地球,这个效应在北极圈的闪电放电最为明显。实际上,早期的航空无线电系统并没有注意到红外线无线电波的使用。

超长和长波无线电波:这种无线电波是指在所谓的"地球波导"内传播(即地球表面和电离层最底层之间连续反射)的无线电波。这些无线电波可以围绕地球传播,因此在远距离无线电通信系统(还包括远距离无线电导航系统)中被广泛使用。此外,这些无线电波受自然环境因素影响(日出、日落、太阳周期活动等)的电磁场起伏比较小(10% ~ 30%),因此这种无线电波的接收性足够稳定。

中波无线电波:中波无线电波传播的特殊性在于,不仅能在地表传播(如图 1.2.6 中的曲线 1),而且能够利用电离层反射进行传播(如图 1.2.6 中的曲线

2）。中波利用电离层反射传播的最大意义在于,其反射的电离层高度比超长波和长波的反射电离层高度更高,即反射中波的电离层自由电子密集程度更高(例如,反射300kHz的无线电波需要的电子密集程度是$40cm^{-3}$,对应的电离层高度是60km,而反射3MHz的无线电波需要的电子密集程度是$3.6 \cdot 10^{3}cm^{-3}$,对应的电离层高度是80km)。此外,电离层反射对地面和空中的无线电接收构成干扰。如果在接收端的信号放大周期内,正常接收与反射接收的无线电波相互作用,那么无线电信号会衰减,如果反射接收的无线电波相位发生改变(由于电离层空气离子化产生的杂乱脉冲影响),那么无线电信号接收会随机起伏。一般来说正常接收与反射接收的无线电波同时到达接收端会导致信号衰减,而自然环境因素也会导致信号衰减,白天时中波无线电波(λ_0为200~2000m)会受到电离层十分强烈的吸收,使得空中反射的无线电波被完全吸收掉,而只能接收地表传播的无线电波。

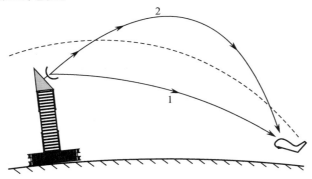

图1.2.6 中波无线电波在大气层中的传播

有一种特殊情况就是,可以在无线电接收端强制地排除掉沿地球表面传播的无线电波,而是只接收由电离层反射的无线电波。但遗憾的是,当接收端接收到电离层反射的两个波束时(如图1.2.7所示的曲线1和2),这种情况下的无线电信号衰减非常明显。导航系统中采用的信号抗衰减方法之一是使用专门的、具有空间选择性的(例如,窄方向图)天线(抗衰减天线)。

短波无线电波:这种无线电波非常容易被地表吸收。因此,使用短波的无线电系统作用距离比较小(不大于几十公里)。如果无线电系统不在地表工作,而是在空中工作(即利用一次或多次的电离层反射),那么无线电系统的作用距离可以被延长。此外,在无线电信号不被电离层反射的条件下,通过增大工作频率也可以延长无线电系统作用距离。原因是,对于特定的无线电波来说,频率增大则被电离层吸收的可能性下降。顺便说一下,这种吸收与地表吸收有所不同。

需要注意的是,为了更为高效地使用远距离无线电系统,需要在昼夜间的不同时段使用不同波长的无线电波:白天适用于使用 λ_0 为 10~25m 的无线电波;

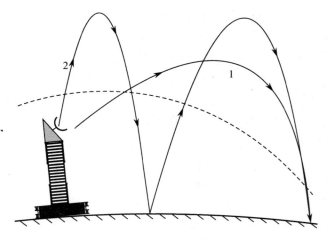

图 1.2.7　在空间中形成干扰的中波无线电波

夜间适用于使用 λ_0 为 35 ~ 100m 的无线电波;黄昏适用于使用 λ_0 为 25 ~ 35m 的无线电波。由于可反射 λ_0 无线电波的电离层高度连续变化,使得两个或更多的反射无线电波束相互影响(图 1.2.7),进而会造成接收端无线电信号的起伏(衰减)。短波无线电波的另一个缺点是,使用短波的无线电系统附近存在一个被称为"寂默区"的区域(如图 1.2.8 中的线段 AБB 所示)。

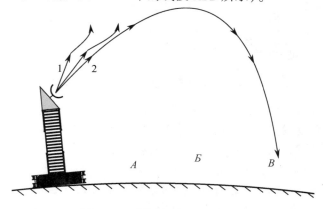

图 1.2.8　短波无线电波寂默区

　　由于短波被地表强烈吸收,接收端的地表波束能量很低。如图 1.2.8 所示中的波束 1 和 2 差不多垂直穿透电离层而进入宇宙空间。因此,出现一个特异现象,当无线电接收装置与发射装置的距离恰好满足无线电信号衰减条件,那么当无线电信号消失之后无线电接收端还会突然出现无线电信号。

　　利用短波可以实现所谓的"环球无线电回波"效应(图 1.2.9)。此时,天线 A 发射的无线电信号可以通过两种途径到达接收端 Б,一是短距离到达(如图 1.2.9 中的线段 1),二是长距离到达(如图 1.2.9 中的线段 2)。如果 A 和 Б 点之间的地表弧度距离小于20000km,那么Б点将两次接收到无线电信号。实验证明,无线电信号环行地球一周所消耗的时间不是一个定值,而是介于0.13760～0.13805s之间。"环球无线电回波"效应并不是一种有益的效应,消除这种效应影响的方法是,选择使用合适波长的无线电波和使用具有空间选择性的天线(窄方向图天线)。

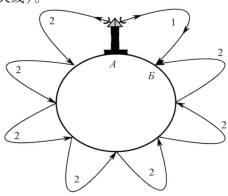

图1.2.9　短波无线电波"环球无线电回波"效应的形成

米波无线电波:米波无线电波不能环绕地球表面,因此地表波束传播距离仅比直线传播距离略长,其空中波束具有散射现象,这是由于电离层底部大气层电子密集程度不均匀造成的。由于散射效应,米波无线电波传播距离可达到800～2000km(其传播过程与图1.2.3所示相似)。随着频率增大,米波无线电波散射会减弱,而且电离层散射效应仅对$\lambda_0 > 5m$的米波无线电波起作用。

对于米波无线电波来说,慢衰减是一种典型现象。但是随着地磁纬度的增加(其他条件忽略不计),无线电信号的接收能力会增强。此外,由于宇宙电磁风暴引起的电离层扰动,对米波无线电波的散射过程没有影响。减少信号衰减可以采用增大发射机功率和使用具有空间选择性的天线(具有尖锐方向图的天线)。

米波无线电波的传播有一个特殊性,即可通过离子化的流星尾迹进行反射传播。地球大气层中有非常多的(亿万颗)陨石和陨石流,大气层的稠密部分(80～120km)捕获的坚硬物质粒子发生燃烧后、气体电离后发射出来的热电子、陨石飞行后面的被拉长到25km直径不超过10cm的离子化气团等都会具有反射米波无线电波的镜面性质。这意味着,远距离通信可以利用这一效应,但是由于陨石尾迹存在时间非常短暂(只有0.1～100s),所以这种方式实现通信具有间歇性。因此,无线电系统通常先在稳定的陨石流中积累一定信息,然后(在陨石闪过后)再以预定的方案发射频率为30～50MHz的无线电信号。再次强调一下,通过离子化的流星尾迹进行反射通信,只能是利用米波无线电波。

分米和厘米无线电波:分米和厘米无线电波在大气层的电离层中基本不发

13

生折射和散射,而是直接穿过电离层进入宇宙空间。由于这一特性,分米和厘米无线电波用于与宇宙飞行器的通信。同时,分米和厘米无线电波可实现航空无线电系统之间的近距离视距通信(通过分米和厘米无线电波在地球表面绕射)和远距离通信(通过分米和厘米无线电波在不均匀的对流层中散射)。

毫米无线电波:毫米无线电波在对流层中传播会受到折射(传播路径弯曲)和降雨(雪、雨、雾和冰雹等)吸收的影响。但确实有四个波长值为 1.2mm、2mm、3mm、8.6mm 的无线电波受到的吸收影响较小,这被称为对流层的"透明窗口"。有种情况是约定俗成的,即在地面无线电系统和低空(直升机)无线电系统的部件上使用毫米波比较受限,可是在对流层外的宇宙飞行器之间的通信领域中,毫米波则有着非常广泛的应用。这是因为电离层对毫米无线电波的传播毫不影响。

光波无线电波:光波无线电波只能在地表波束状态下传播,而且传播距离非常短(没有降雨的条件下,其传播距离可达 20km)。在有降雨的条件下,光波无线电波的传播距离会明显减少。实际上,航空无线电系统中使用光波极为少见,可是在宇宙通信方面使用光波却是一种非常有效的方法。

1.3　无线电信号的调制

任何航空无线电系统都可以被视为是对信息进行发射和接收的技术装备综合体。例如,发射装置中预先在无线电信号中植入需要的信息,然后再向一定距离发射这个信号。

接收装置担负的任务是反向提取信息:在感知(接收)到发射的无线电信号后,信号中承载的信息也被提取出来。提取出来的信息可能具有各种属性:或是船舷外面的空气温度值,或是地面无线电信标机角度状态值,或是飞机飞行高度,或是燃料剩余量,等等。向无线电信号中植入信息,通常是通过对无线电信号参数进行调制("调制"来自拉丁语 modulatio)来实现的。

下面详细地来介绍一下信号调制问题。

如果发射信号记为基础函数 $U(t) = U_m \sin(\omega_0 t + \varphi_0)$,那么信号自身并不带有信息,这是因为信号参数没有经过调制(即信号标准值没有变化)。原则上来说,表示为基础函数的无线电信号任何参数都是可以被调制的。

实际上,航空无线电系统中普遍采用的一种信号调制方法(技术实现最简单)就是幅度调制。

无线电信号的幅度变化被称为幅度调制,即

$$U(t) = U_m(t)\sin(\omega_0 t + \varphi_0) \tag{1.3.1}$$

此时,信息(例如飞行器飞行高度的变化)被转换成幅度电压赋给某一函数 $U_m(t)$。函数 $U_m(t)$ 的关系曲线具有随机性。

举两个典型例子：

第一个例子：用函数 $U_m(t)$ 表示的信号，是一种线性变化的信号：

$$U_m(t) = U_0 + A_m \sin\Omega_M t \qquad (1.3.2)$$

式中：A_m 为调制电压幅度；Ω_M 为调制电压重复频率；U_0 为调制电压均值。

当幅度调制信号式(1.3.1)记为

$$U(t) = (U_0 + A_m \sin\Omega_M t)\sin(\omega_0 t + \varphi_0) \qquad (1.3.3)$$

简单地取 $\varphi_0 = 0$，则式(1.3.3)改写成

$$U(t) = \left(U_0 + A_m \sin\frac{2\pi}{T_M}t\right)\sin\frac{2\pi}{T_0}t \qquad (1.3.4)$$

式中：$T_M = \dfrac{2\pi}{\Omega_M}$ 为调制信号周期；$T_0 = \dfrac{2\pi}{\omega_0}$ 为载波信号周期。

图 1.3.1(a)描述了式(1.3.4)的关系曲线，从中可以看出幅度调制信号的信号谱。可以认为，任何无线电信号都是由连续的特定频率的组合信号幅度调制而成。为了找到幅度调制信号的信号谱，需要把信号分解成调制信号组合。此时，需要利用三角函数：

$$
\begin{aligned}
U(t) &= U_0\left(1 + \frac{A_m}{U_0}\sin\frac{2\pi}{T_M}t\right)\sin\frac{2\pi}{T_0}t \\
&= U_0\left[\sin\frac{2\pi}{T_0}t - \frac{A_m}{2U_0}\cdot\cos\left(\frac{2\pi}{T_0}+\frac{2\pi}{T_M}\right)t + \frac{A_m}{2U_0}\cdot\cos\left(\frac{2\pi}{T_0}-\frac{2\pi}{T_M}\right)t\right] \\
&= U_0\left[\sin 2\pi f_0 t - \frac{m}{2}\cdot\cos 2\pi(f_0+f_M)t + \frac{m}{2}\cdot\cos 2\pi(f_0-f_M)t\right]
\end{aligned}
$$

$$(1.3.5)$$

式中：$f_0 = \dfrac{1}{T_0} = \dfrac{\omega_0}{2\pi}$ 为载波信号频率；$f_M = \dfrac{1}{T_M} = \dfrac{\omega_M}{2\pi}$ 为调制信号频率；$m = \dfrac{A_M}{U_0}$ 为幅度调制深度系数。

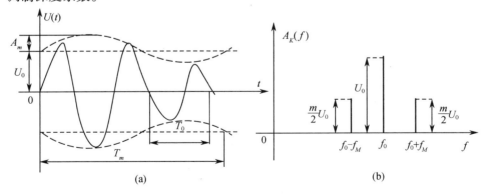

图 1.3.1　连续幅度调制信号(a)和信号谱(b)

由式(1.3.5)可见,幅度调制信号可以展开成 3 个谐波信号,即频率为 $f_0 -$ f_M、f_0、$f_0 + f_M$ 和幅度为 $U_0 \cdot \dfrac{m}{2} = \dfrac{A_m}{2}$、$U_0$、$U_0 \cdot \dfrac{m}{2} = \dfrac{A_m}{2}$ 的谐波信号。需要注意到,用于描述无线电信号幅度调制程度的幅度调制深度系数 m 是一个从 0 到 1 的无量纲值。

第二个例子:用函数 $U_m(t)$ 表示的信号,是一种被称为"视频脉冲"的连续脉冲序列,如图 1.3.2(a)所示。此时,幅度调制变成无线电脉冲幅度调制。载波信号频率 $f_0 = \dfrac{1}{T_0}$,如图 1.3.2(b)所示,无线电脉冲序列合成信号如图 1.3.2(c)所示。$\tau_\text{и}$ 值(一个脉冲宽度)和 $T_\text{п}$ 值(脉冲重复周期)是用于表示脉冲序列的基本参数。

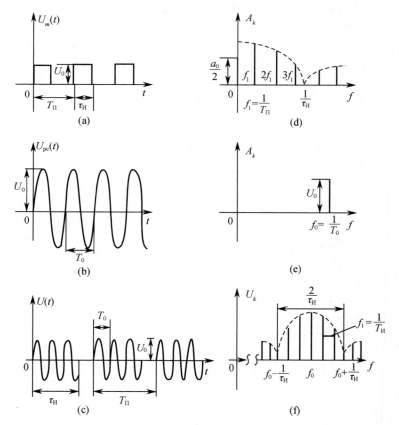

图 1.3.2　调制信号视频脉冲序列(a)及其脉冲谱(d);连续的载波信号(b)及其信号谱(e);
完成幅度调制后的无线电脉冲序列(c)及其脉冲谱(f)

为了找到无线电脉冲序列的脉冲谱,需要利用傅里叶变换的数学方法。众所周知,脉冲序列可以展开成两个频率(一个是整数频率Ω_1,另一个是分数频率$\Omega_1 = \frac{2\pi}{T_1}$)的傅里叶变换函数,而脉冲序列的幅度需要利用下列公式求解:

$$S(t) = \frac{a_0}{2} + \sum_{k=1}^{\infty}(a_k \cos k\Omega_1 t + b_k \sin k\Omega_1 t)$$

$$= \frac{a_0}{2} + \sum_{k=1}^{\infty} A_k \cos(k\Omega_1 t - \varphi_k) \qquad (1.3.6)$$

式中:

$$\frac{a_0}{2} = \frac{1}{T_1}\int_0^{T_1} S(t)\,\mathrm{d}t$$

$$a_k = \frac{1}{T_1}\int_0^{T_1} S(t)\,\cos k\Omega_1 t\mathrm{d}t; b_k = \frac{1}{T_1}\int_0^{T_1} S(t)\,\sin k\Omega_1 t\mathrm{d}t;$$

$$A_k = \sqrt{a_k^2 + b_k^2}; \varphi_k = \arctan\frac{b_k}{a_k}$$

无线电信号$S(t)$的信号谱只能反映无线电信号的幅度谱。傅里叶谐波函数的幅度A_K是对应频率为$\Omega_k = k\Omega_1$的调制脉冲幅度。无线电信号$S(t)$的相位谱(即Ω_k与φ_k的关系曲线)可以不用研究,因为相位谱的使用非常少。实际上T_1可取值T_n。

如果使用式(1.3.6)所示的无线电信号进行脉冲幅度调制,那么会得到如图1.3.2所示的脉冲序列谱:调制信号视频脉冲序列(a)及其脉冲谱(d);连续的载波信号(b)及其信号谱(e);完成幅度调制后的无线电脉冲序列(c)及其脉冲谱(f)。

除幅度调制外,另一种实际上在航空无线电系统中被广泛使用的调制方法是频率调制。

频率变化的无线电信号被称为频率调制,即

$$U(t) = U_m \sin\left[(\omega_0(t)t + \varphi_0)\right] \qquad (1.3.7)$$

式中:$\omega_0(t)$为无线电信号$U(t)$的频率变化规律(调制函数)。

如果调制函数$\omega_0(t)$根据下面的谐波规律发生变化时:

$$\omega_0(t) = \omega_1 + \omega_{\text{д}}\sin\Omega_M t \qquad (1.3.8)$$

式中:ω_1为载波频率;$\omega_{\text{д}}$为频率偏移(频率$\omega_0(t)$和ω_1最大差值);Ω_M为频率$\omega_0(t)$的调制频率。

将式(1.3.7)表示的无线电信号记为

$$U(t) = U_m \sin\left[(\omega_1 + \omega_{\text{д}}\sin\Omega_M t)t + \varphi_0\right] \qquad (1.3.9)$$

调制函数$\omega_0(t)$如图1.3.3中的(a)所示,频率调制无线电信号$U(t)$如图1.3.3中的(b)所示。

调频无线电信号式(1.3.7)的信号谱通常需要利用非常复杂的数学公式（包括贝塞尔函数）计算。这里不做求解说明。

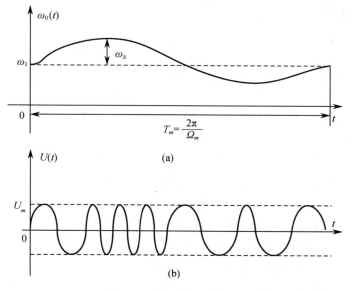

图 1.3.3　无线电信号频率调制函数(a)和调频无线电信号(b)

大家可能发现,如果$\dfrac{\omega_{\mathcal{A}}}{\Omega_M}$比值比较小,那么频率调制无线电信号的信号谱外形与①调幅无线电信号的信号谱外形非常相似。任何调制形式的频率调制无线电信号的信号谱如图 1.3.4 所示。

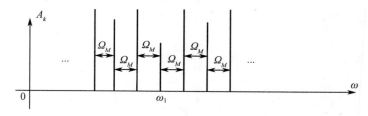

图 1.3.4　频率调制无线电信号的信号谱

还有一个非常重要的调制方法就是脉冲内部调制。由式(1.1.1a)所示的基础函数变化产生的频率和相位调制无线电信号就是这种方法的变种。下面来看一下脉冲内部频率调制。

如果调制函数 $\omega_0(t)$ 采用如图 1.3.5(a)所示的线性关系式:

---

① 原书有误,无此图。

$$\omega_0(t) = \omega_1 + \frac{\omega_{\text{Д}}}{\tau_{\text{И}}} \cdot t \qquad (1.3.10)$$

式中:t 为当前时间($t_0 < t < t_0 + \tau_{\text{И}}$);$\tau_{\text{И}}$ 为脉冲宽度;$\omega_{\text{Д}}$ 为频率偏移(如图 1.3.5(b)所示的线性频率调制无线电脉冲合成产生的)。线性频率调制无线电脉冲谱,如图 1.3.6 所示。实际上,航空无线电系统的脉冲内部调制很少使用式(1.3.10)所示的基础函数 $\omega_0(t)$。

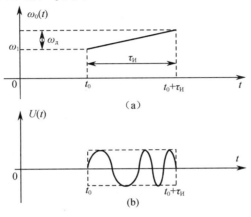

图 1.3.5 一个脉冲内瞬时频率线性变化(a)和频率已被线性调制的无线电脉冲(b)

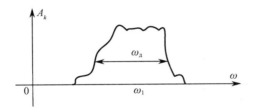

图 1.3.6 线性频率调制无线电脉冲谱

下面来看一下脉冲内部相位调制:

通常情况下,无线电脉冲内的相位值和相位周期是随机变化的。但实际上经常遇到下面的情况:整个脉冲宽度 $\tau_{\text{И}}$ 被分割成多个等宽度的 $\tau_{\text{Д}}$;式(1.1.1a)所示基础函数的频率等于 ω_0;频率 ω_0 的初始相位 φ_0 随着调制函数进行变化。

很多时候,初始相位 φ_0 只有两个值:0°和 180°(这在技术上很容易实现)。这种无线电信号被称为相位调制(例如,早期的无线电电报发射时使用"点击"和"划击"两种发报手法)或是被称为相位编码调制(使用专门的编码作为 0°和180°相位)。这种无线电信号如图 1.3.7(a)所示。

为了简化相位控制无线电信号的标记方法,通常将 $\varphi_0 = 0°$ 记为"＋",将 $\varphi_0 = 180°$ 记为"－"。如图 1.3.7(a)所示的相位控制无线电信号,其标记方法如图 1.3.7(b)所示。

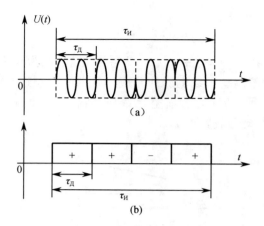

图 1.3.7　相位控制无线电脉冲信号示意图(a)和标记方法(b)

第 2 章　无线电通信系统

2.1　无线电通信系统组成

用电磁波远距离发射和接收信息的无线电电子装备被称为无线电通信系统。在 1899 年 7 月，А. С. Поповым 、П. Н. Рыбкиным 和 Д. С. Троицким 三个人，首次实现了从飞行器（气球吊舱）向地面（发射机放在气球上）的无线电报通信。

现代航空领域中使用的无线电通信系统，是战场情报获取的重要信息化装备之一（图 2.1.1）。获取的情报是多种多样的，例如：单架飞机飞行轨迹修正（在复杂气象条件下获得飞行轨迹修正信息或者识别地标是非常重要的情报信息），飞机编队飞行控制（单架飞机彼此发射相互间隔距离的情报信息）。

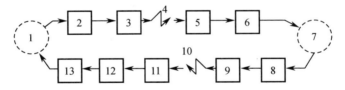

图 2.1.1　无线电通信系统的信息传输流程图

1—外部情报；2、8—情报信息形成器；3、9—无线电信号形成和辐射通道；4、10—无线电信号传播介质；

5、11—无线电信号接收和处理通道；6、12—无线电信号转换成信息信号；

7、13—信息信号接收器（7—自动同步处理接收器，13—执行器）。

各种情报的获取通常在地面上和飞机上的无线电系统同时进行。例如，单架飞机飞行轨迹修正，不仅依靠地面无线电系统，而且还需要机载无线电系统进行观测。

信息系统工作流程如下：

（1）外部情报经过分析之后，产生原始情报信息信号（例如，飞行员语音通信或机载数字式电子计算机产生的连续电码）。

（2）这个原始情报信息信号转换成向空间发射的原始无线电信号（电磁波形式的）。

（3）从空间获取原始无线电信号，处理后获得原始情报信息信号。

（4）获取到的原始情报信息信号进入情报信息信号的接收器（如飞行控制中心或机场相关部门的信号接收器）。

（5）将外部情报信息处理后，产生新的（二次）情报信息信号（例如，飞机航线改变指令或使用机载武器的命令）。

（6）这个二次情报信息信号被转换成二次无线电信号向空间传播。

（7）被接收到的二次无线电信号经过一系列变换，最终分离出二次情报信息信号。

（8）执行机构（例如飞机舵面控制系统或机载导弹发射系统）被接通，外部情报变化使得执行机构随之执行任务（如飞机按照航路飞行或消灭敌方目标）。

如上所述就是利用信息系统实现战场情报的处理过程。

航空无线电通信系统的具体任务是：

（1）将原始情报信息信号转换成原始无线电信号。

（2）向空间发射原始无线电信号。

（3）从空间接收原始无线电信号。

（4）将原始无线电信号转换成原始情报信息信号。

（5）将二次情报信息信号转换成二次无线电信号。

（6）向空间发射二次无线电信号。

（7）从空间接收二次无线电信号。

（8）将二次无线电信号转换成二次情报信息信号。

可以看出，无线电通信系统将原始情报信息信号传送给相应的信号形成器，并把二次情报信息信号传送给相应的执行机构，其他航空装备的作用机理与之相似。

换言之，无线电通信系统结构是两个并联的、彼此对准的信息发射无线电系统。航空无线电通信系统的分类方法是根据作用距离来划分的，主要可以分为近距无线电通信系统和远距无线电通信系统。

2.1.1　近距无线电通信系统

在小于直线视距（图 2.1.2）内实现无线电联络的无线电通信系统，被称为近距无线电通信系统。

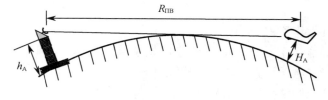

图 2.1.2　直线视距 $R_{\Pi B}$ 的示意图

直线视距 $R_{\Pi B}$ 的计算公式是：

$$R_{\Pi B} = 4.12\left(\sqrt{h_A} + \sqrt{H_A}\right) \tag{2.1.1}$$

式中:相对地面的高度 H_A 和 h_A 单位是 m; $R_{ПВ}$ 的单位是 km。如果 $h_A < < H_A$,则式(2.1.1)改为

$$R_{ПВ} = 4.12 \sqrt{H_A} \qquad (2.1.2)$$

举例来说,如果 $H_A = 10000$m,那么 $R_{ПВ} = 412$km。实际上,近距无线电通信系统的作用距离不超过 500km。

由于飞机与指挥调度机场,以及飞机与飞机之间的无线电联络是"直线"的。因此,近距无线电通信系统工作在超短波波段,其工作频率是 30 ~ 400MHz。最常使用的波段有两个:118 ~ 136MHz 和 225 ~ 400MHz。这些频率的选择,是由飞行员根据近距无线电通信的稳定性来选择的。而近距无线电通信的稳定性,与昼夜时间和电离层的活动有关。因此,在空中活动管制系统(如民航飞机密集区域管制)中和军用飞机、军用运输机之间使用 118 ~ 136MHz 波段。

个别情况下,对空中快速活动目标管制的控制系统以及飞机和直升机通信系统,将整个频段划分成多个频道,每个频道有一个固定的中心频率并间隔 25kHz。每个航空管制调度员按照扇形的责任区,利用划分的频道进行地面与飞行器的实时通信。在国际救援专用的 121.5MHz 频率上,管制调度员可以同时实现正常工作通信和救援通信。

波段 225 ~ 400MHz 适用于军用飞机和直升机之间通信的无线电通信系统,也适用于战略轰炸机和通信卫星之间的无线电联络(经过电离层)。当空间中的飞行器饱和时,近距无线电通信系统需要具有足够多的独立频道(例如,工作在 225 ~ 339.975MHz 波段的分米波近距无线电通信系统,有 7000 个间隔 25kHz 的频道,并且在 242MHz 的波道有 20 个预置频道)。

飞机天线和近程无线电通信系统发射的无线电信号功率比较小,只有 5 ~ 30W。因此,为保证只有微伏量级的接收机灵敏度(接收机输入和输出端信号电压或电流的品质),无线电通信系统的功率要达到 50 ~ 300W。近程无线电通信系统的接收机和发射机约重 3kg(集成电路体制的) ~ 10kg(晶体管体制的),体积约为 5 ~ 10dm³(例如,标准尺寸 12.7cm × 12.7cm × 19.3cm)。飞行员座舱仪表板上安装的无线电通信设备具有很高的工作可靠性(平均无故障工作时间大于 1000h)。

2.1.2 远距无线电通信系统

远距无线电通信系统可以实现比直线视距更远的无线电通信。这意味着,这种无线电通信系统能够进行地平线极限以上(几百或几千千米)的远程通信。远距无线电通信系统通常安装在远程飞机上(轰炸机、货运飞机、客运飞机上),以保证机组人员能够与飞行控制中心和起飞着陆机场进行通信。为保证无线电通信系统的远距通信,可以使用频率为 2 ~ 30MHz 的中波(波长 100 ~ 1km)和短波(波长 10 ~ 100m)无线电波段。为提高通信距离,可以采用中波和短波无线

电波经过多次电离层(高度为 100～150km)与地面反射,也可以采用中继装置
(安装在基地、地面或飞行器机体表面)。

为了利用电离层(电离层状态与太阳活动密切相关)实现远距通信,必须在
昼夜不同时段使用不同波长电磁波。夜间进行远距无线电通信,通常使用波长
35～120m 的无线电波;日出或日落时进行远距无线电通信,通常使用波长 25～
35m 的无线电波;白天进行远距无线电通信,通常使用波长 25m 的无线电波。
此外,随着接收地点的地理纬度不同,使用的无线电波波长也随之改变,例如在
北极圈使用短波进行无线电通信是不稳定的,通常使用中波(波长为 200～
300m)进行无线电通信。

远距无线电通信系统的另一个工作特点是,有多个(3000 个中心频率间隔
100Hz)预置的工作频道。这意味着,不同无线电系统的无线电信号接收机可以
使用固定的工作频道。

远距离通信和散射效应会导致接收信号的衰减,因此,相比于近距无线电通
信系统来说,远距无线电通信系统需要提高工作性能参数(例如,机载远距无线
电通信系统的发射机功率是 100～400W,地面远距无线电通信系统的发射机功
率是 300～1000W,军用机载远距无线电通信系统和各种装备辐射源的发射机
功率是 0.6～10kW)。军用接收机灵敏度是 1～5mW,收发装置质量和外形尺寸
是 13～35kg、14～56dm^3。

中继站(图 2.1.3)是用来接收一个方向的无线电波,再向另一个方向发射
无线电波。因此,中继站的无线电信号参数与通常的无线电信号参数有所不同,
但无线电信号中承载的信息(例如,指定区域的飞机数量和型号)却不失真。信
息不失真是中继站的一项重要功能要求。

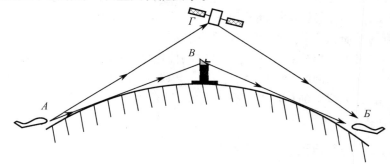

图 2.1.3　飞机 A 和 Б 通过空中和地面中继进行远距通信

下面简要说明一下近距无线电通信系统和远距无线电通信系统的特性。

如前文所述,无线电通信系统结构,实际上是两个并联的、彼此相互对准的
信息发射系统框图。为了更为清楚地了解无线电通信系统的功能特点,需要细
致研究无线电发射系统的工作过程。

发射信息的无线电发射系统工作原理,如图 2.1.4 所示。相比于完整的发射信息的无线电发射系统收发过程来说,这个原理图是非常简化的。

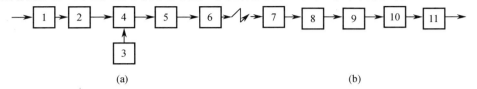

图 2.1.4　信息发送无线电系统的组成结构
(a)发射装置组成结构;(b)接收装置组成结构。

1—话筒(咽喉送话器);2、10—低频放大器;3—本机振荡器(高频振荡器);4—调制器;
5、8—高频放大器;6—发射天线;7—接收天线;9—检波器(解调器);11—电动扬声器(扬声器)。

2.2　无线电发射装置组成

用于发射信息的无线电发射装置组成结构,如图 2.1.4(a)所示,其工作原理如图 2.2.1 所示。

发射装置的一般工作流程如下:

首先,飞行员用肉眼观测空中情况;飞行员决定向地面航管调度部门发送情况信息;在送话器中说出情况信息;说话过程中,在飞行员嘴上和送话器之间产生信息信号 – 语音波(空气被压缩和释放);语音波压迫送话器中的振动片,导致送话器的输出端产生比较弱的电波电压;这个电波电压精准地复制了信息信号;接着,这个电压在低频放大器中被放大。

低频放大器输出端的电压通常不进入发射天线。实际上,人工语音的频率是 20Hz ~ 20kHz,相当于波长是 15 ~ 15000km 的无线电波。为了直接发射这个波长的无线电波,需要尺寸非常大的发射天线。发射天线尺寸由下式导出:

$$P_{\text{ИЗЛ}} = K \left(\frac{h_{\text{A}}}{\lambda_0} \right)^2 \tag{2.2.1}$$

式中:$P_{\text{ИЗЛ}}$ 为实际使用天线功率;h_{A} 为实际天线工作高度(相当于天线长度);λ_0 为无线电信号波长;K 为恒定系数。

如果将很大的波长值导入式(2.2.1)可见,接收低频信号的天线尺寸会非常大,这样的天线很难安装到飞机上。技术上的解决方案是,降低无线电波的波长。这意味着,飞机天线只能承担发射高频信号的任务,而低频信息信号则只能通过将信号参数(如幅度)进行编码的方式进行发射。也就是说,无线电发射装置只实现高频振荡调制(例如,技术上很容易实现的幅度调制)。

低功率本机振荡器产生高频振荡电磁波。从一接通电源开始,本机振荡器就开始以恒定的幅度和频率连续工作,直到被调制。产生调制的部件被称为调制器。然后,经过调制的高频振荡在高频放大器中放大后,进入发射天线。

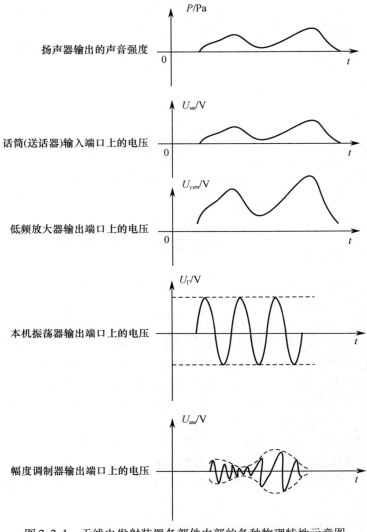

扬声器输出的声音强度

话筒(送话器)输入端口上的电压

低频放大器输出端口上的电压

本机振荡器输出端口上的电压

幅度调制器输出端口上的电压

图 2.2.1　无线电发射装置各部件内部的各种物理特性示意图

当发射天线输入端口出现电压变化的高频信号时,发射天线就以高频电磁场的形式向空间发射高频无线电信号。因此,发射天线除了具有发射功能外,还能够将电信号转换成为电磁(磁场)信号。

最终结果就是,飞行员通过发出无线电信号,向地面航管部门报告飞机附近战场情况,并完成相应的作战活动。可以认为是借助于无线电发射装置,无线电综合系统才能完成作战活动。

2.2.1　送话器(咽喉送话器)

送话器通过连续压缩和释放空气产生语音(信息)信号,语音信号的形式与电压相似。也就是说,如果送话器输入端的信号量纲是 Pa,那么送话器输出端的信号量纲是 V。电磁送话器的结构示意图,如图 2.2.2 所示。这种送话器用于噪声小的舱室内,例如飞行员座舱。

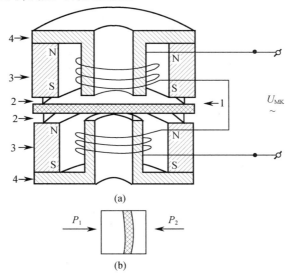

图 2.2.2　电磁送话器装置和工作原理示意图

(a)送话器功能组件;(b)振动片中的压力(由于语音压力 P_1 和 P_2 变化产生的)示意图。

1—振动片;2—隔断衬垫;3—环形磁铁;4—电极套管。

送话器的工作原理是,将作用在振动片两侧的声音压力差 $\Delta P = P_1 - P_2$ 转换成电压。当振动片两侧的压力相等时(经过座舱中物体反射后,噪声抵消),输出端没有电压。如果压力差 ΔP 不为 0(飞行员发音信号对振动片的一个方向上产生压力 P_1,且 $P_1 > P_2$),那么因为振动片发生弯曲而产生变化的磁场感应力,进而导致磁场变化。这个作用下,磁场中的绕组产生变化的电感信号。此时,送话器中 2 个绕组中的 1 个绕组产生电感信号,而另一个绕组也会相应地产生电感信号。由于 2 个绕组绕向相反且串联连接,所以电磁感应力是相互叠加的。不管输出电压 U_{MK} 有多小,为了提高这个电压,在这种送话器输出端通常都装有低频放大器。

咽喉送话器属于电 - 声转换器的一种,即可将语音(信息)信号转换成电压。咽喉送话器中产生振荡的不是空气,而是飞行员的咽喉。

咽喉送话器装置的结构简图,如图 2.2.3 所示。

咽喉送话器的工作原理是:在咽喉振动的作用下,两个电极之间活动的和不活动的碳粉颗粒电阻发生变化,进而接通电压保护电源电路;电阻变化导致电压保护电源电路与之同步通断。

一对咽喉送话器套在飞行员颈部,并利用弹性固定在飞行员咽喉两侧。发

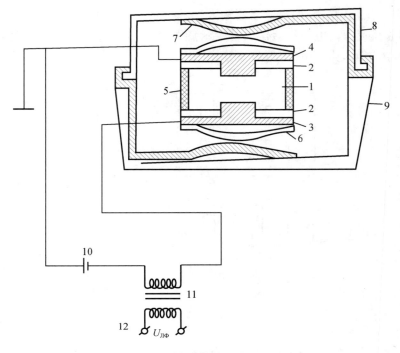

图 2.2.3 咽喉送话器装置的结构简图

1—碳粉；2—衬垫；3—带有活动电极的振动片；4—接地(固定点)电极；
5—密封腔外壳；6—密封腔接触帽；7—接触弹簧；8—帽；9—外壳；
10—电压保护电源；11—变压器；12—变压器转接绕组。

音时咽喉振动产生的声音,送至咽喉送话器,确切地说是送至咽喉送话器的振动片。振动片和与其连接在一起的活动电极进行惯性运动,碳粉颗粒之间的压力将随着振动发生改变,而输出端电压 $U_{\text{ЛФ}}$ (变压器二次绕组上的)也随着变化。

实际上由于咽喉送话器对环境噪声(达到 120dB 的环境噪声)不反应,因此被广泛应用于机载无线电通信系统中。咽喉送话器的缺点是:

(1)自噪声比较高。

(2)工作频率带宽小(300 ～ 3000Hz),并且咽喉送话器对频率的提升反应不敏感,因为咽喉送话器的振动速度小于咽喉的振动速度。

(3)非线性失真较大(约为 15%),有时需要用造价比较高的、但性能有改善的部件替换咽喉送话器。

2.2.2 低频放大器

低频放大器工作在 100kHz 频段,并且当 $U_{\text{BX}} = U_{\text{MK}}$ 或 $U_{\text{BX}} = U_{\text{ЛФ}}$ 时,输出信号 $U_{\text{УНЧ}}$ 的幅度 $U_{m\,\text{УНЧ}}$ 相比于输入信号 U_{BX} 的幅度 $U_{m\,\text{BX}}$ 来说,被放大了。

对任何放大器来说,放大系数 $K_{\text{УС}}(\omega)$ 是最基本的工作参数指标之一。如

果放大器的频率特征是 $K_{\text{yC}}(j\omega) = |K_{\text{yC}}(j\omega)|e^{j \cdot \arg Kyc(\omega)} = K_{\text{yC}}(\omega)e^{j \cdot \varphi yc(\omega)}$，其中 $|K_{\text{yC}}(j\omega)| = K_{\text{yC}}(\omega)$ 是幅度 – 频率函数关系式（即频率特征的数学模值），而且 $\arg K_{\text{yC}}(j\omega) = \varphi_{\text{yC}}(\omega)$ 是相位 – 频率函数关系式（即频率特征的自变量），那么这个放大器在特定频率 ω 上的放大系数 $K_{\text{yC}}(\omega)$ 是一个固定值：

$$K_{\text{yC}}(\omega) = U_{\text{m BЫX}}(\omega)/U_{\text{m BX}}(\omega) \tag{2.2.2}$$

图 2.2.4 是一种三极管低频放大器的原理电路。这种放大器电路的放大系数可达几百倍。

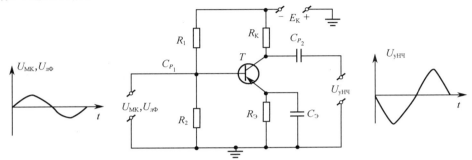

图 2.2.4 一种三极管低频放大器的原理电路图

下面分析一下这个电路中各种组件的功能作用：

一级电容 C_{P_1} 用于稳定进入放大器的串联电路中的电流和电压，且不破坏放大器的正常工作。

电阻 R_1 和 R_2 用于分配电压。这种电压分配的作用是：

（1）将很小的一个负电压加到三极管的基极上（因为电路中使用的是 PNP 型三极管），这个电压可以保证三极管工作在收集电子的工作状态，此时放大信号的失真最小。

（2）完成三极管工作状态的部分温度补偿，这是因为三极管工作时其附近介质会升温，如果不采用温度补偿电路，会很大的影响电流和电压的稳定性，当工作电流反向时，三极管的特性会导致输出信号非线性失真，也会导致放大系数的随机变化。

发射极电阻 $R_\text{Э}$ 和电容 $C_\text{Э}$ 用于反馈耦合，以增加三极管电流的稳定性。电阻 $R_\text{Э}$（作为电阻 R_1 和 R_2 的补充）用于反向电流保护，使基极—发射极保护电压工作在静止状态不变。电容 $C_\text{Э}$ 用于消除逆向交流电流（当存在输入信号 U_{BX} 时）。

三极管 T 是一种电子器件，当基极电流发生很小的变化就会导致集电极电流明显变化。这是对于使用 PNP 型三极管来说的。这说明，三极管中的电流是由"空穴"移动产生的，即电子从原子中分离形成带正电荷的空穴。此时，原子附近的电子会来到空穴的位置，以便平衡电价使原子变成中性。原子附近的电子脱离后形成空穴,新形成的空穴又被从中性原子中脱离的电子占据,依次反复。这个过程可以解释空穴的移动(即空穴电流),但从物理学角度来看,空穴运动和电子运动是不同的。空穴的活性不如电子的活性重要,但三极管内部空穴的移动是由发射极和集电极之间的电场作用产生的,而发射极和集电极之间的电场则是由电压源 E_K 的电场产生的。

集电极电阻 R_K 作为一个负载,将放大的输入信号 U_{BX} 加到放大器的输出端,以此作为输出电压 $U_{yHЧ}$。这说明,从电阻 R_K 上分配到的电压是输出电压 $U_{yHЧ}$。

二级电容 C_{P_2} 用于稳定放大器中的电流和电压,使其不进入后面串联电路的输入端。

电压源 E_K 用于提供三极管 T 正常工作所必须的保护电压。电压源的极性是负的,这是因为使用的是 PNP 型三极管。

低频放大器的幅度 – 频率特性 $K_{yHЧ}(\omega)$ 和相位 – 频率特性 $\varphi_{yHЧ}(\omega)$,如图 2.2.5 所示。可以发现,放大系数的 $K_{yHЧ}(\omega)$ 降低(低频区域近似于 0),是因为交流电流和电压被一级电容抵消,而高频区域的 $K_{yHЧ}(\omega)$ 降低,是因为寄生电容的作用,在电路元件的输出端总是存在这种寄生电容。

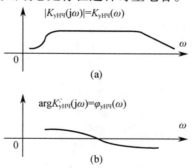

图 2.2.5　低频放大器的幅度 – 频率特性(a)和相位 – 频率特性(b)

2.2.3　本机振荡器

产生高频谐波振荡的低功率本地振荡器,被称为本机振荡器。图 2.2.6 是一种使用 PNP 型三极管的本机振荡器原理电路。这种本机振荡器可以形成频率为 ω_0 的正弦电压,这个频率 ω_0 是由三极管集电极电路中的振荡电路参数 L 和 C 决定的:

$$\omega_0 = \frac{1}{\sqrt{LC}} \tag{2.2.3}$$

下面分析一下这个电路的工作过程。

这个电路是在集电极电路的电压源 E_K 接通的瞬间开始工作,即集电极中出

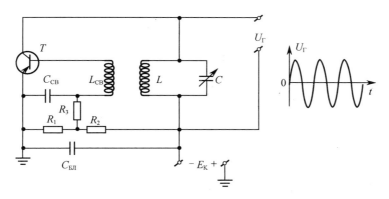

图 2.2.6　一种使用 PNP 型三极管的本机振荡器原理电路

现电流的瞬间。振荡电路中电容 C 充电,充电持续到线圈 L 开始放电,结果是电路中出现频率为 ω_0 的高频振荡。

为了使这个振荡不会衰减,将线圈 L_{CB} 构成的正向电路反向连接,线圈 L_{CB} 穿过由振荡电路的线圈 L 和电容 C 形成的电磁场。当电路中振荡幅度,因为线圈 L 的电阻消失而逐渐下降时,线圈 L 作用于线圈 L_{CB} 的磁场不断减小,此时电压立即增强。与三极管 T 的基极连接在一起的线圈 L_{CB} 上电压增强,导致集电极交流电流幅度增大,同时,集电极交流电流将能量注入到振荡电路中,使得电路中的电阻消耗得到平衡。最终使得电路中的高频振荡成为等幅振荡,并成为本机振荡器的输出电压 U_Γ。

有效产生输出电压 U_Γ 的一个必要条件就是选择正确的三极管工作方式。工作原理决定了电路中电阻 R_1 和 R_2 要根据 C_{CB} 和 R_3 来取值,以便保证电路能够自动偏压。电容 $C_{БЛ}$ 用于保护本机振荡器不受寄生振荡影响,这种寄生振荡的频率比振荡电路的谐振频率更高。例如,三极管工作在非线性特性状态下,就能产生寄生振荡。电容 C 的频率漂移是微调的,可以使其频率返回到额定频率。电容 C 的微调电路是自动的,但在图 2.2.6 中并没有体现出来。

2.2.4　调制器

在输入端输入调制和被调制信号,输出端形成相应调制方式的信号,这种电子器件被称为调制器。从技术的角度看,幅度调制最容易实现。图 2.2.7 是一种三极管幅度调制器的原理电路。

图 2.2.7 中,调制器 1 输入端输入的调制信号是来自本机振荡器输出端的高频谐波 U_Γ,而调制器 2 输入端输入被的调制信号是来自低频放大器输出端的低频电压 $U_{УНЧ}$。振荡回路 $L_M C_M$ 共振频率等于本机振荡器产生的高频谐波频率。电容 C_{PM} 通过保护电流将幅度调制器与串联电路分离开。

从数学的角度看,幅度调制过程是 2 个时间函数连乘,但在技术(电子)装

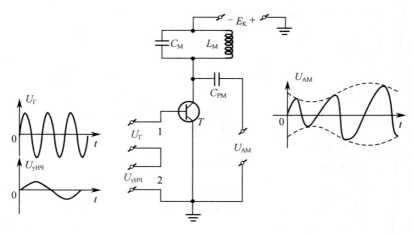

图 2.2.7　一种三极管幅度调制器的简单原理电路

备上准确实现连乘是不可能的。因此,实际上大部分的幅度调制电路是采用间接连乘的方法,即首先进行输入电压(调制信号和被调制信号)求和,然后将求和进行非线性变换(可以通过将三极管置于非线性工作状态来实现),最后非线性变换形成一个由多个组合构成的电压。调制器的频率选择电路(振荡回路 $L_M C_M$),可以从这个组合电压中分离出调制信号和被调制信号乘积。将分离出来的部分送入调制器的输出端,则转换成需要的幅度调制电压 $U_{BЫX\ AM}$。

　　对于频率调制,它的抗干扰性比幅度调制更好,但需要更为复杂的装置来实现频率调制。图 2.2.8 是一种三极管频率调制器的原理电路。

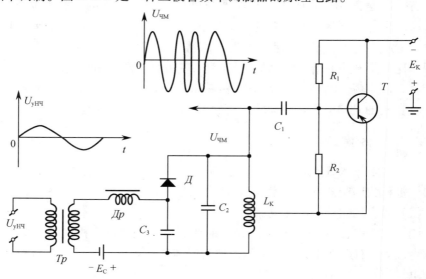

图 2.2.8　一种三极管频率调制器的简单原理电路

这个电路实际上是一个自反馈振荡器,振荡器的频率不超过几十兆赫。这种频率调制器输出电压频率可根据下式计算:

$$\omega_{0чM} = \frac{1}{\sqrt{L_K C_K}} \qquad (2.2.4)$$

式中:L_K 为振荡回路的电感值;C_K 为振荡回路的电容值(C_K 等于电容 C_2 和 C_3 以及二极管 Д 的总电容)。

如果式(2.2.4)中的 C_K 变化,那么频率 $\omega_{0чM}$ 也变化。正是这个原理实现了频率调制功能。总电容 C_K 的变化,是由二极管 Д 的电容变化引起的。由于二极管 Д 嵌入到反馈回路中,所以低频放大器输出信号 $U_{унч}$ 的调制电压,使 P—N 型二极管截止并改变其截止宽度。二极管截止宽度等于电容 C 的电容值,所以电容 C 是总电容 C_K 的一个组成部分,并且电容 C 控制着低频放大器的输出电压。

为了更为有效地把二极管 Д 作为可变电容 C 使用,需要利用稳压电源 E_C,把二极管 Д 的工作状态置于伏特—法拉特性的线性状态。电容 C_3 用于禁止直流电流从电源 E_C 进入振荡回路。节流器(带有铁芯的线圈)Д$_P$ 用于保护输入变压器 T_P 绕组不受振荡器高频交流电影响。

2.2.5 高频放大器

高频放大器工作在兆赫到几百兆赫的频段,并且当 $U_{BX} = U_{AM}$ 或 $U_{BX} = U_{чM}$,且 $U_{Bых} = U_{увч}$ 时,输出电压 $U_{Bых}$ 的幅度比输入电压 U_{BX} 的幅度大。

图 2.2.9 是一种三极管高频放大器的原理电路。

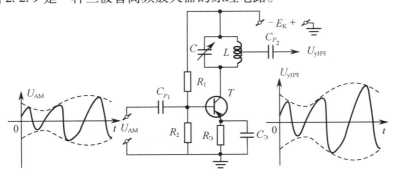

图 2.2.9　一种三极管高频放大器的简单原理电路

幅度 – 频率特性函数关系式 $|K_{увч}(jω)| = K_{увч}(ω)$ 如图 2.2.10 所示。高频放大器的幅度 – 频率特性函数关系式确定方法与低频放大器的幅度 – 频率特性函数关系式确定方法相似。高频放大器的主要频率选择组件是,电感系数为 L、电容值为 C 的振荡回路。

振荡回路嵌入到三极管 T 的振荡电路中,其共振频率 ω_{PE3} 为

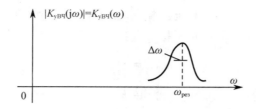

图 2.2.10　高频放大器幅度 – 频率特性函数关系式

$$\omega_{PE3} = \frac{1}{\sqrt{LC}} \tag{2.2.5}$$

高频电压谱的中心频率(本机振荡器的工作频率 ω_0)作为高频放大器的输入。高频放大器的幅度 – 频率特性函数关系式 $K_{yBq}(\omega)$ 与输入信号谱一致。这说明,幅度 – 频率特性宽度 $\Delta\omega$(高频放大器的渗漏波段)介于 0.7 ~ 最大值之间,且不小于输入电压谱基准宽度。当式(1.3.4)所示的幅度调制电压满足:

$$\begin{cases} \omega_{PE3} = \omega_0 \\ \Delta\omega \geqslant 2\Omega_M = 4\pi f_M \end{cases} \tag{2.2.6}$$

此时,为了使输出电压谱相对输入电压谱的失真最小,在渗漏波段 $\Delta\omega$ 的极值条件下,幅度 – 频率特性函数关系式的曲线形状应该是更为平滑的(最理想的曲线形状应该是水平的)。在对高频放大器进行检测时,可以对共振频率 ω_{PE3} 进行微调,使振荡回路中的电容 C 发生改变。当串联电路与高频放大器输出端接通后,振荡回路通常会对电流进行分流(这是因为串联电路的输入电阻很小),这会导致渗漏波段 $\Delta\omega$ 扩大。为避免这一影响,可以只使用一部分线圈 L,而不是使用全部的线圈。高频放大器其他部件的作用与低频放大器的相应部件作用相似。

2.2.6　发射天线

发射天线结构和工作说明详见第 2.4 节"收发天线"。

2.3　无线电接收装置的组成

用于接收信息的无线电接收装置结构简图,如图 2.1.4(b)所示,其工作原理如图 2.3.1 所示。

无线电接收装置工作原理是:当飞行员自己发射信号时,无线电系统发射天线的电磁场(包括电场 E 和磁场 H)随着高频无线电信号实时变化。这个电磁场离开发射天线后以速度 V 向空间传播。

$$V = \frac{C}{\sqrt{\varepsilon\mu}} \tag{2.3.1}$$

式中:C 为电磁波在真空中的传播速度($C = 3 \cdot 10^8 \text{m/s}$);$\varepsilon$ 为传播介质穿透系数(真空时 $\varepsilon_0 = 1/36\pi \cdot 10^{-9} \text{F/m}$);$\mu$ 为传播介质导磁率(真空时 $\mu_0 = 4\pi \cdot 10^{-7} \text{H/m}$)。$\varepsilon$

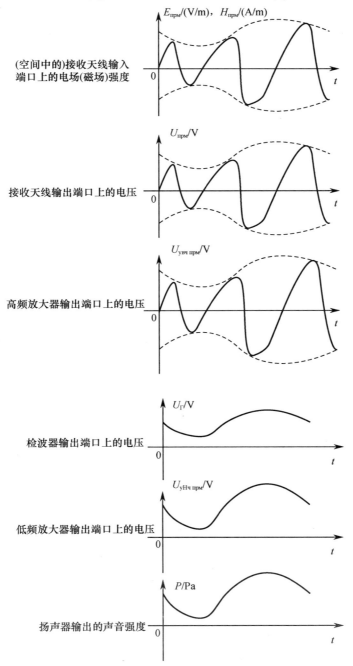

图 2.3.1　无线电接收装置各组件内部物理信号示意图

的单位量纲是"法拉每米"F/m,其中法拉是电容单位;μ 的单位量纲是"亨利每米"H/m,其中亨利是电感单位。

经过一段时间的传播,电磁场到达无线电接收天线,并在天线上产生随高频无线电信号(发射装置发射的)变化的电流。也就是说,接收装置的天线不仅从空间中接收高频电磁场,而且还会将电磁场转换成为高频无线电信号(电流形式的)。由于常规无线电信号(接收天线输入端上的)通常功率比较小(约 10^{-10} ~ 10^{-14} W),为了改善接收质量需要将信号放大。为了可靠记录下信号,要求功率达到瓦级,而且接收机要有很大的放大能力(10^{10} ~ 10^{14}倍),因此,接收机中有多个串联的放大器。

对无线电接收装置提出的另一个要求就是,初始信息(例如,飞行员的语音)无失真。由于可以将信息编码成为高频无线电信号的参数(幅度、频率等),所以上述的无失真要求就变成无线电接收装置参数与接收到的无线电信号参数之间的匹配性问题,在接收天线和放大器中就有类似的匹配性要求,例如,天线的频率范围通常要大于高频无线电信号谱的宽度,放大器的谐振频率要与高频无线电信号谱的中心频率一致,并且放大器的通频带等于信号谱的基本带宽。

此外,无线电接收装置工作过程中可以把信息信号从高频信号中分离出来,这个功能由检波器(解调器)实现。

最后,信息信号被转换成容易被信息接收装置所感知的形式,例如把信息信号(接收机中以低频交流电压形式存在的)变成地面航管部门能够听到的飞行员语音声波(由扬声器完成这个功能)。接收机的一个重要技术参数是灵敏度。所谓的灵敏度,可以让人联想到接收机输入信号处于最小电压(最小功率)条件下,接收机输出端信号的品质(例如,语音的清晰度)。

可以认为正是借助于无线电接收装置,无线电综合系统才能完成作战活动。

2.3.1　接收天线

接收天线结构和工作说明详见第2.4节"收发天线"。

2.3.2　高频放大器

无线电接收装置中的高频放大器组件和工作原理,与无线电发射装置中的高频放大器组件和工作原理相似。高频放大器输入端电压记为 $U_{\text{ПРМ}}$,输出端电压记为 $U_{\text{УВЧ ПРМ}}$。

2.3.3　检波器(解调器)

解调器的功能是从高频输入电压参数中分离出变化(调制)规律(以低频输出电压形式存在的)。如果调制方式是高频谐波电压幅度调制,那么为了分离出这种调制方法的规律,必须使用幅度检波器。幅度检波器的原理图,如图

2.3.2 所示。

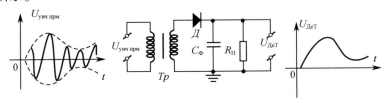

图 2.3.2　幅度检波器的原理图和高频幅度调制电压 $U_{\text{увч}}$

　　高频幅度调制电压 $U_{\text{увч}}$ 经过变压器 T_p（用于保护交流电压的进入，避免输入电压反向，串联电路上必须正确使用的）加载到幅度检波器的输入端，进而成为二极管 Д 的输入端。电压 $U_{\text{увч}}$ 的正半波经过二极管 Д 向电容 C_{Φ} 充电。电压 $U_{\text{увч}}$ 的负半波不经过二极管 Д，而是在二极管 Д 的输出端出现间歇性的电容 C_{Φ} 放电（经过负载电阻 R_{H}）。电容 C_{Φ} 电容值和电阻 R_{H} 电阻值要根据下面的条件选择，即能够分离出调制电压的频率 Ω_{M}，却不能分离出载波频率 ω_0：

$$\frac{1}{\omega_0 C_{\Phi}} \ll R_H \ll \frac{1}{\Omega_M C_{\Phi}} \tag{2.3.2}$$

　　如果调制方式不是幅度调制，而是频率调制，为了分析出频率调制规律（低频电压形式的），需要使用频率解调器。频率检波器的原理图，如图 2.3.3 所示。

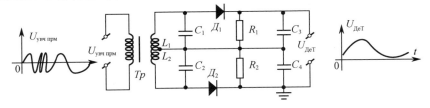

图 2.3.3　最简化的频率检波器原理图

　　频率检波器实际上是一种电路，这种电路可以将频率调制振荡转换成为幅度调制振荡之后再进行检波。将频率调制电压转换成幅度调制电压，是利用了一种振荡回路，这种振荡回路的谐振频率 $\omega_{\text{PE3 чм}}$ 不等于 ω_0（发射和接收装置中的高频放大器工作频率），而是等于 $\omega_0 + \Delta\omega_1$ 和 $\omega_0 - \Delta\omega_1$，其中 $\Delta\omega_1$ 稍大于偏移频率 $\omega_{\text{д}}$，这是因为频率 ω_0 取值是振荡回路幅度 – 频率特性曲线的中间部分。振荡回路的幅度 – 频率特性曲线外形不发生变化。当振荡回路的输出电压是幅度调制的，那么幅度调制规律就转变成频率调制规律。

　　如图 2.3.3 所示的频率检波器中，使用了两个振荡回路（$L_1 C_1$ 和 $L_2 C_2$）和两个同样（$R_1 = R_2$，$C_3 = C_4$）的幅度检波器并联。这两个振荡回路中，一个共振频率是 $\omega_{\text{PE3 чм}} = \omega_0 + \Delta\omega_1$，另一个共振频率是 $\omega_{\text{PE3 чм}} = \omega_0 - \Delta\omega_1$。此外，幅度检波器并联，可以将电路中振荡回路的幅度 – 频率特性曲线拉长。

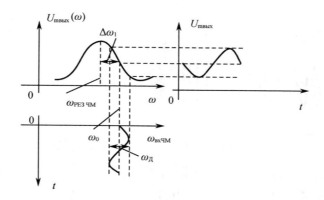

图 2.3.4 利用振荡回路的幅度 − 频率特性,将频率调制信号转换成幅度调制信号

2.3.4 低频放大器

无线电接收装置中的低频放大器组件和工作原理,与无线电发射装置中的低频放大器组件和工作原理相似。低频放大器输入端电压记为 $U_{ДЕТ}$,输出端电压记为 $U_{УНЧ ПРМ}$。

2.3.5 扬声器(扩音器)

扬声器(扩音器),是将低频电压转换成与之形式相似的声音信号的装置。扬声器(扩音器)简化电路图,如图 2.3.5 所示。

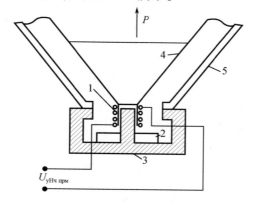

图 2.3.5 扬声器(扩音器)简化电路图
1—发声线圈;2—固定磁铁;3—带有套管的铁芯;4—扩散器;5—支架。

低频放大器输出端电压记为 $U_{УНЧ ПРМ}$ 加载到发音线圈上,发音线圈周围产生低频电磁场脉动,此电磁场与固定磁铁相互作用使得发音线圈开始沿着铁芯轴线振动,这种低频振动传感到扩散器,在扩散器输出端产生能被地面航空管制调度员听见的声音(压缩和释放空气)。

38

扬声器(扩音器)的优点是非线性失真比较好,而且具有很好的幅度 – 频率特性(频率间隔曲线比较平滑)。为了改善扬声器的弹性和提高耐久性,可以使用掺杂有羊毛和人造纤维的硬纸来制造扬声器,而为了能够在低频波段上更好地播放声音,可以使用波纹低扩散器来制造扬声器。

扬声器(扩音器)不仅在地面上使用,大部分飞机上也都有安装。民航飞机座舱中的呼叫器安装有一个特殊要求,即要求声音平稳而没有回声,以防止影响其他装备工作。因此,民航飞机座舱中的呼叫器安装位置要距离行李舱或装饰墙 1.5m。通常呼叫装置约有几千克重,例如有一种定制的呼叫装置重 6.8kg。

2.4 收发天线

用于向空间辐射电磁波或从空间接收电磁波的无线电装置,被称为天线。天线的一个重要参数指标就是方向图 $G(\alpha,\beta)$。方向图 $G(\alpha,\beta)$ 是用角度(α,β)为自变量来描述电磁场强度,其中 α 角度用来描述水平方向,β 角度用来描述垂直方向,方向图中最大角度指向的是电磁场强度最大的方向。

传统的方法是将所有天线分为发射天线和接收天线。发射天线是用于向空间发射电磁场(这个电磁场的实时变化规律反映了天线输出端上感应电流的变化规律)。对于发射天线来说,方向图 $G(\alpha,\beta)$ 揭示了天线在某一方向上辐射的电磁场强度关系,具体的角度 α 和 β 取值为 0°~360°。接收天线是用于从空间接收电磁场(这个电磁场的实时变化规律反映了天线输入端上感应电流的变化规律)。对于接收天线来说,方向图 $G(\alpha,\beta)$ 揭示了天线在某一方向上接收到的电磁场强度关系,具体的角度 α 和 β 取值为 0°~360°。当电源功率额定($P_{изл}$ = 常数)时,所有 α 和 β 的取值都是等差分布的(R = 常数)。

很多现代航空无线电系统都安装有既可以辐射电磁场又可以接收电磁场的天线,即收发天线,并且多数情况下接收和发射的方向图是一样的。通过测量无线电通信系统的天线方向图形状,可以得到一个非常重要的功能就是,能够根据方向图的指向确定具体对象(例如,飞机)相对于地面站的方向。因此,为了能够从任何方向上接收信号,无线电通信系统的天线应该是全向天线(至少是水平面上的全向天线)。

符合全向性要求的最简单的天线,是杆状天线。这种天线是一种比较短的(0.5~2.5m)金属杆,其方向图(理想条件下的)是一个不标准的圆环(内径为0)。这说明,杆状天线竖直放置时,天线垂直平面上的方向图剖面(图 2.4.1)是“8”字形的,天线水平平面上的方向图剖面(图 2.4.1)是“圆环”形的。

实际上,辐射系统(包括杆状天线)的方向图可能与设计要求有较大差别。这是因为在杆状天线附近存在其他反射体时,这些反射体在反射天线电磁场时会产生再辐射(二次辐射)电磁场,二次辐射电磁场会干扰原来的电磁场,形成

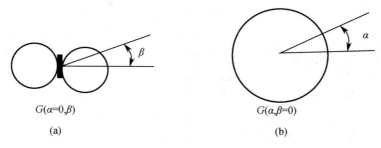

$G(\alpha=0,\beta)$ $G(\alpha,\beta=0)$

(a)   (b)

图2.4.1　杆状天线方向图剖面

（a）垂直平面上的方向图；（b）水平平面上的方向图。

状态更为复杂的合成电磁场。例如，当安装在飞机上的杆状天线辐射电磁场时，会在飞机机体金属外蒙皮上形成感应电流，进而感应电流形成二次辐射电磁场覆盖在杆状天线辐射电磁场上。此时的方向图不能说是杆状天线的方向图，而应该说是"飞机和杆状天线"的方向图。

举一个例子进行分析，当杆状天线安装在飞机腹鳍前沿上时：

（1）理想情况下（图2.4.2（a）），不考虑飞机时的天线环形方向图（垂直平面上的"8"字形方向图）。

（2）如图2.4.2（b）所示的情况下，中波辐射波长（波长为0.1~1km）明显超出飞机的外形尺寸，飞机蒙皮上的电流实际上与天线上的电流周期相同，此时不出现干扰影响（可以认为飞机和杆状天线有一个共同的辐射中心），环形方向图的畸形变化比较小。

（3）如图2.4.2（c）所示的情况下，短波辐射波长（波长为10~100m）与飞机的外形尺寸基本相当，飞机蒙皮上与天线上的电流不同（可以认为带电蒙皮和杆状天线是空间中2个分立的辐射源），不同电流产生的电磁场开始相互干扰，此时环形方向图发生畸形变化（有时这种畸形变化比较严重）。

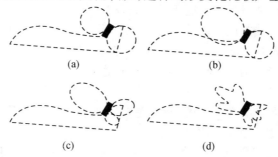

(a)   (b)

(c)   (d)

图2.4.2　安装在飞机腹鳍前沿上的杆状天线方向图

（a）理想条件下天线方向图；（b）天线－机体的中波辐射方向图；
（c）天线－机体的短波辐射方向图；（d）天线－机体的超短波辐射方向图。

（4）如图2.4.2（d）所示的情况下，超短波辐射波长（波长小于10m）不超过飞机和部分机体的外形尺寸,合成的方向图畸形变化比较大(具有多个瓣状的盲区)。此时,可以认为辐射的射频信号是由天线而不是飞机蒙皮产生的,而天线被称为"天线－飞机"系统辐射电磁场的激励器。

为了有效进行机载无线电通信,除了要选择工作波长之外,还需要找到最合适安装天线的位置。寻找合适的天线安装位置非常重要,例如,当合成电磁场的辐射强度不是由天线的辐射强度决定,而是由飞机蒙皮上的辐射强度决定时,天线应安装在激励效应最小的蒙皮位置上。

在飞机上选择天线安装位置,有以下几点建议:

(1)天线安装在电流最集中的位置上(例如,机背顶部)。

(2)如果为了保证定向发射,天线安装在曲形面的最高处(个别时,为了垂直向下发射,天线安装在机身底部)。

(3)为了避免遮挡影响(使用分米波时),天线安装在没有凸出机体遮挡的位置。

(4)在有飞行限制高度的直升机上,远程无线电通信系统的天线安装在机身侧面。

接下来,介绍一下典型的机载远程无线电通信系统和近程无线电通信系统天线。

2.4.1 机载远程无线电通信系统天线

这类天线包括:导线天线;馈源天线;地平天线;裂缝天线(只有短波使用)。分别举例说明:

导线天线。通常安装在飞机机体外表面的腹鳍上部和机舱天线杆之间,因为机体外面空气阻力的原因,通常只有飞行速度低的飞机上使用这种天线。这种天线通常采用 Γ 型和 T 型(图 2.4.3),工作部分长 14 ~ 30m,馈线(穿过飞机外壳,用绝缘体与飞机外壳绝缘)是用直径 2mm 的金属条、直径 2.5mm 的钢索和玻璃或陶瓷绝缘体制成的,并利用棉质的悬挂拉索固定。直升机上的导线天线采用相似的结构(图 2.4.4),其天线供电电缆(馈线)是从固定天线的天线杆内部穿过。

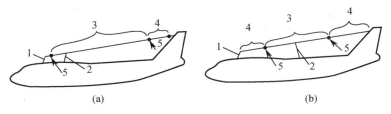

(a)   (b)

图 2.4.3　Γ 型(a)和 T 型(b)飞机导线天线

1—固定件;2—天线电源馈线(与收发装置连接在一起);3—天线工作部分;4—缓冲拉索;5—绝缘体。

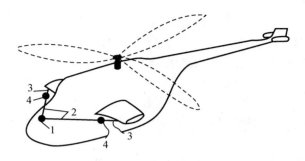

图 2.4.4　直升机导线天线

1—固定件；2—天线工作部分；3—缓冲拉索；4—绝缘体。

拖曳式飞机天线（图 2.4.5）也是属于导线天线的一种，用来发射告警和故障信号。这种天线是一种镀铜的钢索（直径 1～1.5mm，长 80m），工作时从小舱口中拖出，着陆时用专门的绞车收回。

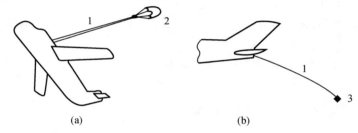

图 2.4.5　拖曳式飞机天线（a）用降落伞拖曳的；（b）用配重块拖曳的：

1—天线工作部分；2—降落伞；3—配重块。

导线天线的优点是：结构简单，重量轻，使用这种天线对飞机外壳机体强度的拉力影响小。

导线天线的缺点是：飞机飞行时天线上附加的空气阻力会导致飞行动力消耗的能力增加。例如，飞机上安装了高 0.3m 的固定天线杆后，其产生的阻力会导致发动机功率增加 150kW（飞行速度 960km/h）。

上馈源天线。激励器（用于将馈线与收发装置连在一起的部件）安装在"飞机－天线"系统的后面（通常是上面）的飞机几何中心上，这种天线被称为上馈源天线。例如，安装在飞机垂尾顶端的用绝缘体与飞机金属蒙皮绝缘的杆状天线（图 2.4.6），可以认为是一种上馈源天线。但实际上多数情况下，"上馈源天线"这一术语指的不仅是那种机体上凸出的飞机天线，也是指那种埋在蒙皮下面的飞机天线。

这种天线的激励器是飞机机体本身的一个组成部分，并与机体绝缘，例如翼尖、水平尾翼、机身尖端等，但上馈源天线的激励器通常是垂尾顶端（图 2.4.7）。将垂尾顶端作为上馈源天线的激励器，不仅是因为这部分感应电流密集程度更

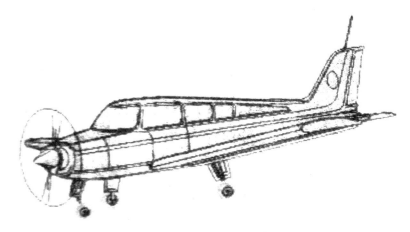

图 2.4.6　安装在低速飞机垂尾顶端的杆状天线

高(比机身上不弯曲的部分高 10 倍),而且还因为可以获得足够理想的"飞机 – 天线"系统方向图(垂直平面上"8"字形的方向图)。

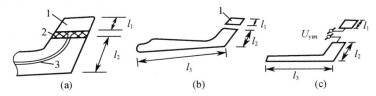

图 2.4.7　安装在垂尾顶端的上馈源天线(a);"飞机 – 天线"系统辐射电路示意图(b);
"飞机 – 天线"系统辐射产生的不对称振荡电路示意图(c)
1—电介质防护层蒙皮表面上的激励器;2—将激励器与蒙皮绝缘的电介质;
3—向激励器输入高频电源电压 $U_{\text{увч}}$ 的馈线。

　　上馈源天线的另一个优点是不会导致空气动力损失,因此在高速飞机上可以使用。

　　埋入式上馈源天线的缺点是,必须在飞机上额外安装一个受力部件,用来保证飞机机体强度(因为安装了上馈源天线后,会造成机体受力结构和机体完整性遭到破坏),使得飞机重量增加。

　　回形天线。回形天线的工作部分是一个回形的导线(例如直径约 10mm 的镀银铜管),通常安装在飞机的外壳表面。回形天线的一端(用电介质材料与机体外壳绝缘)与馈线连接,而另一端与机体外壳连接。回形天线一般有几米长。

　　回形天线有一个小凸起部分(距离飞机蒙皮高约 10 ~ 20cm)和一个不凸起部分(埋入在机身上的专门凹槽里,用一个譬如玻璃盖一样的盖子盖上)。

　　回形天线小凸起部分(图 2.4.8)通常安装在与飞机轴线平行的机体前端或背鳍底座上(这种情况下,背鳍上面的镀金属刀刃,就变成为了激励器)。

　　回形天线不凸起部分(图 2.4.9)通常安装在机翼或背鳍的前边缘上。

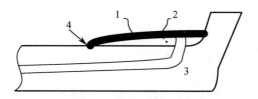

图 2.4.8　背鳍上的回形天线小凸起部分

1—回形天线(背鳍上的金属层)；2—绝缘体；3—馈线；4—飞机外壳上的回形天线接触点。

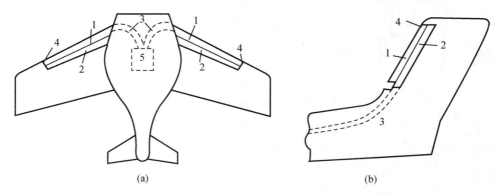

(a)　　　　　　　　　　(b)

图 2.4.9　机翼(a)和垂尾(b)上的回形天线不凸起部分

1—回形天线；2—绝缘体；3—馈线；4—飞机外壳上的回形天线接触点；5—收发装置。

回形天线的优点是无方向性(全向性)，短波波段可以使用。

裂缝天线。裂缝是飞机外壳上的一种切口(图 2.4.10)，这种切口通常用电介质材料(例如聚苯乙烯泡沫)填充。如果电介质中嵌入了回线(金属导线)，且这个导线激励产生出波长明显比切口宽度要长的高频无线电信号发射给馈线，那么切口上会产生高频磁场，进而导致飞机外壳上出现感应电流，并使飞机的这个部分开始产生激励，"飞机 – 天线"系统开始向空间辐射电磁能量。

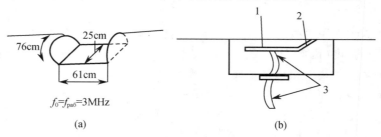

(a)　　　　　　　　　　(b)

图 2.4.10　飞机外壳上的切口

(a)切口尺寸等于辐射 3MHz 频率的天线尺寸；(b)—切口辐射结构。

1—电介质；2—回线；3—馈线。

传统的切口位置(图 2.4.11)是飞机机翼底边、背鳍或垂尾。由于裂缝天线非常广泛的应用于高速飞机，所以天线切口的外罩是用坚固的电介质材料制成的(例如玻璃纤维)。如果辐射功率达到100W,那么切口上的组件会出现高电压(约1kV),并且在15km高度上飞行时会产生电晕放电,因此切口需要密封。

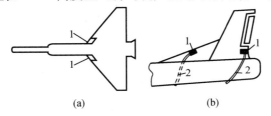

图 2.4.11　安装在飞机机翼上(a)的裂缝天线和安装在背鳍垂尾上(b)的裂缝天线
1—裂缝天线;2—馈线。

裂缝天线是一种全向天线,特别适用于短波波段。

2.4.2　机载近程无线电通信系统天线

这类天线包括:插销(刀)型天线、印刷型天线和表面型天线。

需要注意到,因为无线电通信的近程通信区域属于超短波波段,所以发射波长(10m)要比飞机和飞机的机体构件尺寸要小。这意味着,一次辐射(来自天线的激励)和二次辐射(来自机体反射)可以是反相的,这种情况下方向图叠加总和将是最小的,这个角度记为 α 和 β。这种现象使得叠加后的方向图发生强烈扭曲(即方向图的最大值和最小值快速交替变化)。为了在水平方向上获得可以接受的方向图叠加,有一个方法就是把近程无线电通信天线布置在飞机上的最小部件上,如飞机垂尾上,在这个位置方向图叠加干扰最小。

另一种可以保证获得方向图均匀性的方法就是,不使用1个天线,而是使用2个天线(图2.4.12),这种方法可以降低相互干扰的效果。

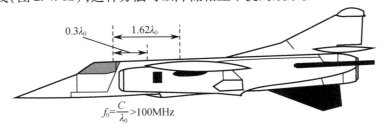

图 2.4.12　机体上插销型天线布置在驾驶舱座舱盖后面

接下来需要注意到,在超短波波段的开放式传导路线上,发射的无线电波开始向周围空间发射电磁能量,这就导致因为发射无线电信号的能量损失,所以导致对其他无线电系统的干扰影响。因此,为了发射波长 $\lambda_0 < 3m$ 的无线电信号要使用封闭式的电路(不会辐射的),例如同轴(通信)电缆(如图2.4.13),这种电缆在导线上包裹了金属编织套。

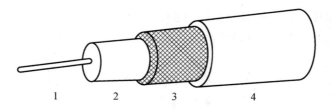

图 2.4.13　同轴电缆型的馈线（传输无线电信号的线路）

1—中心（内部）金属导线；2—内部电解质（聚乙烯）；3—外部金属编织套；4—电解质防护层。

举几个近程无线电通信系统使用的飞机天线例子。

插销型天线。这种天线在结构上是一种长度约为 $0.25\lambda_0$ 插销，可以减低电流流经的电阻，这个电阻包括两个部分：一是，连接在飞机外壳上的馈线接地导线，如同轴电缆的外部金属编织套；二是，利用绝缘电解质（如夹布胶木材料）与飞机机体外壳绝缘的激励器（这个激励器是与馈线中其他导线相接触的，例如与同轴电缆内部导线相接触）。使用这种电源电路的插销型天线，其高频电流可以从天线基座和飞机外壳的表面上，沿着激励器（这个激励器构成了"天线 – 飞机"系统的方向图）逐渐消散。

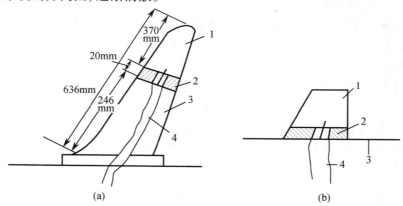

图 2.4.14　插销型天线倾剖面（a）和水平剖面（b）

1—激励器；2—绝缘体；3—天线基座；4—馈线。

这种天线具有很高的机械力学强度特性（天线横截面厚度约 20mm），可以安装在高速飞机上。这种天线重约 0.5～1.5kg。插销型天线的倾斜角度不应超过 30°～40°，因为随着倾斜角度的增加，天线工作高度和发射功率也要随着增加，例如天线倾斜角度是 40°，那么在天线使用波段上的发射功率会下降约 15%。

直升机上的近距无线电通信系统天线，其结构与固定翼飞机上的天线相似。因此，直升机上的天线存在着与固定翼飞机上天线同样的问题，就是难以在水平面上建立一种环形的方向图（因为直升机机身上也存在着凸起的机身构件，这些构件的尺寸相当于辐射信号波长 λ_0,所以在机身外壳上会激励出强烈的感应电流)。因此,对于凸起的天线(图2.4.15)来说,有一个安装范围的限制,高不能超过螺旋桨叶片,也不能低于地面。这就意味着,直升机本机与其他直升机、固定翼飞机或地面站通信时,要沿着螺旋桨叶片的旋转水平面方向进行通信。一个典型的例子就是,在接收状态下可以使用的频率为249MHz,在发射状态下可以使用的频率为303MHz。

印刷天线。之所以称为印刷天线,是因为这种天线使用了现代化的印刷装配工艺。这种天线(剖面)如图2.4.16所示。

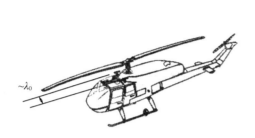

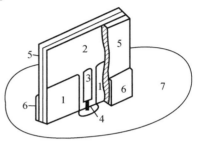

图2.4.15　直升机上的近程无线
电通信天线安装

图2.4.16　印刷天线结构组成示意图
1—内部绝缘板;2,6—导电层;
3—导电条;4—同轴电缆的内部导线;
5—外部绝缘板;7—基座。

发射天线的制作方法,是在绝缘板7和5上(厚度约为3mm)覆盖一层很薄(厚度约为0.12mm)的铜导电层(如图2.4.16中的2和6)。铜条3连接到同轴电缆的内部导线4上,向2号部件的辐射源供电。同轴电缆的金属编织套与基座7和铜导电层6接合。

在安装和调试天线时,在天线上涂上一层专用漆,并盖上绝缘罩,防止天线出现机械损伤和受天气影响。

印刷天线的尺寸:高0.3~0.4m,宽0.13~0.16m。

印刷天线的优点是,空气阻力非常小、结构紧凑、重量轻、辐射特性好、带通损耗小。

表面天线。表面天线的一个特性就是空气阻力为零。这类天线安装在飞机垂尾的顶端(如果远距无线电通信天线没有安装在那里的话)或者是直升机尾部的突出部。

如图2.4.17所示,就是2个安装在飞机垂尾顶端上的表面天线。

垂尾顶部上用机械装置固定着一个坚固的绝缘体1(例如,这种绝缘体材料,是用玻璃布复合材料、塑料、航空板材或玻璃纤维等压模制成的)。天线辐射器的制作方法是,在垂尾上的一个单独区域喷镀上一层金属,即在绝缘体上贴上一层铜金属网2。有的时候,金属网安装在垂尾的顶部,但不能安装在玻璃纤

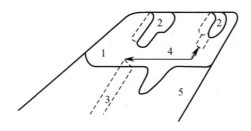

图 2.4.17 表面天线结构简示图

1—垂尾上的绝缘嵌入物；2—金属网；3—同轴电缆；4—同轴电缆的内部导线；5—垂尾基座。

维层和环氧树脂材料层的中间。高频无线电信号利用同轴电缆 3 发送到金属网上，同轴电缆的内部导线 4 与金属网搭接在一起。天线辐射器的长度通常要比 $0.25\lambda_0$ 稍微短一点。

如果要在 118～136MHz 这个波段上发射信号，为了消除天线之间的相互影响，天线辐射器之间的距离应不小于 0.5m。

表面天线的优点是，机械强度好、抗震性好、受周围环境影响的稳定性好。

避雷问题是一个特殊问题。飞机垂尾非常容易（相对于飞机的其他机身部件来说）受到雷击，垂尾上的天线可能会因为大功率雷电电流放电而损坏。

为了防止雷击损坏，在垂尾顶部（绝缘嵌入物）上安装了专门的防雷击护板，如图 2.4.18 所示。这个护板有两层材料，内层是导电材质，外层是绝缘材质，而这个护板只有一部分覆盖在表面天线的辐射器 2 上。护板外层搭接在防雷击汇流条 4 上，这个汇流条又连接到绝缘嵌入物 1 的边缘上，另一端连接到垂尾的金属基座 5 上。护板外层把辐射器 2 与护板 3 的内层（导电的）隔离开。

图 2.4.18 安装在垂尾顶部的防雷击表面天线结构简示图

1—垂尾上的绝缘嵌入物；2—表面天线辐射器；3—防雷击护板；
4—防雷击汇流条；5—垂尾基座。

护板宽度比被覆盖的辐射器要宽 10%～15%，而从垂尾下部到垂尾边缘上部的这段距离大约是辐射器高度的 0.3 倍。这样的尺寸比例，可以保证方向图的失真足够小，而且后半球方向上的方向图最大值偏差很小。

综合前文关于无线电通信系统收发天线的所有论述可以发现，这些天线的一个共同任务要求就是，要满足在任何飞行状态下都能有效工作。具体来说，就是要在下列不利条件下有效工作：

（1）在高空出现气团的绝缘性急剧变坏，导致天线部件之间的电阻减少，并导致飞机机体受到很大的压强；此时，会出现传导性电流，使天线的有效电流减弱，进而天线功率下降，无线电通信系统的作用距离减小。

（2）天线升温（高速飞行时会出现），某些把天线与飞机机体隔离开的绝缘体绝缘特性变差，最终导致天线辐射功率降低。

（3）天线结冰，会增加天线部件的额外负载，这会改变天线的电气性能。

（4）空气离子化，飞机喷气式发动机的火焰（引起空气离子化），会导致无线电波衰减 3~5dB，在空中飞行时，垂尾上的天线效能会降低。

目前，无线电通信系统的天线设计人员，不仅关注于天线结构设计，以改善飞行器的性能，而且更加关注于寻找具有应用前景的聚合材料（包括人工合成材料），以改善天线的电气特性。

第 3 章　无线电导航系统

3.1　引　　言

所谓的导航是指,机组人员和各种驾驶设备不断修正(在整个飞行期间)信息,根据指示器引导飞行器准时到达指定空域点的整个活动。这个原理同样适用于民用飞行器和军用飞机。飞机自身相对于外部标志物(这个标志物可能位于地面,也可能位于空中)的位置信息和飞机运动参数,是由航空无线电系统发送的。

由于单独的航空无线电系统其功能是有限的,所以进行飞行导航通常需要使用整套的无线电系统。具体的导航系统中包括哪些无线电系统,需要根据飞行航路上的导航特点以及这段航路上需要收发什么样的信息来确定。其中,如果要分析飞行活动(图3.1.1),通常是要分析飞行航路的包线,有时还会分析飞机的无线电导航和驾驶系统在这段航路上收发的信息。

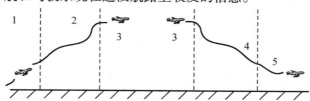

图 3.1.1　飞机飞行航路的标准结构

1—起飞阶段;2—爬升阶段;3—自主飞行阶段(按飞行任务);4—下降阶段;5—着陆阶段。

大多数情况下无线电导航驾驶系统的组成包括雷达和无线电导航系统。雷达系统用于远距离测定外部标志物的位置和运动参数(例如,敌方的飞行器坐标)。因此,雷达系统的组成设备包括地面和机载探测设备,或者是只有安装在飞机上的机载探测设备。对于安装在飞机上的机载探测设备来说,这种雷达系统可以在自主模式下工作。

无线电导航系统主要完成测定(利用无线电波)本机相对于外部标志物(例如,地面或空中的无线电导航台)的位置坐标,这些坐标是机组成员要知道的,或者是提供给本机的驾驶设备。这意味着,无线电导航系统设备通常划分成两个部分,其中一个部分安装在飞机本机上,另一个部分位于外部标志物上。

综上可见,雷达和无线电导航系统在功能上相互补充,使机组人员(或机载驾驶设备)能够获得足够的实时的空情坐标信息。这些系统组合起来,就能在飞行航线上实现保证飞行安全、控制空中活动、监视周围空域等任务。

3.2 无线电技术的坐标测量方法

由于无线电导航系统的主要任务,实际上是要获得实时的本机位置和运动速度测量信息,这些信息的最初形式是距离坐标值、角度值以及形成这些参数值的原始数据。考虑到无线电导航系统是远距离观测(利用无线电波)空中态势的装备,因此飞机上使用一种单独的坐标信息载体,即无线电波。所以,距离坐标值、角度值以及形成这些参数值的原始数据,都是从接收到的无线电波中提取出来的(利用无线电波参数测量方法)。

一般的无线电信号电磁场解析公式如式(1.1.2)所示,即

$$E(t) = E_m \sin(\omega_0 t + \varphi_0)$$
$$H(t) = H_m \sin(\omega_0 t + \varphi_0)$$

实际上,坐标信息就是从无线电信号中提取出来的,但不是从无线电信号的电磁场形式提取出来的,而是从无线电信号的电压或电流形式提取出来的,如式(1.1.1)所示,即

$$U(t) = E_m \sin(\omega_0 t + \varphi_0)$$
$$I(t) = I_m \sin(\omega_0 t + \varphi_0)$$

因为每一个信号形式不只取决于一个参数瞬时值,而是取决于多个参数瞬时值(相位、频率等)的组合,这些参数能够承载坐标信息,这些坐标信息与信号中的其他参数是有区别的,所以可以很容易从信号中获得这些坐标信息,甚至是单个的无线电信号就是一个足够的信息载体,只需分析这个单个信号就可以获得目标位置的多维坐标估算,并进而获知空中态势。值得注意的是,现代导航系统在战时不会仅仅使用一个单独的无线电信号,而是使用连续信号,这样就可以减少坐标测量的误差,提高信息提取的可靠性,增强导航系统的抗干扰能力等。

众所周知,空间中任何一个物体的位置(假设物体的质心是空间中的一个点)可能是三个相互独立的坐标。如果物体位于视距之内,那么为了测量它的位置,就要用到下面的坐标:

一是,距离(距目标的单位间隔)R。

二是,地面无线电系统使用的方位角坐标 α(与水平方向夹角),或者是空中无线电系统使用的航向角坐标 α(与水平方向夹角)。

三是,俯仰角坐标 β(垂直方向,与水平面夹角)。

这类坐标系被称为大地球面坐标系(图3.2.1)。

值得注意的是,实际上航空无线电系统通常使用"方位"这个概念(这个概念产生了"测角 – 定向"这个名称)。方位角 θ 是用于描述目标位置和目标相对

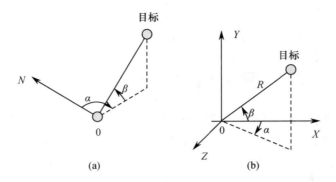

图 3.2.1　大地球面坐标系中的目标坐标 (R,α,β)

(a)地面无线电测量系统;(b)空中无线电测量系统(X 轴与飞机纵轴一致)。

0—无线电测量系统的原点位置;R—目标距离;α—目标方位角(航向角);β—目标俯仰角。

于某条参照线的夹角(例如,相对于飞机纵轴的方向图最大值方向,等等)。在很多情况下,根据方位角就可以获知目标的方位或航向角。

如果距离目标的距离要大于视距 $R_{\Pi B}$(图 2.1.2),那么估算目标位置要利用其他坐标系(地心坐标系)。这种坐标系的使用是一个特例,例如在远航时会使用。

向空间辐射并接收高频(30MHz ~ 300GHz)无线电信号的雷达系统,主要是使用大地坐标系,而且雷达使用的天线还需要有所选择。

首先,对于远距离传送的无线电信号来说,波长 $\lambda_0 = \dfrac{2\pi C}{\omega_0}$ 通常为米波、分米波和厘米波,而且这些信号的发射天线馈线要封闭起来(使其不向外辐射信号),一般来说会使用同轴电缆(图 2.4.13)作为上述天线的馈线。

远距离传播的无线电信号形式是:

$$E(t) = E_m \sin(\omega_0 t + \varphi_0)$$

$$H(t) = H_m \sin(\omega_0 t + \varphi_0)$$

发射这种信号可以使用各种形状的金属空心导管(也就是波导,例如矩形波导)。这种波导比较适用于厘米波和毫米波,但对于米波和分米波来说,其波导结构会非常笨重(尺寸非常大)。

矩形波导(图 3.2.2)内腔口径尺寸为 a 和 B,波导临界频率 ω_{0kp} 可以根据下式计算:

$$\omega_{0kp} = \pi C \sqrt{\left(\frac{m}{a}\right)^2 + \left(\frac{n}{B}\right)^2} \tag{3.2.1}$$

式中:$C = 3 \cdot 10^8 \text{m/s}$;$m$ 和 n 为整数频率(取值为 1,2,3,…)。

这个临界频率 ω_{0kp} 是波导器件的一个特性,频率小于临界频率 ω_{0kp} 的信号不能在波导中传播。实际上,波导内腔口径尺寸 a 和 B 的通常取值是

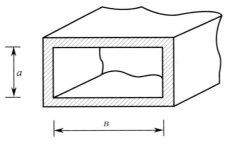

图 3.2.2　矩形波导截面图

$$a \approx 0.35\lambda_0 \text{和} B \approx 2a \approx 0.7\lambda_0 \qquad (3.2.2)$$

　　由于信号在波导中传播时是以电磁波的形式传播,而无线电发射装置和接收装置使用的信号是电流和电压形式的信号,所以波导传播的信号还需要转换成适用的信号形式。如图 3.2.3 所示,就是一种波导接口装置的结构示意图。

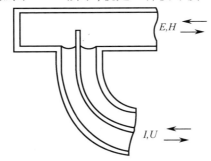

图 3.2.3　波导与同轴电缆的接口结构示意图

　　这种接口把同轴电缆和波导连接在一起,并且同轴电缆的中心导线经过波导壁上的切口插入到波导腔体的内部,而同轴电缆的外部金属网与波导连接在一起。同轴电缆的中心导线插入到波导腔体的内部,可以起到插针型天线的作用,进行发射和接收电磁波。在发射状态下,电流注入中心导线,在波导内部激励出变化的电磁场,电磁场的变化沿着波导传播,并向空间发射出去(通过类似于波导的喇叭天线)。在接收状态下,上述过程逆转,从外部空间接收到(通过喇叭天线)频率为 ω_0 的电磁场,这个电磁场在波导内部传播,并作用到中心导线上,使其激励产生频率为 ω_0 的电流,这个电流经过同轴电缆进入信号接收装置。这种工作模式下,无线电信号的发射和接收是错开时段进行的。

　　接下来研究一下喇叭天线,这种天线属于一种孔型天线(这类天线具有面辐射特性),而且这种天线通常用于厘米波段。喇叭天线外形如图 3.2.4 所示,其面辐射特性与波导的截面形状类似,但在尺寸上要比波导截面大得多。实际上,喇叭天线是一种具有开放端口的特殊波导,电磁场可以直接从小尺寸的(a和 l 只有几厘米)开放端口向空间辐射,所以喇叭天线的方向图比较宽,这就意味着,电磁场能量会分散到比较宽的扇形空间上。为了使电磁场能量更加集中(形成锥形的方向图),喇叭天线的开口尺寸要比波导的尺寸(a 和 l)稍大。而要使方向图 $G(\alpha,\beta)$ 更加尖锐,那么方向图 $G(\alpha,\beta)$ 的宽度($\Delta\alpha,\Delta\beta$)要相对于电磁场强度(方向图的最大值)由 1 缩小至 0.707。如图 3.2.4 所示的喇叭天线,方向图宽度可以根据下式确定:

扇形喇叭天线:

$$\Delta\alpha = 80\frac{\lambda_0}{l}$$

$$\Delta\beta = 51\frac{\lambda_0}{a} \tag{3.2.3}$$

锥形喇叭天线:

$$\Delta\alpha = 80\frac{\lambda_0}{l'}$$

$$\Delta\beta = 51\frac{\lambda_0}{a'} \tag{3.2.4}$$

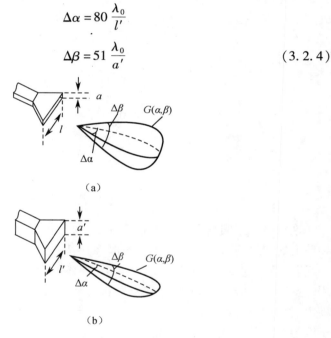

图 3.2.4　喇叭天线及其方向图
(a)—扇形方向图;(b)—锥形方向图。

例如,当 $\lambda_0 = 3\text{cm}$,$a = 6\text{cm}$。此时,扇形喇叭天线方向图宽度 $\Delta\beta = 20.5°$。此外,小喇叭天线具有比较尖锐的方向图,并且要想扩大天线尺寸也不总是很方便。

喇叭天线的缺点是,电磁场辐射前端会产生畸变,并且这个前端经过波导后从扁平形变成圆柱形(对于扇形波导来说)或者是近似于球形(对于锥形波导来说),喇叭天线的方向图会变差。实际上,喇叭天线的使用范围非常广泛,但如果不是单独使用时(要求具有比较宽的方向图),而是组成喇叭天线阵的时候,总的方向图会比较窄。

雷达上使用的其他类型天线,还有镜面(反射)天线,这种天线的剖面是弯曲的,可以形成需要的方向图。这种天线可以将电磁场反射后,再聚焦。镜面天线的结构非常简单,而且具有带通特性(用在厘米波段和一部分米波波段),可以获得任何形式的方向图。实际经常使用的镜面天线是抛物面天线(图3.2.5),这种天线的表面是一个展开的抛物面。这种天线的方向图宽度可以根据下式确定:

$$\Delta\alpha = \Delta\beta = (72 \sim 80)\frac{\lambda_0}{d} \tag{3.2.5}$$

式中:d 和 λ_0 满足 $d \gg \lambda_0$ 的条件。例如,$\lambda_0 = 3\text{cm}$,$d = 1\text{m}$,其方向图宽度($\Delta\alpha = \Delta\beta$)为 2.16° ~ 2.4°,这个宽度是满足需要的。

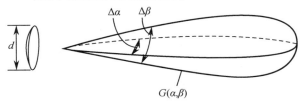

图 3.2.5　抛物面天线及其方向图

抛物面天线是利用各种变形的喇叭口进行辐射(图3.2.6),这种喇叭口接收到从抛物面反射的电磁场之后,电磁场能量会减少,但是天线的"遮挡性"效应会比较小。此外,抛物面天线可以把入射的球面形电磁波转变成扁平形的电磁波。这是因为,光线经过抛物面焦点(这里安装了喇叭口辐射器)之后,可以反射成平行于抛物面轴线的光线。

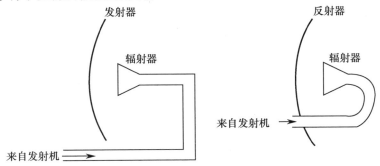

图 3.2.6　"喇叭口辐射器 – 抛物面反射器"构成的天线结构示意图

当抛物面天线安装到歼击机头部的时候,抛物面天线的开口直径 d(图3.2.5)比较小(规定是 15 ~ 30cm)。此时,天线的"遮挡性"效应会比较明显,为了减少这种影响,可以用"圆盘式振荡器(图3.2.7)"来替代喇叭式辐射器。

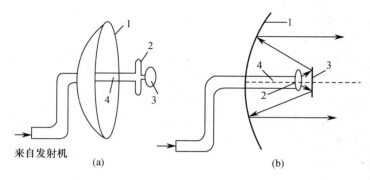

图 3.2.7　镜面天线(a)及其辐射工作模式(b)

1—抛物面反射器；2—振荡辐射器；3—振荡器；4—发射馈线。

在这种天线结构下,发射馈线4要穿过抛物面反射器1的外壳,可以用同轴电缆作为发射馈线。此时,发射装置发射的无线电信号是由振荡辐射器2激励其周围电磁场而产生的。经过振荡器3反射之后,进入抛物面反射器1的内部外表面上,继而向空间辐射出去。

这种天线的一个主要特点就是,不仅可以辐射电磁场,还可以接收电磁波。因此,来自空间的无线电信号进入抛物面反射器之后,经过反射可以聚焦在辐射器上,并沿着发射馈线4进入接收装置的输入端口。这种天线可以用于辐射和接收无线电信号,因此被称为收发天线。雷达系统中使用的大多数天线,都属于这种收发天线,主要就是喇叭天线和抛物面天线。由于雷达系统中有很多收发天线,所以这些系统的无线电接收和发射装置之间必然存在一个去耦问题。这就意味着,辐射大功率的无线电信号,应该使用特殊天线,并且不能让大功率信号进入接收装置。天线收发转换开关可以完成去耦功能。

如图3.2.8所示的,就是一种天线收发转换开关的简易结构示意图。这个天线收发转换开关的工作原理后文再做说明。

无线电发射装置1和接收装置2,是由两个通路连接起来的,这两个通路上的 AA 点之间有一个天线输出端。"AA—无线电接收装置"之间的距离为 $0.25\lambda_0$,并嵌入有一个空气放电器3。"无线电发射装置—AA"之间的距离为 $0.5\lambda_0$。

在发射状态下,发射装置1产生大功率无线电脉冲,空气放电器3被激发使两条通路连接起来,此时1/4波长处的通路发生短路,使 AA 点之间产生很大的电阻。然后,在无线电接收装置2上渗透进少量的电压,进而实现天线转换的作用。

在接收状态下,小功率的无线电信号通过天线进入到两个通路上,空气放电器3不被激发,接收装置从天线接收无线电信号。发射装置1的输出电阻很大(即两条通路半波长的部分),所以接收到的无线电信号不能进入发射装置1。

56

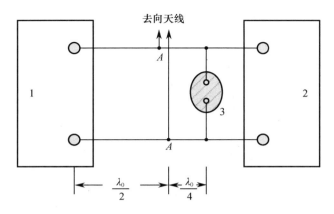

图 3.2.8　天线转换器简易结构示意图

1—无线电发射装置；2—无线电接收装置；3—空气放电器。

在现代，有一种被称为"阵列天线"的天线，在天线系列中占据着重要地位，这种天线是由多个收发单元组成的。例如，飞机上的相控阵天线上有多个天线单元，在 $1m^2$ 的空间上可以安装几十个，甚至几百个天线单元。

下面介绍一下阵列天线的工作原理。先来介绍一下阵列天线的辐射工作模式。

为了便于说明，假设阵列天线是由 2 个单元组成的（图 3.2.9）。其中，每个单元都向空间辐射频率为 ω_0 的信号。由于天线单元的辐射器尺寸很小（例如，飞机上的这种天线辐射器尺寸不会超过几厘米），而且每个天线单元都向开放的空间辐射高频电磁场。当然，这 2 个单元的辐射扇区是相互重叠的，并且在重叠区域出现无线电波干涉效应。这就导致 2 个单元辐射的能量总和在空间中出现不均衡，于是电磁场的最大值发生变化（这个最大值代表着 2 个单元辐射的无线电信号方向在空间上出现偏折）。2 个单元辐射的无线电信号，在空间中叠加之后形成的最大值，就是 2 个单元方向图的最大值。由如图 3.2.9 所示可见，方向图最大值为 $\theta = \theta_0$。

角度 $\theta = \theta_0$ 的值不难计算，只需根据几何关系就可以确定，但是由于只有一个天线单元通路上安装有移相器 ϕ_0，为了向另一个天线单元补偿无线电信号相位 ϕ_0，需要将这个天线单元移动一个波长 l：

$$l = d\sin\theta_0 \qquad (3.2.6)$$

式中：d 为天线单元之间的距离。

为了保证在 $\theta = \theta_0$ 时 2 个天线单元辐射的无线电信号相位相同，需要让无线电信号相位与距离 l 和 ϕ_0 值之间满足：

$$\varphi_0 = \frac{2\pi}{\lambda_0} \cdot l = \frac{\omega_0}{C} \cdot l = \frac{\omega_0}{C} \cdot d\sin\theta_0 \qquad (3.2.7)$$

式中：

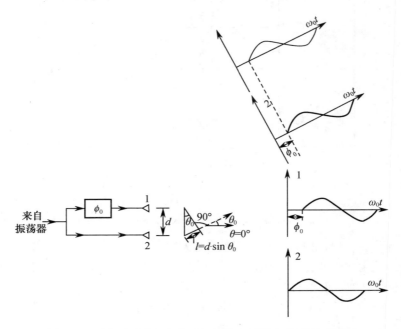

图 3.2.9 阵列天线 2 个单元辐射状态下的工作原理示意图

$$\theta_0 = \arcsin\left(\frac{C}{\omega_0 d} \cdot \varphi_0\right) \qquad (3.2.8)$$

当 $\theta = \theta_0$ 时,意味着在部分空间中有无线电信号辐射。由式(3.2.8)可见,如果天线单元 1 的通路上移相器是可控制的(改变 φ_0 值),那么 2 个单元组成的阵列天线方向图最大值可以指向 θ_0,这种处置方法就是所谓的线性扫描。

现在分析一下最简单的一种情况,即阵列天线是线性结构。这种结构如图 3.2.10 所示,其中包括 N 个天线单元,在 N 个移相器的帮助下可以形成指定的方向图。

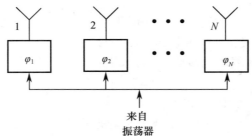

图 3.2.10 多单元阵列天线的线性结构示意图(发射状态下)

举两个例子。第一个例子:阵列天线上不是 N 个移相器,而是 $N-1$ 个移相器(其中一个天线单元位于中心点,没有发生移相)。第二个例子:阵列天线可

58

以形成几个方向图。

由于电磁场在移相器的作用下,可以变换成要求的形式,所以这种天线被称为线性定相阵列天线(即相控阵天线)。

多数情况下,相位值 $\phi_i(i=1,2,\cdots,N)$ 可以记为线性公式:

$$\varphi_i = i\varphi_0 \tag{3.2.9}$$

而天线单元之间的距离 d_i 可以是等间距的,即 $d_i = d$,并且 $0.5\lambda_0 = \dfrac{\pi C}{\omega_0}$。此时,相控阵天线可以使辐射信号形成线性相位关系,即让方向图最大值指向 $\theta = \theta_0$。

必须注意的是,相控阵天线方向图的空间扫描,不是依靠相控阵天线整体机械转动来实现的,而是利用控制移相器来实现的。因此,使用相控阵天线时,通常将空间扫描称为电子扫描,即快速改变相位 ϕ_i,继而快速移动方向图。一般情况下,空间扫描使用 $\theta_0 = \pm 60°$(需要根据方位角 α 或者是俯仰角 β 来确定),辐射时间为几十毫秒或几秒(3~7s)。

相控阵天线的另一种工作状态,即在接收状态下,ϕ_0 和 θ_0 的取值(对于只有2个单元的天线阵来说)可以根据辐射状态下的工作过程进行推理确定。例如,θ_0 的取值要最有利于无线电信号接收(即相控阵天线的输出端信号能量最强)。显然,当 $\theta = \theta_0$ 时,这个角度值不意味着是最大的方向图,而是意味着可以最大的接收信号。因此,可以推理出:

$$\theta_0 = \arcsin\left(\frac{C}{\omega_0 d} \cdot \varphi_0\right) \tag{3.2.10}$$

将上式对比式(3.2.8)可见,在相控阵天线接收和发射信号的状态下,天线方向图的最大值 θ_0 是相同的。另一个推理就是,在接收状态下也可以进行电子扫描。

对于2个单元的接收相控阵天线来说,其结构可以是 N 个接收相控阵天线单元排成直线。所以,相控阵天线的另一个重要参数就是方向图宽度($\Delta\theta$),当 $\theta = 0°$ 时,则有

$$\Delta\theta = \frac{0.886\lambda_0}{Nd} \tag{3.2.11}$$

式中:$\lambda_0 = 2\pi\dfrac{C}{\omega_0}$ 为工作波长;d 为天线单元间隔距离;N 为单元个数。

相控阵天线的缺点是,除了制造复杂和造价高之外,其扫描扇区具有局限性(如果不移动相控阵天线,其方向图最大值从 $\theta_0 \sim 0°$ 之间的线性变化不会超过 $\theta_{\text{гр}} = 60°$)。因此,当 $0 < \theta_0 < \theta_{\text{гр}}$ 时,为了满足扩大天线方向图的需要(图3.2.11(b)),天线的作用距离会有所下降(图3.2.11(a)):

$$\Delta\theta(\theta_0) = \frac{0.886\lambda_0}{Nd\cos(\theta_0)} \tag{3.2.12}$$

式中：$\Delta\theta(\theta_0)$为当方向图到法向方向的偏差角为θ_0时的线性相控阵天线方向图宽度。

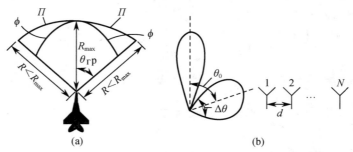

图 3.2.11　在扇形扫描区间相控阵天线方向图作用距离（a）和宽度（b）减小的现象

Π—不同扫描角度（$\theta \leqslant \theta_{\Gamma P}$）的镜面（抛物面）天线最大作用距离；

ϕ—不同扫描角度（$\theta \leqslant \theta_{\Gamma P}$）的相控阵天线最大作用距离；

$1,2,\cdots,N$—天线辐射单元编号；d—天线辐射单元间隔距离（$d \approx 0.5\lambda_0$）。

　　实际上，在航空无线电系统中不仅会采用线性的相控阵天线，还会采用平面相控阵天线（图3.2.12），这种天线的表面上（可能是矩形的、正方形的、圆形的或者椭圆形的）布设了多个收发单元。在部分文献中，将平面相控阵天线称为二维相控阵天线。平面相控阵天线的结构比线性相控阵天线复杂，但工作原理没有变化，都是采用线性的辐射波（在发射状态下），并且天线阵从空间中接收到（接收状态下）的信号相位与辐射波相位相同。

　　飞机上的平面相控阵天线一般安装在机身头部，工作波段为厘米波，天线方向图宽度为（$\Delta\theta$）$2° \sim 7°$，天线表面面积为$0.25 \sim 1.5\mathrm{m}^2$，质量约为$2 \sim 8\mathrm{kg}$。

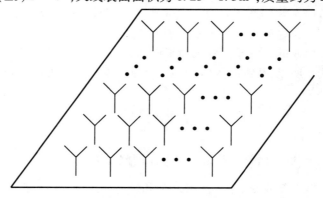

图 3.2.12　多单元相控阵天线结构示意图

　　为了提高相控阵天线的视角（扩大扫描扇区，增加方向图宽度），可以采用凸起式的平面相控阵天线。这种变型天线通常用于雷达系统。

　　下面介绍一下测量目标各种坐标的方法。

60

3.2.1　距离测量方法

距离(R)是一个非常重要的目标坐标参数,无论是空中的还是地面的无线电系统都要使用这种坐标。在军用航空器上,距离 R 用于表示本机与敌机的相对距离,而在民用航空器上,距离 R 用于表示迎面飞来的飞机距离或者是与地面的相对距离。

距离 R 测量是通过对无线电信号 $U(t) = U_m \sin(\omega_0 t + \varphi_0)$ 的参数进行估算来得到的,可以分成 3 种方法:

（1）利用时间进行距离测量的方法(这种方法也被称为脉冲延迟测距法)。

（2）利用频率进行距离测量的方法。

（3）利用相位进行距离测量的方法。

需要注意的是,在无线电系统中利用时间测距的方法应用最为广泛,而利用频率测距的方法实际上通常是应用在高度表上,利用相位测距的方法只应用于一些特殊的无线电导航系统上。具体介绍一下这些测距方法的基本原理。

时间测距法。顾名思义,这种方法利用了距离 R 与时间 t 之间的关联关系。如果将无线电测距系统的空间位置记为初始时间 $t = 0$,那么到达距离为 R 的目标需要用时 $t = \tau_R$。

前文中介绍过,大多数的雷达系统工作在微波频段($30\mathrm{MHz} \sim 300\mathrm{GHz}$)。由于这个频段的信号波长 λ_0 为 $10\mathrm{m} \sim 1\mathrm{mm}$,所以利用连续的未经调制的信号(波形如图 1.1.1 所示)测量目标距离 R 是不可行的。实际上,利用时间进行距离测量时,采用的是发射和接收短脉冲。

脉冲测距法最初应用在飞机上的无线电测距系统中(图 3.2.13(a)),其短脉冲的宽度为 $\tau_и$(图 3.2.13(b))。

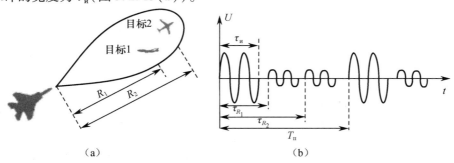

图 3.2.13　脉冲测距法

(a)真实的空中态势;(b)描述空中态势的脉冲谱。

如果在天线方向图范围内存在某个目标,那么无线电脉冲会从目标反射回来。严格地说,从目标反射回来的脉冲会向着各个方向散射(这种散射特性与目标的外形轮廓和材质有关),但是也会向着飞机上的无线电测距系统反射。

如图 3.2.13(a)所示,空中有 2 个目标,距离分别为 R_1 和 R_2,如图 3.2.13(b)所示,从 2 个目标反射回来的脉冲会进入天线的输入端口。这些脉冲中的每一个脉冲都会随时间移动,这种移动与辐射脉冲的时间间隔 τ_{R_1} 和 τ_{R_2} 是相一致的,其中:

$$\tau_{R_1} = \frac{2R_1}{C}, \tau_{R_2} = \frac{2R_2}{C} \qquad (3.2.13)$$

式(3.2.13)中的参数 2,表示的是无线电信号在空间中传播了 2 倍的行程,即从无线电测距系统到目标,再从目标返回。时间 τ_{R_1} 和 τ_{R_2} 通常被称为时间延迟,其具体的值是由无线电接收装置的输出端进行确定。根据这些时间值,可以确定与目标的距离:

$$R_1 = \frac{C\tau_{R_1}}{2}, R_2 = \frac{C\tau_{R_2}}{2} \qquad (3.2.14)$$

理论上讲,利用一个返回脉冲就可以确定目标的距离。但由于目标通常是运动的,对无线电测距系统来说,需要记录目标的距离变化,所以就必须随时发射(和接收)无线电脉冲。

从技术角度来看,无线电脉冲的反射不是随机的,而是周期性的(有规律的)。邻近的脉冲之间的时间间隔,被称为重复周期 T_n。在测距状态下,通常 T_n >> $\tau_{\text{и}}$(例如,$T_n = 1\text{ms}, \tau_{\text{и}} = 1\mu\text{s}$)。

周期辐射的一个特点就是,测距具有单值性。例如,在发射下一个脉冲之前,需要接收到从目标反射的信号。换句话说就是,应该满足下列条件:

$$\tau_{R_1} < T_n, \tau_{R_2} < T_n \qquad (3.2.15)$$

将上式代入式(3.2.12)后,可以得到:

$$T_n = \frac{CR_{\max}}{2} \qquad (3.2.16)$$

$$R_{\max} = \frac{CT_n}{2} \qquad (3.2.17)$$

如果 $T_n = 1\text{ms}$,则 $R_{\max} = 150\text{km}$。

不等式(3.2.15)也可以改写成:

$$R_1 < R_{\max}, R_2 < R_{\max} \qquad (3.2.18)$$

式(3.2.18)是测距的单值性要求另一种表示方法。如果目标所处的位置在距离上不满足式(3.2.18)的条件,那么无线电测距系统必须改变重复周期的工作模式(即增大重复周期时间)。

除了要满足单值性要求之外,脉冲测距法还要解决目标测距分辨力的问题。以如图 3.2.13 所示为例,假设目标 1 和 2 初始间隔比较近,并在某一时刻相互靠近后使得 2 个目标的反射脉冲连在一起,被认为是一个目标反射脉冲。此时,2 个靠得很近的目标,将会被测距系统错误地判定为一个目标,不能从距离上将

2 个目标区分开。

　　为了定量描述测距分辨力问题,引入一个距离参数 δR。测距分辨力(把 2 个目标分离开)要满足下列条件:

$$\tau_{R_2} = \tau_{R_1} + \tau_{\text{и}} \qquad (3.2.19)$$

或

$$R_2 = R_1 + \delta R \qquad (3.2.20)$$

估算距离参数 δR 时,可以使用下列公式:

$$\delta R = C\tau_{\text{и}}/2 \qquad (3.2.21)$$

当 $\tau_{\text{и}} = 1\mu s$ 时,$\delta R = 150 m$。

　　由式(3.2.21)可见,为了改善测距分辨力,无线电测距系统可以使用波长和脉冲宽度更短的脉冲。

　　无线电脉冲测距系统的工作过程,如图 3.2.14 所示。其工作方式是:同步器(图 3.2.14 中的 1 号组件)根据重复周期 $T_{\text{п}}$ 触发产生短脉冲;在同步器触发产生的每个短脉冲作用下,视频脉冲发生器(图 3.2.14 中的 2 号组件)、锯齿形电压发生器(图 3.2.14 中的 3 号组件)和比例基准发生器(图 3.2.14 中的 4 号组件)相继开始工作。下面具体介绍一下各组件的工作过程。

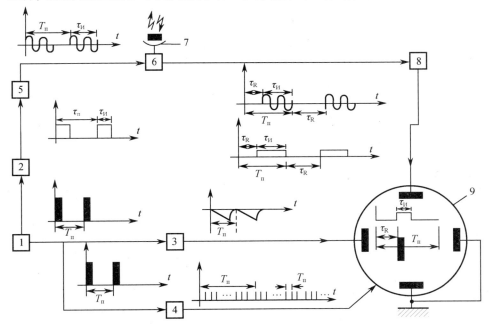

图 3.2.14　无线电脉冲测距系统工作示意图

1—同步器;2—视频脉冲发生器;3—锯齿形电压发生器;4—比例基准发生器;5—射频脉冲发生器;
6—天线转换开关;7—收发天线;8—无线电接收装置;9—输出指示器(示波器)。

视频脉冲发生器（图 3.2.14 中的 2 号组件）产生的视频脉冲宽度为 $\tau_{\text{и}}$，其宽度要比触发脉冲宽度大得多。这些视频脉冲进入射频脉冲发生器（图 3.2.14 中的 5 号组件），产生大功率的射频脉冲，其脉冲宽度与视频脉冲宽度相同都是 $\tau_{\text{и}}$。射频脉冲进入天线转换开关（图 3.2.14 中的 6 号组件），并利用收发天线（图 3.2.14 中的 7 号组件）向空间辐射。

当天线转换开关处于发射状态时，无线电接收装置（图 3.2.14 中的 8 号组件）处于关闭状态，防止大功率脉冲的进入，当完成脉冲辐射之后，切断脉冲输入，无线电接收装置打开，准备接收反射脉冲。

锯齿形电压发生器（图 3.2.14 中的 3 号组件）用于确定输出指示器（图 3.2.14 中的 9 号组件）上的距离间隔（按照比例在指示器上显示距离刻度）。由于通常情况下指示器是一种显示器，所以锯齿形电压发生器形成的电压是线性的、连续变化的，即扫描电压。

所谓的"扫描"，就是移动显示器上的光点（电子射线聚焦所形成的），且光点移动的距离与测量的目标距离相一致（按照一定的比例）。实际上，线性扫描电压在指示器屏幕上的移动速度是恒定的，因此可以保证光点坐标与目标距离成正比。需要注意的是，邻近的扫描锯齿电压触发周期等于重复周期 $T_{\text{п}}$，并且在下一个触发脉冲出现之前，锯齿电压就消失了。

比例基准发生器（图 3.2.14 中的 4 号组件）用于在指示器屏幕上显示距离刻度。这个发生器可以产生连续的短脉冲，其脉冲重复周期很小，记为 T_{MM}。由于连续脉冲进入示波器后，示波器电子射线会迅速消失，因此显示器屏幕上测距刻度在水平线上以虚线的形式发光，而且虚线上的光点数量就相当于间隔距离。比例基准发生器还可以去掉示波器上的电子射线反射，防止屏幕漏光（使对比度变差）。

假设空间中有一个目标，与无线电测距系统的距离为 R。当从目标反射回来的无线电脉冲进入收发天线（图 3.2.14 中的 7 号组件），并经过天线转换开关（图 3.2.14 中的 6 号组件）进入接收装置（图 3.2.14 中的 8 号组件）时，接收装置输出视频脉冲进入指示器（图 3.2.14 中的 9 号组件），即可测量出目标的距离 R（通过计算比例尺刻度）。

无线电脉冲测距系统的一个特性就是，可以测量非常小的距离 R_{min}。实际上，在发射状态下，接收装置在 $\tau_{\text{и}}$ 时段内处于关闭状态，$\tau_{\text{и}}$ 与目标距离的关系比是 $R_{\text{min}} = C\tau_{\text{и}}/2$。如果目标距离明显小于 R_{min}，那么从目标反射回来的信号不能被接收装置接收到。换句话说就是，要想测量目标距离 R，目标所在位置必须满足条件：$R_{\text{min}} < R < R_{\text{max}}$。

无线电脉冲测距系统一般安装在飞机机身头部。为了减少空气阻力，并防止收发天线受到外部环境影响，需要把整个无线电测距系统安装在透波整流罩内。

图 3.2.15 是脉冲测距系统在歼击机头部的安装示意图。图 3.2.15 中所示的透波整流罩是打开的。整流罩的制造材料对电磁能量的损耗非常小,并且在受热状态下不会变形。在低速(小于 500km/h)飞机上安装的整流罩是在酚醛塑料的底座上用玻璃纤维制作而成,中速飞机上安装的整流罩是在环氧树脂的底座上用玻璃纤维制作而成,超声速飞机上的整流罩制作材料是硅酮合成材料,可以承受 200℃ 以上的长时间加热。

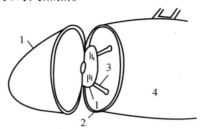

图 3.2.15 安装在飞机头部的抛物面天线
1—透波整流罩(打开状态);2—收发天线;3—天线支架;4—飞机机体。

从制造结构上来看,整流罩分成两种类型:一种是多层结构整流罩,例如低速飞机上安装的平板式小尺寸整流罩;另一种是蜂窝结构整流罩,在整流罩上采用了复杂的结构设计,可以承受很大的空气载荷。

蜂窝结构整流罩的示意图,如图 3.2.16 所示。

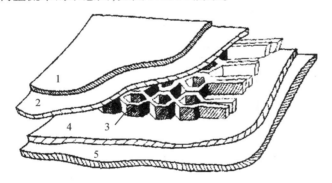

图 3.2.16 蜂窝结构整流罩示意图
1,2,4,5—塑胶或布质材料板;3—蜂窝结构夹层。

为了便于在地面上检查天线,整流罩被设计成可以转动的或者是可以弯折的。为了防止腐蚀,整流罩外面涂有专用油漆(对电磁能量吸收很小),但在整流罩金属底座上不允许涂油漆。

频率测距法。顾名思义,这种方法是利用无线电信号到达测距装置时的频率 $\omega_R = 2\pi F_R$ 与距离 R 之间的关系进行测距。对于大多数的现代无线电系统来说,其使用的无线电信号中并不包含有频率 $\omega_R = 2\pi F_R$,这个频率是在无线电接收装置内部形成的。下面介绍一下在航空无线电系统中最常使用的频率测距法。

无线电发射装置形成连续频率调制信号(图 3.2.17(a)),并向空间辐射出去。目标反射回来的无线电信号(同样是连续频率调制的,如图 3.2.17(b)所示)进入接收天线。这 2 个信号(发射和接收信号)之间存在着延迟 $\tau_R = \dfrac{2R}{C}$,这个延迟体现在 2 个信号进入混频器不同输入端口时存在先后。这 2 个信号在混频器输出端口上相互作用,形成连续的电压信号(图 3.2.17(c)),这个电压的幅度变化与频率 $\omega_R = 2\pi F_R$ 具有相关性。这个电压经过检波器之后,形成频率为 $\omega_R = 2\pi F_R$ 的连续无线电信号(图 3.2.17(d)所示)。这个信号进入距离测量装置,将频率 $\omega_R = 2\pi F_R$ 转换成距离值 R。

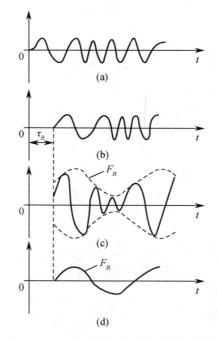

图 3.2.17　频率测距仪中的无线电信号
(a)发射的无线电信号;(b)接收的无线电信号;
(c)混合器输出端的电压;(d)检波器输出端的电压。

无线电频率测距仪的组成结构,如图 3.2.18 所示。

当辐射信号频率是线性变化的时候,频率测距法可以用频率时间关系图进行说明(图 3.2.19),即把频率 $\omega_R = 2\pi F_R$ 作为发射和接收信号之间瞬时频率差的数学模值 $|\omega_R| = |\omega_{\text{ИЗЛ}} - \omega_{\text{ПРИН}}|$。

频率 ω_R 与距离 R 之间的关系,可以根据图 3.2.19 中的比例关系确定:

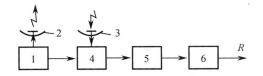

图 3.2.18　无线电频率测距仪的组成结构示意图

1—发射装置；2—发射天线；3—接收天线；4—混频器；5—检波器；6—测距装置。

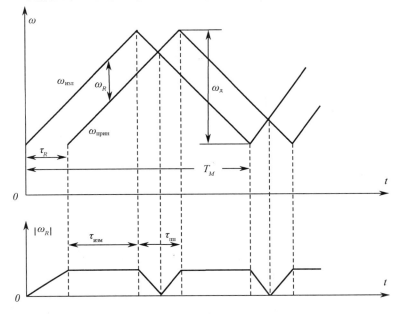

图 3.2.19　辐射信号频率线性变化时的频率测距方法的频率 – 时间关系图

$\omega_{изл}$—发射信号频率；$\omega_{прин}$—接收信号频率；

$|\omega_R|$—频率差的数学模值；$\omega_д$—频率偏移；T_M—频率调制周期。

$$\frac{\omega_Д}{\frac{T_M}{2}} = \frac{\omega_R}{\tau_R} \text{或} \frac{\omega_Д}{\frac{T_M}{2}} = \frac{\omega_R}{\frac{2R}{C}}$$

换算后得到：

$$R = \frac{CT_M}{4\omega_Д} \cdot \omega_R = \frac{CT_M}{4f_Д} \cdot F_R \qquad (3.2.22)$$

式中：T_M 为频率调制周期；$\omega_д = 2\pi f_д$ 为频率偏移。

如果测量频率差 F_R 是 $4 \cdot 10^6\,\text{Hz} = 4\,\text{MHz}$，那么频率偏移 $f_д$ 等于 30 MHz，并且调制周期 $T_M = 0.005\,\text{s} = 5\,\text{ms}$ 时，目标距离 R 为 50 km。

根据图 3.2.19 中频率 ω_R 与距离 R 之间的关系式（3.2.22），可以得到间隔 $\tau_{изм}$，实际上这就是测距装置的工作原理。这种测距装置结构，如图 3.2.20（a）所示，它可以在整个频段上对频率差 ω_R 进行并联检测。其主要组成部分是一组窄带滤波器,每个滤波器的频率－幅度特性 $K_i(\omega_R)$ 由中心频率 ω_{Ri} 和滤波带宽 $\Delta\omega_i(i=1,2,\cdots,n)$ 所决定。当滤波器的共同输入端口出现电压 $U(\omega_R,t)$ 时,这个电压只让频率－幅度特性为 $K_i(\omega_R)$ 的滤波器开始工作,并在其滤波带宽 $\Delta\omega_i$ 中提取出电压 $U(\omega_R,t)$ 的频率 ω_R。

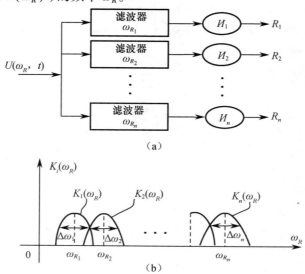

图 3.2.20　频率测距仪中的测距装置

(a)装置结构示意图(И_i —指示器, $i=1,2,\cdots,n$);(b)测距装置滤波器的频率－幅度特性曲线图。

所有滤波器的滤波带宽 $\Delta\omega_i$ 可以根据下式确定:

$$\frac{2\pi}{\tau_{\text{ИЗМ}}}\ll\Delta\omega_i\ll\frac{2\pi}{\tau_{\text{пп}}} \tag{3.2.23}$$

式中: $\tau_{\text{изм}}$ 为测量频率差 ω_R 所需时间; $\tau_{\text{пп}}$ 为滤波通过需要的时间。因此,只有频率差 ω_R 才能通过滤波器。

后面的指示器 $\text{И}_i(i=1,2,\cdots,n)$ 会记录下滤波器的启动情况,并得到相应的距离指示值 R_i 。经过上述过程就完成了频率测距。

需要注意的是,根据最大测距 $R_{\max}$ 公式可以确定频率调制周期 T_M 为

$$T_M\geqslant\frac{4R_{\max}}{C} \tag{3.2.24}$$

但实际上为了减少 $\tau_{\text{пп}}$ 和提高 $\tau_{\text{изм}}$, T_M 的取值要比式(3.2.24)计算出来的值还要大。

频率测距方法还有一个特点就是,距离判读是不连续的。这就意味着,如果目标真实距离变化比较平缓,那么距离测量值总是会等于下列等式的整数部分 ΔR :

$$\Delta R=\frac{C}{4f_{\text{д}}} \tag{3.2.25}$$

利用频率测距法可以测量的最小距离 $R_{\min}$ 是

$$R_{\min} = \frac{C}{4f_{\text{Д}}} \qquad (3.2.26)$$

如果把式(3.2.22)中的 $F_R = F_{R_{\min}}$ 换成 $F_M = \frac{1}{T_M}$，那么很容易就可以得到式
(3.2.25)和式(3.2.26)。

频率测距法通常应用于飞机和直升机的小高度测量。

下面列举出了小高度测量无线电高度表 PB – 5 的一些主要参数：

发射信号中心频率：4.3GHz；

测高范围：0~750m；

高度测量误差：

高度 0~10m 范围内，误差为 0.6m；

高度 10~750m 范围内，误差为高度值的 6%；

发射信号功率：0.4W；

频率偏移：50MHz；

调制频率：150 Hz；

收发装置重量：10kg；

收发装置体积：12.5dm³；

无故障工作时间：2000h。

对于小高度测量的高度表来说，其方向图不能太窄，因为飞机机动飞行时探测波束方向会偏移，进而会导致测距误差增大，出现丢失地面高度的风险。所以，这种高度表需要使用 2 个喇叭天线(一个接收，一个发射)，并且水平安装在飞机机身的底部(要避开机身凸起部位)，同时还要盖上透波整流罩(图 3.2.21)。

图 3.2.21　透波整流罩的安装方法之一
1—透波整流罩；2—天线舱；3—飞机机身。

直升机上最适合安装无线电高度表天线的位置是尾部横梁。为了减少接收天线上的无线电信号能量渗漏，天线间隔距离不应少于 0.6m。PB – 5 型高度表使用的喇叭天线方向图宽度为 40°，天线尺寸为 165mm × 165mm × 115mm。

相位测距法。顾名思义，这种方法是利用每个距离值 R 都对应着一个唯一的测距装置输出信号相位 φ_R 来进行测距的。相位测距法的测距精度最好(相对于前面两种测距方法来说)。

相位测距法的特点是，只使用波段中具有单值性的相位进行测距，即相位值

69

φ_R 是在 0°~360°范围内取值。这个条件可以保证距离 R 判读的正确性。如果相位值 φ_R 等于 394°，那么测距装置会按照相位值 $\varphi_R = 34$°进行距离估算。

正是由于相位测距法具有上述特点，所以被应用在使用微波频段（30MHz~300GHz）的航空无线电系统当中。也就是说，只有在距离非常小（10m~1mm）的条件下才能满足相位的单值性要求，但是地面或空中的目标真实距离 R 显然不能符合这样的条件。因此，在相位测距法中，使用的相位不是超高频无线电波 $U(t) = U_m \sin(\omega_0 t + \varphi_0)$（式(1.1.1)）的相位 $\varphi(t) = \omega_0 t + \varphi_0$，而是使用了另外一种相位 φ_R，这种相位的单值取值区间与测距范围（0~R_{max}）是相互对应的。

相位测距法使用的相位 φ_R 是辐射无线电波的变化相位，为了在测距范围内（0~R_{max}）测量出距离值 R，必须要对无线电波的相位变化进行调制。最简单的调制方法就是使用式(1.1.1)所示的载波进行幅度 U_m 调制，这样就可以实现无线电系统在连续辐射状态下的相位测距。

相位测距法使用的电压形式的发射和接收无线电波，如图 3.2.22 所示。频率为 ω_0 的发射无线电波幅度随着频率 $\Omega(\Omega \ll \omega_0)$ 变化。如果目标与测距系统的距离为 R，那么目标反射的无线电波将延迟 $\tau_R = \dfrac{2R}{C}$（相对于发射无线电波来说）。接收到的无线电波幅度调制相位与发射的无线电波幅度调制相位基本近似，即 $\varphi_R = \Omega \tau_R = \dfrac{2\Omega}{C}R$。由此可以得出，测距装置的测距算法是：

$$R = \frac{C}{2\Omega}\varphi_R = \frac{C}{4\pi F}\varphi_R \qquad (3.2.27)$$

式中：$\Omega = 2\pi F$。

如图 3.2.23 所示的是一个简化的相位测距仪结构示意图。

这个相位测距仪的工作过程是：低频 Ω 振荡器（图 3.2.23 中的 1 号组件）产生的低频无线电波进入射频 ω_0 振荡器（图 3.2.23 中的 2 号组件），再进入相位差（φ_R）测量仪（图 3.2.23 中的 3 号组件）。射频 ω_0 振荡器产生的无线电波频率为 ω_0，但其幅度随着频率 Ω 变化。这个无线电波通过发射天线（图 3.2.23 中的 4 号组件）向空间辐射出去。目标反射无线电波（频率为 ω_0）被接收天线（图 3.2.23 中的 5 号组件）截获，并经过接收装置（图 3.2.23 中的 6 号组件）输出频率为 Ω 的电压信号，这个电压信号的幅度与接收到的无线电波调制幅度是一样的。在相位差测量仪中会对 2 个无线电波（发射和接收）的频率 Ω 进行比较，然后输出一个与 φ_R 值成比例关系的电压信号。这个电压信号施加到测距装置上（图 3.2.23 中的 7 号组件），根据式(3.2.27)形成相应的距离信号。为了减少无线电信号从发射天线渗入到接收天线，需要采用专门的天线设计方法改良天线特性，使收发天线隔离开。

需要注意的是，选择调制频率 $\Omega = 2\pi F = \dfrac{2\pi C}{\Lambda}$（$\Lambda$——调制信号波长）时，要

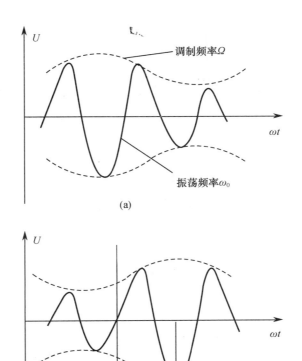

(a)

(b)

图 3.2.22 相位测距法中的发射(a)和接收(b)无线电波

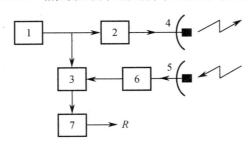

图 3.2.23 相位测距仪简化结构示意图

1—低频 Ω 振荡器;2—射频 ω_0 振荡器;3—相位差(φ_R)测量仪;4—发射天线;

5—接收天线;6—接收装置;7—距离指示器。

保证相位具有单值性($\varphi_R < 360°$)。这就意味着,调制信号波长 Λ 与最大测距值 R_{max} 之间要满足条件: $\Lambda > 2R_{max}$。由此可得

$$\Omega < \frac{\pi C}{R_{max}} \text{或} F < \frac{C}{2R_{max}} \qquad (3.2.28)$$

实际上,航空无线电系统中使用的相位测距仪,通常只用于测量比较小的距

离,而且前提是这种航空无线电系统是不能安装无线电脉冲测距仪的。

3.2.2 角度坐标测量方法

目标角度坐标(方位角和俯仰角)是一种最重要的战术参数。战时,为了对来袭敌机进行反击和机动,需要及时掌握敌机的角度坐标。而民航飞机上使用的角度坐标信息,主要是地面上无线电信标的方位,利用无线电信标可以修正飞行航线。

目标角度坐标测量方法,就是利用接收到的无线电信号幅度进行角度测量。幅度测角方法分为三种:最大幅度测角法、最小幅度测角法和幅度比较测角法(也被称为比幅测角法)。在现代航空无线电系统中,通常是将这三种方法综合使用。

最大幅度测角法。这种方法的基本原理就是,把天线最大方向图强制性地转向目标方向,进而进行目标角度坐标测量。因为,此时接收到的目标反射无线电信号幅度是最大的(大多数情况是如此)。

如图 3.2.24 所示的,是一种无线电系统接收装置组成结构图。这种接收装置就是利用了最大幅度测角法来测量目标角度坐标 θ_0(某些情况下,可以表示成 $\theta_0 = \alpha_0$ 或 $\theta_0 = \beta_0$),接收装置输出电压幅度 $U_{вых}$ 与此时的目标角度坐标 θ(天线方向图的指向方位角)具有对应关系。在这种情况下,目标被视为一个点。需要注意的是,图 3.2.24(a)中并没有标示出无线电系统的发射装置,这是因为接收信号不仅来源于目标反射,某些主动辐射的信号也可以成为接收信号(例如,地面无线电信标机发射的信号)。

下面举例说明目标角度坐标 θ_0 的测量方法。当天线方向图转向空中某个方向时,这种转向是按照一定的规则(例如,直线运动、圆周运动等)由扫描装置(图 3.2.24 中的 1 号组件)驱动。这个驱动装置使用机械传动机构或者是利用电子扫描方法(天线不动,使用相控阵天线),把整个接收天线的方向图转向,同时扫描装置可以确定方向图的初始位置($\theta = 0$)。

在方向图转向过程中,它的最大值指向目标($\theta = \theta_0$)时,接收装置(图3.2.24 中的 3 号组件)输出电压幅度 $U_{вых}$ 达到最大,这时指示器(图 3.2.24 中的 4 号组件)即可以显示出目标角度坐标 θ_0。

最大幅度测角法的优点是,装置设计简单而且可以最大限度地接收信号(对正目标时),但是缺点是精度不够高,因为方向图最大值附近会有微小弯曲。也就是说,输出电压幅度测量会有轻微的变化 $\Delta U_{вых}$,根据图 3.2.24(b)可见,相应的目标角度坐标测量误差是 $\Delta\theta_{ош}$,通常情况下 $\Delta\theta_{ош} \approx (0.1 \sim 0.25)\Delta\theta$,其中 $\Delta\theta$ 是方向图宽度。为了减小 $\Delta\theta_{ош}$,可以使用窄的方向图(针形的、笔形的)。

最大幅度测角法广泛应用于地面和航空无线电系统当中。

最小幅度测角法。顾名思义,这种方法是利用 2 个方向图的最小值(多数

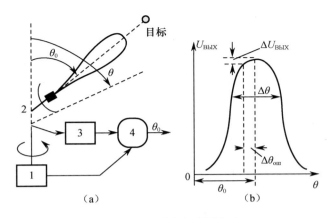

（a）

（b）

图 3.2.24　最大幅度测角法

（a）目标角度坐标 θ_0 的测量装置简易结构图；

（b）接收装置输出电压 $U_{BЫX}$ 与天线最大方向图的指向方位角 θ 对应关系图。

1—扫描装置；2—接收天线；3—接收装置；4—指示器。

情况下最小值是 0°），强制性地把天线最小方向图转向目标方向，以此来确定目标角度坐标 θ_0（图 3.2.25（a））。当接收装置输出电压幅度 $U_{BЫX}$ 达到最小（如图 3.2.25（b）所示，最小值为 0），即可以测定目标角度坐标 θ_0。

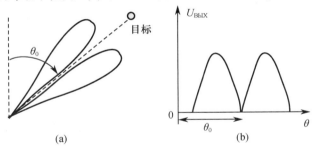

(a)

(b)

图 3.2.25　最小幅度测角法

（a）测量目标角度坐标 θ_0 时的天线方向图状态；

（b）接收装置输出电压 $U_{BЫX}$ 与天线方向图的指向方位角 θ 对应关系图。

　　最小幅度测角法的优点是测量精度高，缺点是接收信号的幅度最小（测量 θ_0 时）。

　　幅度比较测角法。这种方法是最大幅度测角法与最小幅度测角法之间的过渡方法。这种方法的测角精度比较高（比最大幅度测角法要好，比最小幅度测角法略差），因为在确定角度 θ_0 时，接收到的信号幅度会比较大（但比最大幅度测角法稍小）。这种方法最大的特点就是，使用 2 个方向图，且实际使用的 2 个方向图只是原来方向图的 0.7 倍。

　　需要注意的是，"天线方向图交叉点"的指向方向被称为等信号方向。这就意味着,如果目标处于等信号方向,那么2个方向图接收到的目标反射信号是幅度相等的。

这个方法的测角过程是,当目标处于等信号方向(图3.2.26(a))时,就可以确定目标方向角 θ_0。这个定向时刻,可以由指示器进行判读,该指示器有2个接收装置,这2个接收装置产生的视频信号存在差值,利用这个差值可以对测角进行辅助(图3.2.26(b)),即:当指示器输出端口上的信号差值为0时,就可以确定目标角度坐标 θ_0。

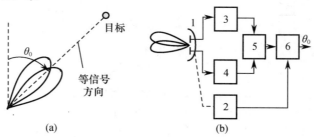

图3.2.26　幅度比较测角法

(a)测量目标角度坐标 θ_0 时的天线方向图状态;(b)测角仪简化结构示意图。

1—接收天线;2—扫描装置,用于转动接收天线,同时转动方向图指向;

3—第一个接收装置;4—第二个接收装置;5—视频信号比较器;

6—视频信号比较器输出电压为0时,显示目标角度坐标 θ_0 的指示器。

上述这些幅度测角方法,是确定目标角度坐标 θ_0 的主要方法。实际上,现代航空无线电系统中更多地是将这些方法综合起来使用,因为即使某种单一方法不适用于测角,但是多种方法综合起来之后就可以解决这种不适用的问题。多种方法综合使用必然会导致下面两种情况的发生:

(1)为了保证测角方法精度(最小幅度测角法),测角装置的2个接收装置必须具有相同的性能参数。

(2)如果无线电接收装置输出的信号,不是经过处理的信号,而是从空间获取到的原始信号(例如,从接收天线输出端出来的信号),那么测角的精度会更高。

把幅度测角法综合起来使用,可以提高无线电测角系统的工作效能。因此,比幅和差测角方法得到了非常广泛的应用。如图3.2.27所示的,就是一种和差测角(单平面)电路结构示意图。

下面举例说明这种测角仪的工作过程。

辐射状态。发射装置(图3.2.27中的6号组件)产生大功率高频脉冲,其波长为 λ_0。这个脉冲通过天线转换开关(图3.2.27中的5号组件)进入环形波导桥(图3.2.27中的4号组件)的引脚 C 上。

环形波导桥的结构示意图,如图3.2.28所示。这个装置是一种环状的波

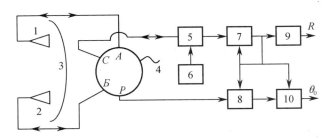

图 3.2.27　目标角度坐标比幅和差测角（单平面）电路图

1—第一个喇叭天线；2—第二个喇叭天线；3—抛物面反射器；4—环形波导桥；5—天线转换开关；
6—发射装置；7—和信号接收装置；8—差信号接收装置；
9—幅度检波器（与距离测量装置连在一起）；10—相位检波器（与指示器连在一起）。

导,其波导长度为 $1.5\lambda_0$,且有 4 个引脚(A、$Б$、C、P)。环形波导桥在发射和接收无线电信号时的工作模式相似。

在高频脉冲辐射状态下,引脚 C 上(此时引脚 C 作为输入端口)的脉冲开始沿着环形波导桥分成 2 路传播,即:从引脚 C 进入引脚 A 和 $Б$。由于 CA 和 $CБ$ 之间的距离相等(等于 $0.25\lambda_0$),所以到达引脚 A 和 $Б$ 的脉冲相位相同。这意味着,从喇叭天线 1 和 2(图 3.2.27 中的 1 号和 2 号组件,分别与引脚 A 和 $Б$ 相连接)辐射的脉冲是相同的。但是,进入到引脚 C 的且经过引脚 A 和 $Б$ 向外辐射的脉冲并不是完整的无线电信号。这个信号的一部分会沿着

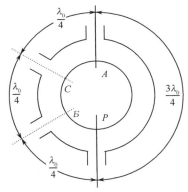

图 3.2.28　环形波导桥

环形波导桥的引脚 A 和 $Б$ 进入引脚 P。由于 AP 和 $БP$ 之间的距离差等于 $0.5\lambda_0$,所以到达引脚 P 的无线电信号与原信号是反相位的,因而会相互抵消。所以,无线电脉冲不会进入接收装置(图 3.2.27),而是进入喇叭天线 1 和 2 上。

由图 3.2.29(a)可见,喇叭天线(带有抛物面反射器)的方向图与辐射无线电信号相位没有关系。由图 3.2.27 可见,抛物面反射器可以像镜子一样反射无线电波,从喇叭天线 1 辐射出来的无线电波会沿着光学折射轴线反射出去(图 3.2.29(a)中的 1 号波束),从喇叭天线 2 辐射出来的无线电波也会沿着光学折射轴线反射出去(图 3.2.29(a)中的 2 号波束)。

当喇叭天线进行同相位辐射时,"2 个喇叭天线 + 抛物面反射器"组成的天线系统,其合成后的方向图如图 3.2.29(b)所示。在辐射状态下,合成后的方向图有一个最大值,这个最大值指向的就是"2 个喇叭天线 + 抛物面反射器"组成的天线系统光学折射轴线方向。也就是说,通过这种方式可以实现辐射状态下的最大幅度测角。

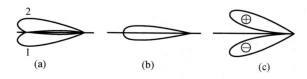

图 3.2.29　目标角度坐标比幅和差测角仪(图 3.2.27)的空间辐射特性

(a)"第一个喇叭天线—抛物面反射器"(波束 1)与"第二个喇叭天线—抛物面反射器"(波束 2)
构成的天线系统真实合成方向图;(b)"第一个喇叭天线—第二个喇叭天线—抛物面反射器"
构成的天线系统真实合成方向图;(c)等效方向图。

接收状态。假设目标位于天线系统的光学折射轴线上,此时从目标反射回来的无线电信号(电磁场形式的)进入抛物面反射器后,被 2 个喇叭天线接收,最后进入环形波导桥的引脚 А 和 Б。由于目标处于光学折射轴线上,所以目标与 2 个喇叭天线的距离相等。这就意味着,进入环形波导桥引脚 А 和 Б 的目标反射电磁信号具有相同的相位。

分析一下环形波导桥内部电磁信号的传播过程。经过引脚 А 和 Б 后,电磁信号分成 2 路传播。由于 А 点和 Б 点与 С 点的距离(沿着圆周)相等($0.25\lambda_0$),所以 С 点的电磁信号是同相位的。所以,С 点用俄语单词"сумма(总和)"的首写字母作为标识符号。环形波导桥的 Р 点是用俄语单词"разность(差值)"的首写字母作为标识符号。实际上,从 А 点和 Б 点到达 Р 点的无线电波是反相位的(这 2 路信号的行程差是 $0.75\lambda_0 - 0.25\lambda_0 = 0.5\lambda_0$),所以这 2 路信号相互抵消。因此,喇叭天线 1 和 2 上反射回来的无线电信号幅度相等,但在 Р 点 2 路信号差值为 0。也就是说,如果目标处于光学折射轴线上,那么测角仪接收通道输入端口(图 3.2.27 中的 8 号和 10 号组件)上将什么信号也接收不到。这种情况与"目标与天线光学折射轴线夹角 θ_0 等于 0"是相符合的。同时,进入距离 R 测量通道(图 3.2.27 中的 5 号、7 号和 9 号组件)输入端口上的合成信号会很大,可以确定目标距离。

现在假设目标不是处于光学折射轴线上(目标与天线光学折射轴线夹角等于 θ_0),这意味着目标与喇叭天线 1 和 2 的距离不同。利用前面的推理可以得到,环形波导桥 С 点的信号不是完整的合成信号,而 Р 点的信号也没有完全抵消,将 Р 点的合成信号记为" + "(如果 θ_0 为正)或是记为" - "(如果 θ_0 为负)。于是,Р 点上的合成信号表示目标与天线光学折射轴线的偏差方向(上或下)。从另一个角度分析来看,通过比较目标与天线光学折射轴线的偏差,就可以得到这样的关系,即:如果增加 θ_0,那么 Р 点输出信号的差值也会增大。

如果把 Р 点的信号差值信息记录到图形中,如图 3.2.29(c)所示,那么这种描述方式就好像是天线的方向图一样。也就是说,此时使用的目标方位角测量方法,是一种最小幅度测量法,而且测量精度会很高。

需要注意的是,在这个例子中,测量装置带有一个反馈调节(从图 3.2.27 中的 7 号组件,反馈到 7 号、8 号和 10 号组件),这个反馈用于调节(与合成信号的功率成正比)7 号组件的放大系数和修改 7 号、8 号和 10 组件的放大系数,进而使得信号和通道与信号差通道的指标参数相同。

目标角度坐标比幅和差测量仪,只能实现单平面的测量。实际上,目标角度坐标(方位角 α_0 和俯仰角 β_0)是在两个平面上完成测量的,即分别在水平平面和垂直平面上,测量方位角和俯仰角。如图 3.2.30 所示的,就是一种可以在两个平面上完成目标角度坐标测量的和差测量仪电路图。

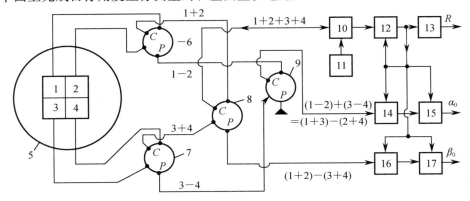

图 3.2.30　目标角度坐标(双平面)比幅和差测量仪电路图

1—第一个喇叭天线;2—第二个喇叭天线;3—第三个喇叭天线;4—第四个喇叭天线;5—抛物面反射器;6—第一个环形波导桥;7—第二个环形波导桥;8—第三个环形波导桥;9—第四个环形波导桥(输出端 P 上有匹配负载);10—天线转换开关;11—发射装置;12—和信号接收装置;13—幅度检波器(与距离测量装置连在一起);14—差信号接收装置(方位角测量);15—第一个相位检波器(与方位角指示器连在一起);16—差信号接收装置(俯仰角测量);17—第二个相位检波器(与俯仰角指示器连在一起)。

由如图 3.2.20 所示,形成和差信号的系统由 4 个波导桥组成(图 3.2.27 中只有 2 个),其他组件的工作原理与图 3.2.27 中组件的工作原理相似,只是增加了一个差信号通道。

相位测角法。相位测角方法的工作原理是,目标反射回来的信号,被空间中一组间隔距离为 d 的天线所接收,目标角度坐标 θ_0 可以根据接收天线上的信号相位差 $\Delta\varphi$ 来确定。

从图 3.2.31(a)中可以找到 θ_0 和 $\Delta\varphi$ 之间的关系式。从目标反射回来的信号,被天线 1 和 2 接收到,由于目标实际距离要比 d 大得多,所以可以认为"目标－天线 1"和"目标－天线 2"这 2 条线段是平行的。当相位差 $\Delta\varphi$ 与"A 点－天线 1"线段长度满足一定条件时,根据几何关系,这个线段长度等于 $d\sin\theta_0$,则相位差 $\Delta\varphi$:

$$\Delta\varphi = \frac{2\pi}{\lambda_0} \cdot d\sin\theta_0 \qquad (3.2.29)$$

式中:λ_0 为接收信号波长。

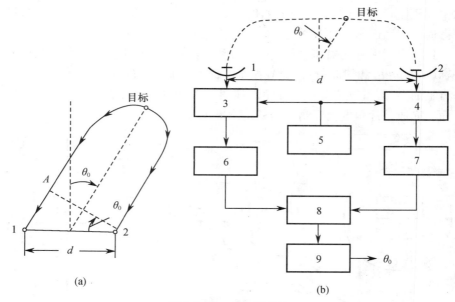

图 3.2.31　相位测角法

(a)θ_0 与 $\Delta\varphi$ 的几何关系;(b)目标角度坐标 θ_0 相位测角仪简化结构示意图。

1—第一个天线;2—第二个天线;3—第一个混频器;4—第二个混频器;5—本机振荡器;

6—第一个放大器;7—第二个放大器;8—相位差 $\Delta\varphi$ 测量仪;9—目标角度坐标 θ_0 指示器。

根据式(3.2.29)可以得到目标角度坐标 θ_0 和 $\Delta\varphi$ 之间的关系式:

$$\theta_0 = \arcsin\left(\frac{\lambda_0}{2\pi d} \cdot \Delta\varphi\right) \tag{3.2.30}$$

如果角度 θ_0 足够小,那么可以认为 $\sin\theta_0 = \theta_0$,则方位角公式(3.2.30)可以改写成

$$\theta_0 \approx \frac{\lambda_0}{2\pi d} \cdot \Delta\varphi \tag{3.2.31}$$

需要注意的是,测量 θ_0 时,相位差 $\Delta\varphi$ 应该满足单值性要求,即:$\Delta\varphi < \pi$。此时,θ_0 的最大值为

$$\theta_{0max} = \pm\arcsin\frac{\lambda_0}{2d} \tag{3.2.32}$$

如果目标角度坐标 θ_0 测量值比 θ_{0max} 大,那么必须改变无线电波的波长 λ_{01}:$\lambda_{01} > \lambda_0$。

目标角度坐标 θ_0 的相位测角电路原理图,如图 3.2.31(b)所示。这个电路的主要组成部分就是相位差 $\Delta\varphi$ 测量仪(图 3.2.31 中的 8 号组件),这种测量仪通常就是相位检波器。由于相位检波器通常工作在低频频段,但接收信号频率 $\omega_0 = 2\pi\dfrac{C}{\lambda_0}$ 可以通过混频器(这是一种非线性无线电装置,可以把输入的电压信

号频率重新整合成指定的电压信号频率)和本机振荡器(用于产生电压信号频率 ω_{Γ})降低到频率 ω_P。第一个混频器(图 3.2.31 中的 3 号组件)和第二个混频器(图 3.2.31 中的 4 号组件)输出的电压信号频率为 $\omega_P = \omega_0 - \omega_{\Gamma}$,经过第一个放大器(图 3.2.31 中的 6 号组件)和第二个放大器(图 3.2.31 中的 7 号组件)放大之后,进入相位差 $\Delta\varphi$ 测量仪的输入端口,而这个测量仪的输出电压(与 $\Delta\varphi$ 值成正比)要输送给指示器(图 3.2.31 中的 9 号组件),在指示器上显示的刻度值就是目标角度坐标 θ_0。

需要注意的是,相位测角法(相比于幅度测角法来说)的测角精度最高,但缺点是需要双通道(为了保证两个通道相位特性具有一致性,这样会增加设备制造费用),并且测量必须满足单值性要求。

最后,介绍一下相位测角法与幅度测角法配合使用时的目标角度坐标和差测量方法。如图 3.2.32(a)所示的,是一种单平面相位与幅度联合测角的电路原理图。为了便于说明问题,以方位角所在的平面(水平平面)作为单平面,即 $\theta_0 = \alpha_0$。

这个测角仪与如图 3.2.27 所示的和差测量仪结构十分相似。下面介绍一下这个测角仪的辐射和接收工作模式。

在辐射状态下,发射装置(图 3.2.32 中的 5 号组件)辐射的脉冲通过天线转换开关(图 3.2.32 中的 6 号组件)进入环形波导桥(图 3.2.32 中的 4 号组件)的引脚 C 上(其结构可见图 3.2.28),然后从引脚 A 和 Б 进入第一个和第二个喇叭天线(图 3.2.32 中的 1 号和 2 号组件),喇叭天线的间距为 d。这些喇叭天线辐射的电磁波被双抛物面反射器(图 3.2.32 中的 3 号组件)反射到空间中。

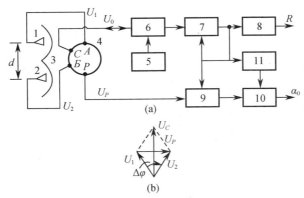

图 3.2.32　单平面(方位角)相位和差测角方法
(a)测量仪结构示意图;(b)用于解释和差信号形成的矢量方向图。

1—第一个喇叭天线;2—第二个喇叭天线;3—双抛物面反射器;4—环形波导桥;5—发射装置;6—天线转换开关;7—和信号接收装置;8—幅度检波器和距离测量装置;9—差信号接收装置;10—相位检波器和角度坐标(方位角)指示器;11—π/2 移相器。

在接收状态下，从空间反射回来的电磁波，按照与上述相反的过程，经过反射器进入喇叭天线。喇叭天线接收到的无线电信号会发生相位移动 $\Delta\varphi$（根据式（3.2.29）)：

$$\Delta\varphi = \frac{2\pi d}{\lambda_0} \cdot \sin\alpha_0 \tag{3.2.33}$$

这些接收信号的幅度是相等的（$U_1 = U_2 = U_0$），而且目标距离 R 要大于接收天线的间隔距离 d。然后，这些接收信号进入环形波导桥的引脚 A 和 $Б$。从引脚 C 上会输出这些信号的和信号，其幅度为 U_C，引脚 P 上会输出这些信号的差信号，其幅度为 U_P。

由电压信号 U_1 和 U_2 形成 U_C 和 U_P 的过程，可以参见如图 3.2.32（b）所示的矢量方向图。由图可见，差信号幅度 U_P 为

$$U_P = 2U_0 \sin\frac{\Delta\varphi}{2} \tag{3.2.34}$$

当取 α_0 为最大值时，根据式（3.2.33）则有

$$U_P \approx \frac{2\pi d}{\lambda_0} \cdot U_0 \alpha_0 \tag{3.2.35}$$

即：差信号幅度 U_P 与 α_0 成正比。如果 α_0 改变极性，则图 3.2.32（b）中的矢量 U_P 变成负向（U_P 的相位改变 π），此时 U_C 和 U_P 的垂直关系保持不变。

为了确定 α_0 的极性和角度值，要把差信号输送给相位检波器（图 3.2.32 中的 10 号组件）的一个输入端，相位检波器的另一个输入端上输入的信号是相位移动了 $\pi/2$ 的和信号，其幅度为 U_C。此时，相位检波器输出电压，表示（根据比例）的就是 α_0 角度值。为了使相位检波器输出电压不受接收信号电压 U_0 的影响，在测角仪电路中嵌入了一个自动调节放大器，这个放大器可以将和信号接收装置（图 3.2.32 中的 7 号组件）输出的信号放大。

3.2.3　速度测量方法

对战斗机和直升机来说，运动速度是一个非常重要的战术性能参数，对民用航空器来说也同样非常重要。在运动速度的测量任务中，会涉及到 2 种装备：

（1）对飞行目标的运动速度进行测量时，用于测速的装置属于雷达装备。

（2）对飞机或直升机自身的运动速度进行测量时，用于测速的装置属于导航装备。

上述两种情况下，大多数的测速都是采用多普勒效应。这种效应是以奥地利物理学和天文学家克里斯琴·多普勒（1803—1853）的姓氏命名的，多普勒在 1842 年从理论上证明了：观察者接收到的振荡频率，与观察者和振荡源之间的相对运动速度及方向有关。下面详细地介绍一下多普勒效应的应用问题。

多普勒频率计算。航空无线电系统中进行速度测量时，实际上是利用了两

个谐波振荡(由运动目标辐射出来的和从运动目标反射回来的谐波振荡,如图 3.2.33 所示),大多数情况下这两个振荡频率是不一样的。这两个振荡频率的频率差,被称为多普勒频率 $F_{Д}$:

$$F_{Д} = \frac{2V_R}{C} \cdot f_0 \qquad (3.2.36)$$

式中:f_0 为辐射的谐波振荡频率;C 为电磁波传播速度($3 \cdot 10^8 \text{m/s}$);V_R 为目标径向速度。

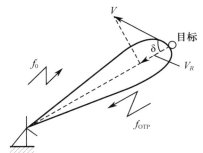

图 3.2.33   用于确定径向速度 V_R 的几何关系图

此时,运动目标反射回来的谐波振荡频率为 f_{OTP},如果目标是正在离开,则记为 $f_{OTP} = f_0 - F_{Д}$,如果目标是正在靠近,则记为 $f_{OTP} = f_0 + F_{Д}$。

对于径向速度 V_R 来说,是假设目标是一个以速度 V 运动的点,则径向速度 V_R 是目标运动速度 V 在"目标—无线电测量系统"连线上的投影。

由图 3.2.33 中几何关系可见,径向速度 V_R 可以根据下式计算:

$$V_R = V\cos\delta \qquad (3.2.37)$$

式中:δ 为矢量速度 V 和"目标 – 无线电测量系统"连线之间的夹角。

另外,还有一种确定多普勒频率的方法,就是利用目标自身辐射的谐波频率 f_1,采用这种方法的无线电测量系统通常只具有信号接收功能,不能发射信号。这种情况下,进入测量系统的谐波频率为 f_2,而多普勒频率 $F_{Д}$ 等于频率 f_1 和 f_2 的差值($F_{Д} = f_2 - f_1$),则有

$$F_{Д} = \frac{V_R}{C} \cdot f_0 \qquad (3.2.38)$$

多普勒频率 $F_{Д}$ 的数值要比辐射振荡频率 f_0 小很多。如果 $f_0 = 10\text{GHz} = 10^{10}$ Hz(雷达系统通常使用的频率),且 $V_R = V = 300\text{m/s}$,那么根据式(3.2.36)多普勒频率 $F_{Д}$ 等于 $2 \cdot 10^4 \text{Hz} = 20\text{kHz}$。

当多普勒测速装置是一种安装在飞机上的收发无线电系统时(飞机水平运动速度为 V),多普勒频率 $F_{Д}$ 的计算方法是:

(1) 第一种情况:没有风,无线电系统发射波束在垂直平面上与飞机机身纵轴(与地面平行的)的夹角为 β(图 3.2.34(a)),则

$$F_{Д_1} = \frac{2V_{R_1}}{C} \cdot f_0 = \frac{2V\cos\beta}{C} \cdot f_0 \qquad (3.2.39)$$

（2）第二种情况：没有风，无线电系统发射波束在垂直平面上与飞机机身纵轴（与地面平行的）的夹角为 β，而且飞机机身姿态相对于垂直平面的倾斜角为 α（图 3.2.34(b)）则

$$F_{Д_2} = \frac{2V_{R_2}}{C} \cdot f_0 = \frac{2V\cos\beta\cos\alpha}{C} \cdot f_0 \qquad (3.2.40)$$

（3）第三种情况：有水平方向的风，由风速和飞机自身矢量速度合成后的矢量速度为 V_1，这个速度与飞机机身纵轴夹角为 γ，其他条件与第二种情况相同，则

$$F_{Д_3} = \frac{2V_{R_3}}{C} \cdot f_0 = \frac{2V_1\cos\beta\cos(\alpha + \gamma)}{C} \cdot f_0 \qquad (3.2.41)$$

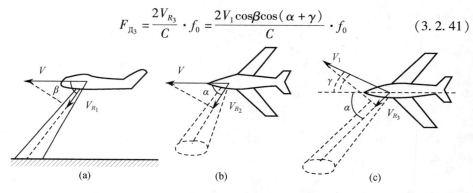

图 3.2.34　各种径向速度 V_R 的形成情况（飞机水平飞行时）
(a)侧视图；(b)和(c)俯视图。

由式（3.2.41）可见，要想测量 $F_{Д_3}$，必须同时计算 V_1 和夹角 γ。当飞机不是水平飞行时，必须同时确定矢量速度值、偏差角、飞机姿态倾斜角和俯仰角，才能得到多普勒频率 $F_Д$。为了避免测量出现多值性，在飞机和直升机上安装的多普勒测速装置不是单波束的发射装置，而是多波束的发射装置（通常是三条或四条发射波束）。

多波束多普勒测速仪。以直升机上安装的三波束多普勒测速仪为例。这种测速仪是由机载导航系统和垂直陀螺仪组成的，用于对矢量速度进行连续测量和指示，使得直升机可以进入预定的航线坐标点，并在没有风速信息的时候，通过目视控制直升机悬停和降落。

这种测速仪的主要指标参数是：

发射方式，连续特高频电磁波。

发射功率（单波束），不小于 0.7W。

多普勒测量带宽，5 ~ 4000Hz。

使用 27V 电源时的发射功率，不超过 240W。

下面介绍一下更为复杂的机载多普勒测速仪(四波束多普勒测速仪)工作原理。这种测速仪的天线方向图(俯视图)如图3.2.35所示。

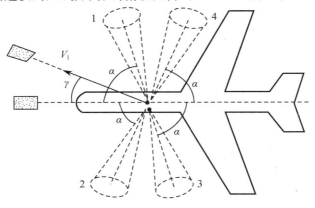

图3.2.35　四波束多普勒测速仪的天线方向图(俯视图)

这种测速仪的发射装置是在连续状态下工作,辐射的谐波信号频率为f_0。这种信号在空间传播过程中,到达地面后被反射回来,重新进入接收装置。此时,在多普勒效应的影响下,每个多普勒波束的频率为

$$\begin{cases} f_1 = f_0 + F_{Д_1} \\ f_2 = f_0 + F_{Д_2} \\ f_3 = f_0 - F_{Д_3} \\ f_4 = f_0 - F_{Д_4} \end{cases} \quad (3.2.42)$$

当飞机水平飞行时,多普勒频率值为

$$\begin{cases} F_{Д_{1,3}} = \dfrac{2V_1}{C} \cdot \cos\beta\cos(\alpha - \gamma)f_0 \\ F_{Д_{2,4}} = \dfrac{2V_1}{C} \cdot \cos\beta\cos(\alpha + \gamma)f_0 \end{cases} \quad (3.2.43)$$

多普勒频率值中包含有V_1和γ的值。

当飞机任意飞行时,多普勒频率值会明显不同,需要根据V_{1X}、V_{1Y}和V_{1Z}的矢量速度值进行计算。上述这些矢量速度,是矢量速度V_1在笛卡儿坐标系XYZ各个坐标轴上的投影,这个坐标系是以飞机质量中心作为坐标原点。

如图3.2.36所示的,是一种四波束多普勒测速仪简化结构示意图。

下面举例说明这种测速仪的工作过程。

信号发生器(图3.2.36中的6号组件)产生连续的调制电压信号,其信号频率为f_0。这个电压信号输送给天线交换器(图3.2.36中的5号组件),使其轮流接通发射天线(信号依次由天线1,3和2,4发射出去),同时接通接收天线(对应的接收天线是$1'$、$3'$和$2'$、$4'$)。天线的转换是由频率交换器(图3.2.36

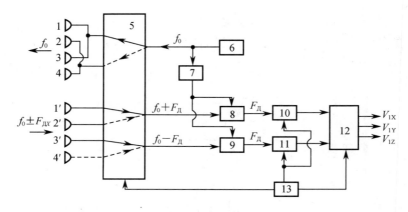

图 3.2.36　四波束多普勒测速仪简化结构示意图

1,2,3,4—发射天线；1′,2′,3′,4′—接收天线；5—天线交换器；6—无线电信号发生器；
7—衰减器；8,9—混频器；10,11—频率指示器；12—计算器；13—频率交换器。

中的 13 号组件)控制。频率为 f_0 的电压信号除了输送给天线交换器之外,还要输送给衰减器(图 3.2.36 中的 7 号组件),将电压信号的幅度降低(为了保险起见),之后将电压信号输送给混频器(图 3.2.36 中的 8 号和 9 号组件)。在混频器的输入端上还会接收到来自接收天线的无线电信号,进而实现输入信号的频率相减(因为发射信号和接收信号之间存在频率差),最终使得混合器输出的电压信号频率与多普勒频率相同。混频器输出的电压信号,在经过半个交换周期之后,输送给频率指示器(图 3.2.36 中的 10 号和 11 号组件),在这个指示器上显示出相应的多普勒频率值,并将其输送给计算器(图 3.2.36 中的 12 号组件)。频率交换器(图 3.2.36 中的 13 号组件)用于控制频率指示器和计算器同步工作。

计算器输出的信息,就是飞机速度 V_1 的各种矢量速度值 V_{1X}、V_{1Y} 和 V_{1Z}。这些矢量速度值发送给指示器装置之后,就可以读取出这些速度值,进而控制飞机飞行。

3.3　无线电测距仪

由任何一种无线电系统实现的通信,其作用距离都比较远,而且通信距离是无线电系统的一个非常重要的技战术指标参数。下面介绍一下各种雷达和导航系统使用的无线电测距仪实际工作原理和作用距离计算方法。

3.3.1　机载无线电测距仪

本节中将介绍无线电测距仪的作用距离计算方法(这种计算方法可以对那些不能直接测量其作用距离的无线电系统进行作用距离估算,例如,信息发送与接收系统、无线电应答机等），以及无线电脉冲和相位测距仪的工作原理。在"小高度测量无线电系统"这一节中，将介绍无线电频率测距仪的工作原理。

无线电脉冲测距仪。利用脉冲进行测距，可以分成两种情况：一是，测距目标是无源目标（目标只反射空间中传播的电磁信号），这种测距是一种被动测距；二是，测距目标是有源目标（目标自身辐射电磁信号），这种测距是一种主动测距。下面介绍一下这两种测距仪的工作原理。

第一种情况。测距目标是无源目标，这种情况如图 3.3.1 所示。飞机（载有测距仪）和目标之间的距离 R 是未知的，测距方法是：测距仪天线发射电磁脉冲；脉冲在空间传播到达目标，被目标反射后沿着相反方向传播，之后被测距仪天线接收到。测距仪中有一个电子装置，可以测量出这个脉冲的发射和接收所间隔的时间 τ，然后根据式（3.2.14）计算出目标距离 R：

$$R = \frac{C\tau}{2}$$

式中：C 为电磁波在空间中的传播速度（$C = 3 \cdot 10^8 \mathrm{m/s}$）。

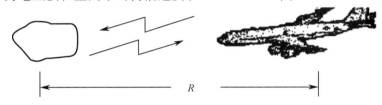

图 3.3.1　对无源目标的测距原理

下面分析一下有关最大有效测量距离的问题。

发射装置产生的信号功率被记为 $P_{\text{ПРД}}$。测距仪天线发射出去的信号功率被记为 $P_{\text{ПРД}}\eta_1$，其中 η_1 为发射装置与天线之间的连接波导馈线有效系数。

假设测距仪天线发射的信号在所有方向上是相同的，并且是理想化的，即向空间辐射过程中没有任何能量损耗。此时，发射信号在目标周围附近的功率密度 Π_1'（目标与测距仪间隔距离为 R）：

$$\Pi_1' = \frac{P_{\text{ПРД}}\eta_1}{4\pi R^2}$$

考虑到实际上天线辐射不是无方向的，而是会根据方向图 $G_{\text{ИЗЛ}}(\alpha,\beta)$ 向某个空间附近聚焦，所以目标附近的真实辐射功率密度 Π_1：

$$\Pi_1 = \frac{P_{\text{ПРД}}\eta_1}{4\pi R^2} \cdot G_{\text{ИЗЛ}}(\alpha,\beta) \tag{3.3.1}$$

因此不难计算出目标反射功率 $P_{\text{ОТР}}$：

$$P_{\text{ОТР}} = \Pi_1 S_{\text{ГЕОМ}} \xi_{\text{ОБ}} \zeta_{\text{ОБ}}$$

式中：$S_{\text{ГЕОМ}}$ 为目标几何面积；$\xi_{\text{ОБ}}$ 为目标损失功率系数（与目标材质、表面光滑程度等有关）；$\zeta_{\text{ОБ}}$ 为目标空间特性系数（目标散射、反射等因素）。

上面的公式还可以简化成（更为通用的）：

$$P_{\text{OTP}} = \Pi_1 S_0 \tag{3.3.2}$$

式中：S_0 为一种面积单位，即目标自身的一种反射特性，也被称为"目标反射面积"。例如，远程轰炸机的 S_0 约为 $15 \sim 20\text{m}^2$，中型轰炸机的 S_0 约为 $7 \sim 10\text{m}^2$，战斗机的 S_0 约为 $3 \sim 5\text{m}^2$，人员的 S_0 约为 $0.5 \sim 1\text{m}^2$。

继续利用前面的假设条件，即：认为目标的信号辐射特性是同方向的，目标与测距仪接收天线的距离为 R，那么目标附近的反射信号功率密度 Π_2'：

$$\Pi_2' = \frac{P_{\text{otp}}}{4\pi R^2}$$

当接收天线的方向图为 $G_{\text{ПРМ}}(\alpha,\beta)$ 时，总的功率密度 Π_2（附近空间中的）为

$$\Pi_2 = \frac{P_{\text{otp}}}{4\pi R^2} \cdot G_{\text{ПРМ}}(\alpha,\beta) \tag{3.3.3}$$

测距仪接收装置输入的功率 $P_{\text{ПРМ}}$ 可以表示成

$$P_{\text{ПРМ}} = \Pi_2 S_{\text{ПРМ}} \eta_2 \tag{3.3.4}$$

式中：$S_{\text{ПРМ}}$ 为接收天线的有效面积（大约是几何面积的 0.7 倍）；η_2 为测距仪接收装置与接收天线之间的连接波导馈线有效作用系数。

把式（3.3.1）至式（3.3.4）合并成一个公式，则有

$$P_{\text{ПРМ}} = P_{\text{ПРД}} \cdot \frac{\eta_1}{4\pi R^2} \cdot \frac{\eta_2}{4\pi R^2} \cdot S_0 \cdot S_{\text{ПРМ}} G_{\text{ИЗЛ}}(\alpha,\beta) G_{\text{ПРМ}}(\alpha,\beta)$$

如果认为（即假设收发信号时，使用的是同一个天线）$\eta_1 = \eta_2 = \eta$，并且认为 $G_{\text{ИЗЛ}}(\alpha,\beta) = G_{\text{ПРМ}}(\alpha,\beta) = G(\alpha,\beta)$，则将其代入上式后得到

$$P_{\text{ПРМ}} = P_{\text{ПРД}} \cdot \frac{\eta^2 S_0 S_{\text{ПРМ}}}{(4\pi)^2 R^4} \cdot G^2(\alpha,\beta)$$

测距仪的作用距离 R 为

$$R(\alpha,\beta) = \sqrt[4]{\frac{P_{\text{ПРД}} \eta^2 S_0 S_{\text{ПРМ}} G^2(\alpha,\beta)}{(4\pi)^2 P_{\text{ПРМ}}}} \tag{3.3.5}$$

测距仪的作用距离 R 与空间定向方向图 $G(\alpha,\beta)$ 坐标 α 和 β 有关。

最后，根据式（3.3.5）可以确定测距仪最大作用距离 $R_{\max}(\alpha,\beta)$，如果用接收装置灵敏度 $P_{\text{ПРМmin}}$ 替换公式中的 $P_{\text{ПРМ}}$，则有

$$R_{\max}(\alpha,\beta) = \sqrt[4]{\frac{P_{\text{ПРД}} \eta^2 S_0 S_{\text{ПРМ}} G^2(\alpha,\beta)}{(4\pi)^2 P_{\text{ПРМmin}}}} \tag{3.3.6}$$

由于 $R_{\max}$ 与 α 和 β 有关，所以实际上使用的 $R_{\max}$ 值是方向图 $G(\alpha,\beta)$ 主瓣最大方向时的作用距离 $R_{\max\max}$，这个距离值是将 $G_{\max}$ 替换式（3.3.6）中的 $G(\alpha,\beta)$

后得到的。此外，只有在理想条件下（即电磁波传播过程中，假设空气中的灰尘和降水等不会造成电磁波能量损失）才能使用式(3.3.6)计算测距仪的最大作用距离 R_{max}。

下面介绍一下脉冲测距仪的工作原理。需要注意的是，如图3.3.2所示的脉冲测距仪（使用的是复杂脉冲，即脉冲频率线性变化）与如图3.2.14所示的脉冲测距仪（使用的是简单脉冲，即脉冲频率不变化）在组成结构上有所不同。

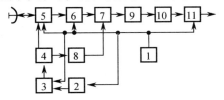

图3.3.2 使用线性频率调制脉冲的测距仪组成结构示意图
1—同步器；2—线性频率调制脉冲发生器；3—脉冲调制器；4—发射装置；
5—天线转换开关；6—保护装置；7—接收装置；8—脉冲相位自动微调装置；
9—脉冲压缩滤波器；10—包络检波器；11—测距装置。

复杂脉冲与简单脉冲的区别是，简单脉冲的 $\tau_\text{и}\Delta f_{\text{СП}} \approx 1$（$\tau_\text{и}$ 为脉冲宽度；$\Delta f_{\text{СП}}$ 为脉冲带宽），而复杂脉冲的 $\tau_\text{и}\Delta f_{\text{СП}}$ 要远远大于1（如是30～80）。所以，复杂脉冲又被称为"大容量脉冲"，也就是大时宽带宽积脉冲。实际上经常使用的复杂脉冲，就是线性频率调制脉冲(ЛЧМ)。

下面介绍一下如图3.3.2所示的脉冲测距仪工作过程。

同步器（图3.3.2中的1号组件）产生的脉冲输送给脉冲发生器（图3.3.2中的2号组件），由它产生线性频率调制脉冲。线性频率调制脉冲的信号形式，如图3.3.3(a)所示，其脉冲频率变化规律，如图3.3.3(b)所示，图中 $\Delta f_{\text{ЛЧМ}}$ 为脉冲频率偏移。

然后，产生的线性频率调制脉冲进入脉冲调制器（图3.3.2中的3号组件），再进入发射装置（图3.3.2中的4号组件），最后经过天线转换开关（图3.3.2中的5号组件）和抛物面天线向空间辐射出去。

需要注意的是，在辐射脉冲时，接收装置（图3.3.2中的7号组件）的输入端口是关闭的（防止大功率脉冲损伤接收装置），而且除了天线转换开关之外，还有一个保护装置（图3.3.2中的6号组件）用于保护接收装置。

从目标反射回来的脉冲，进入收发天线，然后在同步器的作用下经过天线转换开关和保护装置进入接收装置的一个输入端口上。接收装置的另一个输入端口上，输入的是来自脉冲相位自动微调装置（图3.3.2中的8号组件）的输出电压信号。接收到的线性频率调制脉冲被放大后，输送给脉冲压缩滤波器（图3.3.2中的9号组件）。

所谓的"脉冲压缩滤波器"，是一种通俗说法。实际上这个滤波器的结构

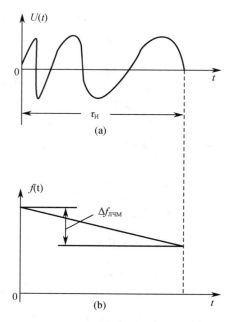

图 3.3.3　线性频率调制脉冲
(a)脉冲信号样式；(b)频率变化规律。

（滤波的单值性特性是与线性频率调制脉冲测距仪的组成结构有关）非常适合输出最大值的信号（这是对于脉冲压缩滤波器自身来说的），同时，输出信号的时间间隔 $\tau_{BЫX}$ 要比线性频率调制脉冲的时间间隔 $\tau_И$ 小很多（可以达到几十倍）。此外，脉冲压缩滤波器还可以将输出信号的幅度放大，并把信号间隔时间压缩。

脉冲压缩滤波器的组成结构，以及滤波器内部的无线电波电压形式，如图3.3.4 所示。

脉冲压缩滤波器的一个重要组成部分，就是超声波线性延迟器（ЛЗ）。这个线性延迟器的连接接头具有非均匀性，可以在接头中去除掉线性频率调制形式，并使脉冲宽度变得不均匀（随时间变化）。这种不均匀的线性频率调制脉冲合成后，可以使输出脉冲变得很短，而且功率比较大。

举一个具体例子来解释一下脉冲压缩效应。假设线性频率调制脉冲宽度 $\tau_И = 1\mu s$，频率偏移 $\Delta f = 50\text{MHz}$，则脉冲压缩滤波器输出脉冲宽度 $\tau_{BЫX}$（根据最大功率的 $2/\pi = 0.64$ 倍计算）：

$$\tau_{BЫX} = \frac{1}{\Delta f} \tag{3.3.7}$$

$\tau_{BЫX}$ 约为 $0.02\mu s$。根据下列公式可以计算出距离分辨力 δR：

$$\delta R = \frac{C\tau_{BЫX}}{2} \tag{3.3.8}$$

根据式(3.2.21)，线性频率调制脉冲距离分辨力 δR 为 3m，而相同条件下

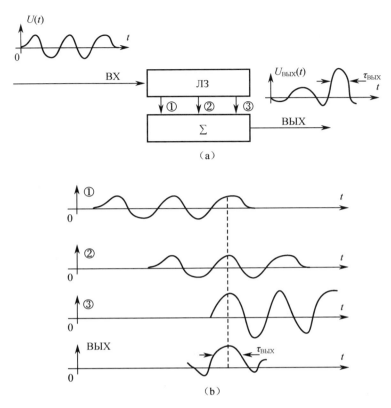

图 3.3.4 线性频率调制脉冲压缩

(a)脉冲压缩滤波器结构示意图；(b)电压信号波形示意图。

的简单脉冲(脉冲宽度 $\tau_\text{И} = 1\,\mu\text{s}$)距离分辨力 δR 为 150m。也就是说,线性频率调制脉冲相比于简单脉冲(频率固定)来说,具有很高的距离分辨力 δR。对于简单脉冲来说,线性频率调制脉冲的输出信号幅度比例关系也更好。如果滤波器输入的 2 种脉冲(简单脉冲和线性频率调制脉冲)幅度相同($U_\text{BX} = 1\text{V}$),那么输出脉冲的幅度 $U_\text{ВЫХ}$ 会有很大差别:简单脉冲的输出幅度 $U_\text{ВЫХ} = 1\text{V}$,而线性频率调制脉冲的输出幅度 $U_\text{ВЫХ}$ 可由下式确定:

$$\frac{U_\text{ВЫХ}}{U_\text{BX}} = \sqrt{\tau_\text{И}\Delta f} \qquad (3.3.9)$$

则线性频率调制脉冲的输出幅度 $U_\text{ВЫХ} = 7\text{V}$。由此可见,在其他条件(天线发射功率、目标距离、目标反射面积等)相同时,使用线性频率调制脉冲比使用简单脉冲更有利于提高测距仪的作用距离。由于具有改善距离分辨力和提高作用距离 R_max 的优点,所以现代大多数测距仪都是使用复杂脉冲(特别是线性频率调制脉冲)。

下面继续介绍脉冲测距仪工作原理。

在脉冲压缩滤波器(图 3.3.2 中的 9 号组件)和包络检波器(图 3.3.2 中的 10 号组件)的后面,连接着用于目标距离测量的测距装置(图 3.3.2 中的 11 号组件)。在现代化的测距仪中,对目标距离的测量过程已经完全数字化了(即,把采集到的目标距离计数脉冲发送给机载数字式计算机)。数字式测距仪的组成结构及其工作原理,如图 3.3.5 所示。由于测距装置(图 3.3.2 中的 11 号组件)是嵌入在脉冲测距仪中的(如图 3.3.2 所示的脉冲测距仪),所以图 3.3.5 中测距装置所使用的编号沿用了图 3.3.2 中的编号。

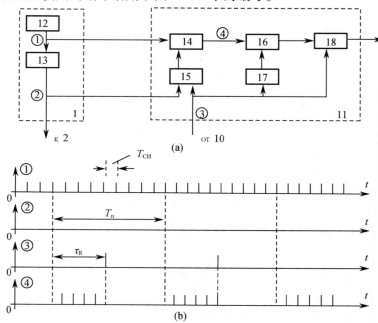

图 3.3.5 测距仪组成结构(a)及其工作原理示意图(b)

1—同步器；11—测距仪；12—同步脉冲发生器；13—频率分配器；14—开关电路；
15—转换装置；16—计数器；17—延迟单元；18—数传电路。

下面介绍一下测距工作过程。同步脉冲发生器(图 3.3.5 中的 12 号组件,其脉冲重复周期 T_{CM} 为几十或几百微秒)在自主振荡模式下工作,产生连续的脉冲序列。这些脉冲序列进入频率分配器(图 3.3.5 中的 13 号组件),同时也进入开关电路(图 3.3.5 中的 14 号组件)。频率分配器输出重复周期为 T_{Π} 的脉冲(即线性频率调制脉冲,其重复周期为 T_{Π} 只有几微秒)。

频率分配器输出的脉冲,进入转换装置(图 3.3.5 中的 15 号组件)的第一个输入端口(转换装置可以作为触发器使用),则转换装置控制开关电路(图 3.3.5 中的 14 号组件)接通,同步脉冲开始通过开关电路进入计数器(图 3.3.5 中的 16 号组件)的总输入端(在频率分配器输出下一个脉冲之前,这个计数器会进行清零),计数器开始对计数脉冲进行计数。直到包络检波器(图 3.3.2 中的 10 号组件①）不再输出脉冲为止，即当线性频率调制脉冲前沿（图 3.3.4）的后沿到达时，此时的计数器计数结果发送给转换装置的第二个输入端口，开关电路被关闭，计数器停止对同步脉冲计数。

此时，计数器中出现的计数脉冲表示接收到的线性频率调制脉冲相对于发射脉冲的延迟时间 τ_R，即目标的距离 R。实际上，频率分配器和包络检波器输出的脉冲之间出现的计数脉冲数量为 N_R。延迟时间 τ_R 与 N_R 之间的关系是

$$\tau_R = N_R \cdot T_{\text{си}}$$

而目标距离 R：

$$R = \frac{C\tau_R}{2} = \frac{CN_R T_{\text{си}}}{2} \tag{3.3.10}$$

如果数值 N_R 是二进制计数，那么对应的 $[N_R]$ 被称为"距离 R 的数字电码"。如果 $N_R = 37$，则 $[N_R] = 100101$。距离 R 的数字电码 $[N_R]$ 通过数传电路（图 3.3.5 中的 18 号组件）从计数器输送给（经过测距仪，图 3.3.5 中的 11 号组件）机载数字式计算机。数字式计算机可以根据这个数字电码实现各种功能（例如，预测目标航迹）。

除了包络检波器输出的脉冲之外，数字电码 $[N_R]$ 和机载数字式计算机（此时数传电路 18 处于接通状态）向计数器 16 发送的脉冲（将计数器 16 置于 0 状态），也可以作为计数器的停止脉冲。为了防止计数器 10 向机载数字式计算机传送数字电码 $[N_R]$ 时出现失效，数传电路 18 与测距仪 11 之间有一个延迟单元 17，在数字电码 $[N_R]$ 传送完成之后，这个延迟单元可以使计数器 16 清零。

通过上述过程，机载脉冲测距仪可以实现对无源目标的距离 R 测量。这种测距仪经常使用在飞机测高装置上。飞机测高时，是把地面当做是无源目标，而这种脉冲测距仪被称为"大高度测量无线电高度表（测量范围超过 0.5km）"。下面列举了一种大高度测量无线电高度表的主要技术指标参数：

测高范围：500～30000m；

测高精度：25m ±（测量高度的 0.15%）；

发射脉冲功率：2kW；

载波（脉冲内部中心）频率：845 ±3MHz；

测距脉冲宽度：1 ±0.5μs；

脉冲重复频率：1000 ±200 Hz；

使用功率：交流 115V、400Hz 电网供电时为 120VA，直流 27V 电网供电时为 50W；

体积（不计天线和电缆）：15dm³。

需要注意的是，在航空领域除了会使用大高度测量无线电高度表之外，还会

---

① 原书有误。

使用小高度测量无线电高度表(对于这种高度表,将在"无线电着陆导航综合系统"这一章中具体介绍)。

第二种情况。测距目标是有源目标。在这种情况下,导航系统(用于测量飞机自身位置)使用的信号是来自于地面或空中(飞机上的或卫星上的)的无线电信标机。对于测距仪载机来说,这些信标机的坐标是已知的。也就是说,飞机机组人员(或者是与计算机交联的电子设备)以信标机坐标作为定位的参照基点,来确定本机位置。这一原理如图3.3.6所示。

如图3.3.6所示,飞机(测距仪载机)与目标(信标机)之间的距离,可以由飞机上的测距仪测量。这种测量是通过测量无线电信号接收(测距仪载机接收到的)与发射(测距仪载机发射的)之间的时间延迟 $\tau_{3A\Pi}$ 来实现的。

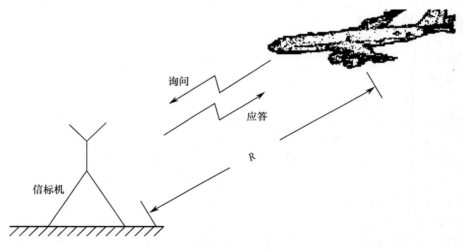

图 3.3.6 询问 - 应答状态下(有源目标)的测距原理

延迟时间 $\tau_{3A\Pi}$ 是由三个部分组成:

$$\tau_{3A\Pi} = \tau_{R\,3A\Pi P} + \tau_{3A\Pi} + \tau_{R\,OTB} \tag{3.3.11}$$

式中: $\tau_{R\,3A\Pi P}$ 为询问信号的传播时间(从机载测距仪发射询问信号到地面信标机接收到信号之间的时间); $\tau_{3A\Pi}$ 为信标机内部信号处理时间(从接收到询问信号到信标机发射应答信号之间的时间); $\tau_{R\,OTB}$ 为应答信号的传播时间(从信标机发射应答信号到机载测距仪接收到信号之间的时间)。

实际上,式(3.3.11)中某些延迟时间是非常小的,所以测距仪(飞机)与信标机之间的距离 R 可以近似地表示成与 $\tau_{R\,3A\Pi P}$ 和 $\tau_{R\,OTB}$ 之间的关系:

$$\tau_{R\,3A\Pi P} = \tau_{R\,OTB} = \frac{R}{C} \tag{3.3.12}$$

将式(3.3.11)和式(3.3.12)合并之后,得到

$$R = \frac{C(\tau_{3A\Pi} - \tau_{3A\Pi})}{2} \tag{3.3.13}$$

式中:信标机内部信号处理时间 $\tau_{3A\text{Д}}$ 是已知的。

下面介绍一下在询问 – 应答工作模式下(目标是有源的)测距仪最大作用距离 R_{max}。

如果机载测距仪发射功率为 $P_{\text{ПРД1}}$,波导馈线(与发射天线连接在一起)有效传输系数为 η_1,那么利用式(3.3.1)的类似推论,当方向图为 $G_{\text{ИЗЛ}}(\alpha,\beta)$ 时,发射功率密度 $\Pi_{\text{ИЗЛ1}}$(信标机接收天线附近,即距离测距仪为 R_1 的距离上):

$$\Pi_{\text{ИЗЛ1}} = \frac{P_{\text{ПРД1}}\eta_1}{4\pi R_1^2} \cdot G_{\text{ИЗЛ1}}(\alpha',\beta') \qquad (3.3.14)$$

式中:α' 和 β' 为在水平和垂直平面上信标机相对于测距仪的方位角。

信标机接收装置上输入的功率 $P_{\text{ПРМ1}}$ 可以表示成

$$P_{\text{ПРМ1}} = \Pi_{\text{ИЗЛ1}} S_{\text{ПРМ1}} \eta_2 \qquad (3.3.15)$$

式中:$S_{\text{ПРМ1}}$ 为信标机接收天线的有效面积;η_2 为信标机接收装置与接收天线之间的连接波导馈线有效传输系数。

信标机组成结构,如图 3.3.7 所示。如果信标机接收装置输入功率 $P_{\text{ПРМ1}}$ 等于或大于这个接收装置的灵敏度($P_{\text{ПРМ1 min}}$),那么接收装置(图 3.3.7 中的 1 号组件)产生的脉冲进入应答脉冲发生器(图 3.3.7 中的 2 号组件)(应答脉冲通常是数字电码形式的脉冲序列,这种脉冲序列通常是由 2 个脉冲组成的,其脉冲宽度对于每一架飞机来说都是严格固定的),之后,应答脉冲发生器产生的脉冲送入发射装置(图 3.3.7 中的 3 号组件),再向空间辐射出去(即发送应答信号)。

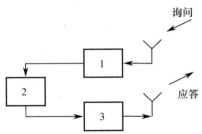

图 3.3.7　信标机组成结构图

1—接收装置;2—应答脉冲发生器;3—发射装置。

利用推导式(3.3.1)时的推论,在测距仪天线附近,由信标机发射信号产生的功率密度 $\Pi_{\text{ИЗЛ2}}$ 为

$$\Pi_{\text{ИЗЛ2}} = \frac{P_{\text{ПРД2}}\eta_3}{4\pi R_2^2} \cdot G_{\text{ИЗЛ2}}(\alpha'',\beta'') \qquad (3.3.16)$$

式中:η_3 为信标机发射装置与发射天线之间的连接波导馈线有效传输系数;$P_{\text{ПРД2}}$ 为信标机发射功率;$G_{\text{ИЗЛ2}}(\alpha'',\beta'')$ 为以角度坐标 α'' 和 β''(以信标机所在位置为原点的坐标系中)为参数的天线水平和垂直方向方向图;R_2 为信标机与测距

仪相对距离。

测距仪接收装置上输入的功率 $P_{\text{ПРМ2}}$ 可以表示成

$$P_{\text{ПРМ2}} = \Pi_{\text{ИЗЛ2}} S_{\text{ПРМ2}} \eta_4 \qquad (3.3.17)$$

式中：$S_{\text{ПРМ2}}$ 为测距仪接收天线的有效面积；η_4 为测距仪接收装置与接收天线之间的连接波导馈线有效作用系数。

当测距仪接收装置输入功率 $P_{\text{ПРМ2}}$ 等于或大于这个接收装置的灵敏度（$P_{\text{ПРМ2min}}$）时，测距仪开始测距工作。根据式（3.3.14）至式（3.3.17），可以得到大部分的测距仪与信标机性能参数。实际上，在分析问题时经常会将这些公式简化，即认为 $R_1 = R_2 = R$（信标机内部信号处理时间 $\tau_{\text{ЗАД}}$ 是恒定的），另外，认为 $\eta_1 = \eta_2 = \eta_3 = \eta_4$（即信标机与测距仪使用的波导馈线是一样的），最后，假设 $G_{\text{ИЗЛ1}}(\alpha', \beta') = G_{\text{ИЗЛ1}}$ 和 $G_{\text{ИЗЛ2}}(\alpha'', \beta'') = G_{\text{ИЗЛ2}}$（即信标机与测距仪使用的天线方向图开口足够宽）。在上述假设条件下，如果目标是有源的，那么测距仪最大有效作用距离 $R_{\max}$ 如下。

（1）对于"测距仪到信标机"这个方向来说：

$$R_{\max} = \sqrt{\frac{P_{\text{ПРД1}} \eta^2 S_{\text{ПРМ1}} G_{\text{ИЗЛ1}}}{4\pi P_{\text{ПРМ1min}}}} \qquad (3.3.18)$$

（2）对于"信标机到测距仪"这个方向来说：

$$R_{\max} = \sqrt{\frac{P_{\text{ПРД2}} \eta^2 S_{\text{ПРМ2}} G_{\text{ИЗЛ2}}}{4\pi P_{\text{ПРМ2min}}}} \qquad (3.3.19)$$

这 2 个公式是把测距仪与信标机之间的连线进行了投影之后得到的 $R_{\max}$。在某些情况下式（3.3.18）和式（3.3.19）得到的 $R_{\max}$ 是相等的。

如果假设 $S_{\text{ПРМ1}} G_{\text{ИЗЛ1}} = S_{\text{ПРМ2}} G_{\text{ИЗЛ2}}$（即信标机和测距仪中使用的收发天线工作在同一频率上），那么根据式（3.3.18）和式（3.3.19），信标机和测距仪最佳的节能工作方式是：

$$P_{\text{ПРД1}} P_{\text{ПРМ2min}} = P_{\text{ПРД2}} P_{\text{ПРМ1min}} \qquad (3.3.20)$$

如果上式不成立，那么实际上的 $R_{\max}$ 要比式（3.3.18）和式（3.3.19）得到的 $R_{\max}$ 要小。

现在介绍一下对有源目标进行测距的测距仪工作过程。这种测距仪组成结构，如图 3.3.8 所示。

这种测距仪的询问信号由 2 个脉冲组成，这 2 个脉冲之间的延迟比较小，其载波频率 f_0 是已知的。飞行时载波频率 f_0 可能会发生改变，此时可以手动控制或自动控制（利用机载数字式计算机）f_0 的变化。控制台（图 3.3.8 中的 1 号组件）和 2 个振荡器（图 3.3.8 中的 2 号和 3 号组件）以及混频器（图 3.3.8 中的 4 号组件）共同形成的基准频率，可以形成载波频率 f_0。第一个振荡器（图 3.3.8 中的 2 号组件）的频率是高稳定的（因为使用了石英稳定器），可以产生一组需要的频率，而且这些频率之间的间隔是特定的（即单一的，例如 1 MHz）。第二个振荡器(图3.3.8中的3号组件)也有一个石英稳定器,可以产生一组测量用的频率,而且这些频率之间的间隔也是特定的,但是它的频率间隔要比第一个振荡器产生的频率间隔大几倍(例如,大10倍,等于10MHz)。这两个振荡器产生的频率,以电压信号的形式传送给混频器(图3.3.8中的4号组件),将2个频率合成后,送到选择放大器(图3.3.8中的5号组件),然后合成频率再被送到频率倍增器(图3.3.8中的6号组件),最后形成f_0频率电压信号。图3.3.8中的1~6号组件,被合称为频率合成器。

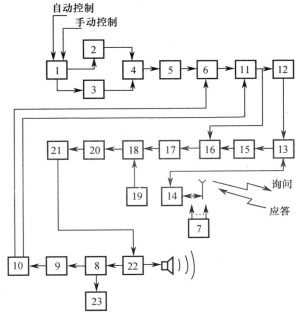

图3.3.8 工作在询问 – 应答模式下的测距仪组成结构示意图

1—控制台;2—第一个振荡器;3—第二个振荡器;4—混频器;5—选择放大器;6—频率倍增器;7—同步器;8—测距仪;9—编码器;10—调制器;11—预先放大器;12—功率放大器;13—天线转换开关;14—波导馈线;15—高频放大器;16—接收机第一个混频器;17—第一个中频放大器;18—接收机第二个混频器;19—本机振荡器;20—第二个中频放大器;21—幅度检波及视频脉冲放大器;22—解码器;23—距离指示器。

下面介绍一下测距仪在发射询问信号时的工作过程。同步器(图3.3.8中的7号组件)输出的脉冲进入测距仪(图3.3.8中的8号组件)和编码器(图3.3.8中的9号组件),由编码器形成询问信号(询问信号是2个带有距离电码的视频脉冲)。这个询问信号进入调制器(图3.3.8中的10号组件),根据频率倍增器(图3.3.8中的6号组件)的特性进行信号调制后,再送入预先放大器(图3.3.8中的11号组件),并经过功率放大器(图3.3.8中的12号组件)输出询问信号(其载波频率是f_0)。这个询问信号经过天线转换开关(图3.3.8中的

13 号组件,是一个环形波导桥)和波导馈线(图 3.3.8 中的 14 号组件),经天线向空间辐射出去(这个发射天线是一种 1/4 波长的插针天线,安装在飞机襟翼上,天线方向图是一个水平平面上的圆形,天线重约 0.3kg)。

下面介绍一下应答信号(信标机产生并发射的)接收状态下的测距仪工作过程。应答信号是一个双脉冲序列(间隔时间 12μs 或 36μs),脉冲序列的载波频率为 f_1(与频率 f_0 不同)。实际上,地面信标机发射的电磁信号,经过信标机附近的目标反射后,如果这个信号的频率是 f_0,那么就可能引起信标机的错误应答。

测距仪接收天线把应答信号经过波导馈线和天线转换开关送入高频放大器(图 3.3.8 中的 15 号组件),进行 2 次变频作用,即:把应答信号载波频率从最初的高频转换成第一个中频(在第一个混频器中,把高频信号频率与预先放大器输出的振荡频率相减),并在第一个中频放大器中(图 3.3.8 中的 17 号组件)放大,然后再将其转换成第二个中频(在第二个混频器中,把第一个中频与本机振荡器输出的振荡频率相减),并在第二个中频放大器中(图 3.3.8 中的 20 号组件)放大,最后将其输入包络检波器和视频脉冲放大器(图 3.3.8 中的 21 号组件)。测距仪的接收装置完成 2 次变频作用之后,将 2 个视频脉冲应答信号发送给解码器(图 3.3.8 中的 22 号组件),由解码器对脉冲进行判读。

应答脉冲出现的时候,通过读取测距仪(图 3.3.8 中的 8 号组件)输入的应答脉冲,就可以测量出飞机与信标机之间的距离 R。

由于大多数的现代机载测距仪都是数字式的,所以有源目标测距仪的组成结构和工作原理,与无源目标测距仪的组成结构和工作原理基本相似(可见图 3.3.5)。距离指示器(图 3.3.8 中的 23 号组件)上显示的是测距仪(图 3.3.8 中的 8 号组件)输出的距离电码。

在测距仪上获得应答脉冲的同时,解码器(图 3.3.8 中的 22 号组件)接通扬声器,这个扬声器产生音频信号告知机组人员,在测距仪的工作范围内存在着信标机。

机载脉冲测距仪对有源目标的测距工作过程就是如此,需要注意的是,同步器(图 3.3.8 中的 7 号组件)的输出脉冲在测距仪中的传送过程并没有在图 3.3.8 中标示出来。

下面列举出测距仪的一些基本性能参数:

发射机工作频率(f_0):1025~1150MHz;

接收机工作频率(f_1):962~1213MHz;

频道数量:252 个;

发射脉冲功率:2kW;

测距范围:0.5~750km;

0.5~20km 测距范围内的平均测量误差:100m;

96

20～750km 测距范围内的平均测量误差:200m;

使用功率:交流 115V、400Hz 电网供电时为 190VA;

询问机重量(不计减震支架):10kg;

总重量:16kg;

询问机体积(不计减震支架):9.8dm^3;

控制台体积:2.2dm^3。

相位测距仪。主要介绍一下相位测距仪的工作模式:第一种工作模式是相位测距仪进行连续发射;第二种工作模式是相位测距仪在不发射,也不接收高频信号的状态下,使用低频信号进行相位差测距,这种低频信号可以对高频信号进行幅度调制(见图3.2.22)。

相位测距仪的工作过程,与如图3.2.23所示相似。航空器上使用相位测距仪时,可以分为两种情况。

第一种情况,测距目标是无源的。空间特征如图3.3.1所示。对静止目标的距离计算是根据式(3.2.27):

$$R = \frac{C}{2\Omega}\varphi_R = \frac{C}{4\pi F}\varphi_R$$

式中:F 为对发射的高频信号进行幅度调制的谐波信号周期频率;φ_R 为幅度经过调制的高频发射和接收信号之间相位差。

如果无源目标与飞机(相位测距仪载机)之间出现相对位移,就会产生多普勒效应。这就意味着,如果处于距离 R 上的目标是静止的,接收信号的当前(瞬时)包络相位可以记为

$$\Omega\left(t - \frac{2R}{C}\right) = \Omega t - \Omega \cdot \frac{2R}{C}$$

那么,当无源目标(径向速度 V_R 如图3.2.33所示)和相位测距仪载机之间发生相对位移时,当前(瞬时)包络相位可以记为

$$(\Omega + \Omega_Д)\left(t - \frac{2R}{C}\right) = (\Omega + \Omega_Д)t - (\Omega + \Omega_Д) \cdot \frac{2R}{C} \qquad (3.3.21)$$

式中:$\Omega_Д = 2\pi F_Д = \frac{4\pi V_R}{C}F$ 为用多普勒频率 $F_Д$ 表示的圆周频率。

为了求解出完整的接收信号调制频率 Ω_V,可以对式(3.3.21)的时间 t 求导,即可得到

$$\Omega_V = (\Omega + \Omega_Д) - (\Omega + \Omega_Д) \cdot \frac{2V_R}{C} \qquad (3.3.22)$$

同理,可以得出这样的结论:如果径向速度为 V_R 时,相位差 φ_R 可以表示成

$$\varphi_R = \frac{2\Omega}{C} \cdot R + \frac{2\Omega_Д}{C} \cdot R = \frac{4\pi F}{C} \cdot R + \frac{4\pi F_Д}{C} \cdot R \qquad (3.3.23)$$

式(3.3.23)包含有 2 个未知参数(R 和 $\Omega_{\text{Д}}$或 R 和 $F_{\text{Д}}$),所以式(3.3.23)有无穷多个解。为了排除掉大部分的可能解,应该用一个已知的数值代入公式。只有这样才能根据式(3.3.23)确定相位差 φ_{R1} 与调制频率(例如,Ω_1)之间的关系。

实际上,相位测距仪发射的高频信号调制方法不只一种。

例如,对于频率 Ω 来说,其调制方法有 2 种,即:分别对 Ω 和 Ω_1 进行调制,并且这 2 个调制频率非常接近,即 $\Omega_1 - \Omega \ll \Omega$(或 Ω_1)。这种情况下的相位测距原理,如图 3.3.9 所示。

这个电路的工作过程是:信号发生器(图 3.3.9 中的 1 号组件)产生频率为 Ω 的同步电压信号,信号发生器(图 3.3.9 中的 2 号组件)产生频率为 Ω_1 的同步电压信号,这 2 个电压信号施加到发射装置(图 3.3.9 中的 3 号组件)上,产生高频幅度调制电压信号。通过这种方式形成的信号,经过发射天线向空间辐射出去。在发射装置接收到发射信号的同时,频率为 Ω 和 Ω_1 的电压信号还要传送给第一个混频器(图 3.3.9 中的 4 号组件)。

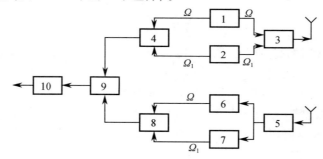

图 3.3.9　相位测距仪工作原理示意图(对无源目标)

1—频率 Ω 同步电压信号发生器;2—频率 Ω_1 同步电压信号发生器;3—发射装置;

4—第一个混频器;5—接收装置;6—滤波频率为 Ω 的滤波器;7—滤波频率为 Ω_1 的滤波器;

8—第二个混频器;9—相位测量装置;10—距离指示器。

从无源目标反射回来的信号进入接收天线,之后进入接收装置(图 3.3.9 中的 5 号组件)。在接收装置中,目标反射信号被放大后,转换成中间频率,在经过检波之后输送给 2 个滤波器,这 2 个滤波器的滤波频率分别是 Ω 和 Ω_1。滤波器输出的是频率分别为 Ω 和 Ω_1 的电压信号,并将其传送给第二个混频器(图 3.3.9 中的 8 号组件)。

最后,2 个混频器 4 和 8 输出的电压信号传送给相位测量装置(图 3.3.9 中的 9 号组件),然后距离指示器(图 3.3.9 中的 10 号组件)形成距离 R 的测量值指示。

第二种情况,测距目标是有源的。工作过程如图 3.3.6 所示。目标距离 R 的计算也是根据式(3.2.27):

$$R = \frac{C}{2\Omega}\varphi_R = \frac{C}{4\pi F}\varphi_R$$

式中：F 为对发射的高频信号进行幅度调制的谐波信号周期频率；φ_R 为幅度经过调制的高频发射和接收信号之间相位差。

这种相位测距仪的组成结构，如图 3.2.23 所示。这种测距仪的工作过程前文已经介绍过。与其他测距仪的主要区别就是，发射的询问信号是高频的（ω_0），而应答信号的载波频率是 ω_1。

信标机接收到的询问信号频率是 ω_0，而发射的应答信号载波频率是 ω_1。

这种载频偏差可以保证相位测距仪接收和发射天线很好地实现去耦，而且在询问－应答工作状态下，可以使辐射的能量需求降低。

信标机系统的组成结构，如图 3.3.10 所示。询问信号（载频是 ω_0）经过接收天线进入接收装置（图 3.3.10 中的 1 号组件）。在接收装置中，完成一般的信号处理（前文介绍过）之后，处理信号进入变频器（图 3.3.10 中的 2 号组件），然后发射装置（图 3.3.10 中的 3 号组件）形成应答信号，经过发射天线向空间辐射出去，在经过一段时间之后，被相位测距仪接收天线接收到。

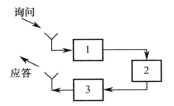

图 3.3.10　询问－应答式相位测距仪使用的信标机组成结构示意图
1—接收装置；2—变频器；3—发射装置。

3.3.2　地面无线电测距仪

地面测距仪通常归属于机场雷达系统。这种系统可以对空间进行雷达扫描，而测距只是其基本功能之一。通常情况下是使用脉冲测距方法对指定空域中的飞机和直升机进行测距。

可以根据作用距离，对雷达系统进行分类：如果测距范围是 40～150km，这种雷达被称为机场雷达；如果测距范围是 150～500km，这种雷达被称为航线雷达。需要注意的是，上述这些测距范围，是一种假设条件，实际上有的机场雷达作用距离与航线雷达作用距离很接近，可以达到 250km。但是在这个作用距离下，仅仅只能对目标定向，不能进行测距。

与机载测距仪相似，地面测距仪的工作情况也可以分为两种，即测距目标是无源的和测距目标是有源的。

第一种情况，测距目标是无源的。

地面测距仪对周围空间进行扫描时,通常使用2个方向图,下方向图 $G_1(\alpha, \beta)$ 和上方向图 $G_2(\alpha,\beta)$。这2个方向图,在水平平面上的开口很窄(宽度 $\Delta\alpha$ 只有 $1.2°\sim2.5°$),但在垂直平面上的开口却很宽(宽度 $\Delta\beta$ 可以达到 $40°\sim50°$)。垂直平面上的方向图外形,如图3.3.11所示。

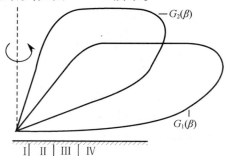

图 3.3.11　地面测距仪垂直平面上的天线方向图(目标是无源的)

这2个方向图在工作时必然会出现下面的情况。在对低空目标测距时,要把方向图向地面方向压低,这会导致从地面的不同区域反射回来的脉冲会进入天线接收端口。为了不让这些干扰脉冲进入接收装置,可以采用两种方法:一是,安装运动目标选择器;二是,把两个方向图组合起来。下面具体了解一下这2种方法。

图3.3.12中展示出了一种运动目标选择器的简化组成结构图和这种选择器输入输出的视频脉冲谱。

运动目标选择器的工作过程是:运动目标选择器接收到的任何视频脉冲,会经过两种途径向外输出:一是,经过加法器直接输出;二是,经过一个重复周期 T_n(在延迟线路中的延迟时间)后,再经过加法器输出。因此,直接输出的视频脉冲自身极性不变,而经过延迟后的视频脉冲(这个脉冲会送到加法器的另一个输入端口)极性会反向。运动目标选择器通过这种方式来确定输入的视频脉冲是不是属于运动目标。

实际上,如果目标静止(例如,相对于地面雷达系统来说,地表是一种不运动的目标),那么接收和发射的脉冲载波频率是相同的,并且在接收装置中进行信号处理时,不对运动目标选择器输入的视频脉冲进行幅度调制。因此,运动目标选择器不会输出信号(除了第一个和最后一个视频脉冲之外,这2个脉冲是用于表示脉冲序列的起始端,见图3.3.12(b))。

反之,如果接收到的脉冲是运动目标反射回来的,那么这些脉冲的载波频率与发射脉冲的载波频率是有差别的(多普勒频率值)。因此,接收装置对视频脉冲序列进行处理时(处理后的脉冲要送入运动目标选择器),要对其进行幅度调制。所以,运动目标选择器会输出视频脉冲序列,而且这个脉冲序列经过了加法器2个输入端的相互抵消作用,见图3.3.12(c)。

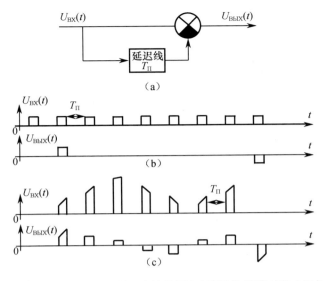

图 3.3.12 运动目标选择器组成结构图(a)以及选择器对静止目标(b)
和运动目标(c)的输入输出信号图

如果根据运动目标选择器输入脉冲序列中心的电压 $U_{\text{ВЫХ}}(t)$ 来判断有没有运动目标,那么当脉冲序列中心没有随时间变化的电压 $U_{\text{ВЫХ}}(t)$ 时,则说明没有运动目标,反之则说明有运动目标。

需要注意的是,运动目标选择器输入的脉冲序列中的第一个和最后一个脉冲,其脉冲幅度要比脉冲序列中的其他脉冲幅度稍大一点。当目标是点状目标且天线匀速圆周扫描时(角速度为 Ω_{BP}),运动目标选择器输入脉冲序列中的视频脉冲个数为

$$N_{\text{BX}} = \frac{\Delta \alpha}{\Omega_{\text{BP}}} \cdot \frac{1}{T_{\text{П}}} \qquad (3.3.24)$$

式中:$\Delta \alpha$ 为天线在水平平面上的方向图宽度。通常情况下,N_{BX} 的个数只有几十到几百个。所以,判断有没有运动目标的条件是足够宽的。

继续来介绍地面测距仪的工作过程,其组成结构如图 3.3.13 所示。

喇叭天线 1(图 3.3.13 中的 1 号组件)和反射器(图 3.3.13 中的 2 号组件)共同作用下,可以形成下方向图 $G_1(\beta)$。同样,喇叭天线 3(图 3.3.13 中的 3 号组件)和反射器(图 3.3.13 中的 2 号组件)共同作用下,可以形成上方向图 $G_2(\beta)$。喇叭天线 1 和 3 通过波导馈线(图 3.3.13 中的 4 号组件)与天线转换模块(图 3.3.13 中的 5 号组件)连接在一起。波导馈线中有一个转动接头,在发射和接收状态下,这个接头利用天线转换模块把电磁能量在天线 1 和 3 之间进行转换。

在同步器(图 3.3.13 中的 6 号组件)触发作用下,与喇叭天线 3 连接在一起

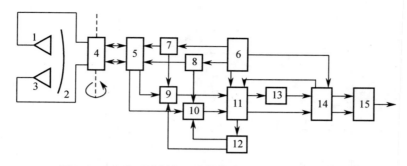

图 3.3.13　地面测距仪组成结构示意图(目标是无源的)

1—形成下方向图的喇叭天线;2—反射器;3—形成上方向图的喇叭天线;4—波导馈线;
5—天线转换模块;6—同步器;7—上方向图发射装置;8—下方向图发射装置;
9—上方向图接收装置;10—下方向图接收装置;11—交换机;12—自动增益调节模块;
13—运动目标选择器;14—测距仪;15—距离指示器。

的发射装置(图3.3.13中的7号组件),可以形成上方向图 $G_2(\beta)$。同样地,在同步器(图3.3.13中的6号组件)触发作用下,与喇叭天线1连接在一起的发射装置(图3.3.13中的8号组件),可以形成下方向图 $G_1(\beta)$。通过这2个发射装置,可以形成各种载波频率的脉冲。这些脉冲经过波导馈线和天线转换模块,通过天线系统向空间辐射出去。

从空间接收到的脉冲,经过波导馈线与天线转换模块,进入2个接收装置(图3.3.13中的9号和10号组件)的输入端。这2个接收装置的另一个输入端上输入的是相应发射装置输出的射频电压信号(这种电压信号可以对视频脉冲进行幅度调制,并将调制后的脉冲序列送入运动目标选择器),这些接收装置的输出端与交换机(图3.3.13中的11号组件)相连。

这种交换机的使用与地面测距仪的工作性质有关。例如,不同测距范围内(见图3.3.11中的Ⅰ、Ⅱ、Ⅲ、Ⅳ),为了产生相应的射频脉冲,需要使用不同的交换机工作方式。

在30~40km测距范围内(图3.3.11中的Ⅰ),从地面上的物体反射回来的信号,经过自动增益调节模块(图3.3.13中的12号组件)的衰减后,才送入接收装置。此外,还要对来自上方向图的和经过运动目标选择器处理后的射频脉冲进行再次处理。

在图3.3.11中的Ⅱ测距范围内,从地面上的物体反射回来的信号是通过下方向图天线接收到的(这些脉冲要经过运动目标选择器处理)。上方向图天线接收到的脉冲,也要经过相同的处理。这种情况下,自动增益调节模块(图3.3.13中的12号组件)主要是对接收装置10(图3.3.13中的10号组件)进行调节,对接收装置9(图3.3.13中的9号组件)进行调节较少(因为下方向图的信号电平,要比下方向图的信号电平大10~15dB)。

在图3.3.11中的Ⅲ测距范围内,只能接收到从上方向图天线进入的脉冲,而且要断开运动目标选择器。

在图 3.3.11 中的Ⅳ测距范围内(最大作用距离范围内),只能接收到从下方向图天线进入的脉冲,此时运动目标选择器是不工作的。

需要注意的是,交换机(图 3.3.13 中的 11 号组件)的主要任务就是,让测距仪(图 3.3.13 中的 14 号组件)能够进行距离测量。这种测距仪的工作原理与如图 3.3.5 所示的测距仪工作原理基本相似。距离指示器中会形成测量出来的距离指示。

下面列举地面测距仪的基本指标参数。

第一种情况,目标是无源的。

对处于 6km 高度的飞机:最大作用距离为 250km;

对处于 10km 高度的飞机:最大作用距离为 340km;

对处于 20km 高度的飞机:最大作用距离为 450km;

脉冲重复频率:330Hz;

脉冲宽度:3.3μs;

脉冲功率:3.6MW;

照射天线尺寸(抛物面天线):15m × 10.5m;

垂直平面方向图形状:$\mathrm{cosec}^2\beta$;

水平平面方向图宽度 $\Delta\alpha$:1°;

消耗功率(交流 220V、50Hz 电网供电):150kW

第二种情况,目标是有源的。

对于负责空中态势监控的系统来说,这种情况是一个特例。地面测距仪要向空间中发射译电码脉冲,这些脉冲被机载无线电系统接收到之后,要破译电码(这些电码中包含有航班号、飞行高度、剩余燃油等信息),然后飞机机载无线电系统将改编后的无线电脉冲再发射出去。地面测距仪接收到改编后的脉冲信号,并根据这个脉冲来确定飞机的距离。

上述过程就是地面测距仪对有源目标进行测距的基本方法。下面详细介绍一下这种测距方法的具体过程。

对有源目标进行测距的测距仪组成结构,如图 3.3.14 所示。它由询问(a)和应答(b)装置组成,所以这种测距仪可以简称为应答机。

同步控制器(图 3.3.14 中的 1 号组件),通常是根据目标反射脉冲出现的瞬间所触发的信号开始工作。实际上,在地面测距仪作用范围内的飞机目标(飞机、飞行器)最初通常处于无源状态,只是被动地利用地面测距仪来确定自身的位置(这种地面测距仪的工作原理前文已经介绍过)。地面测距仪利用无源目标的测量方法测量出这个目标的距离($R_{\max} = 250 \sim 400\mathrm{km}$)之后,把这个距离信号发送给同步控制器,地面测距仪转换到对有源目标测距状态($R_{\max} = 100 \sim 370\mathrm{km}$)。如果目标是无源的,那么对目标的运动参数和坐标测量过程,被称

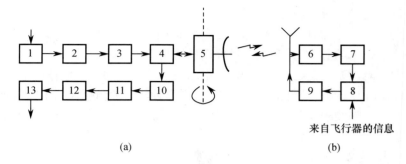

(a)   (b)

图 3.3.14 由询问(a)和应答(b)装置组成的测距仪结构示意图(目标是有源的)
1—同步控制器;2—询问机编码器;3—询问机发射装置;4—天线转换开关;5—波导馈线;
6—应答机接收装置;7—应答机解码器;8—应答机编码器;9—应答机发射装置;
10—询问机接收装置;11—询问机解码器;12—距离计算器;13—距离指示器。

为原始信息处理,如果目标是有源的,那么这个测量过程,被称为二次信息处理。
多数情况下,对信息进行原始处理和二次处理都是在地面无线电系统中完成的。

同步控制器(图 3.3.14 中的 1 号组件)输出的信号会起动询问机编码器
(图 3.3.14 中的 2 号组件)开始工作。这个编码器可以形成脉冲序列形式的询
问电码。如果这种脉冲序列符合国际民航组织 ИКАO(International Civil Avia-
tion Organization,ICAO)的规范要求,那么脉冲序列是由 2 个视频脉冲构成,这 2
个视频脉冲时间间隔 $\tau_{\text{ЗАПР. КОДА}}$(图 3.3.15(a))应该等于(这一点与询问信号中
的航班号、飞行高度等信息有关)下面的四个值:8μs、17μs、21μs 或 25μs。

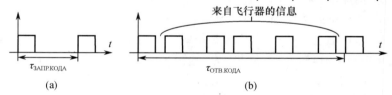

(a)   (b)

图 3.3.15 询问(a)和应答(b)电码的结构样式

询问电码的视频脉冲序列进入询问机发射装置(图 3.3.14 中的 3 号组
件),经过发射装置放大和加载了高频振荡信号(1030MHz,这是根据 ИКАO 的
规定)之后,经过天线转换开关(图 3.3.14 中的 4 号组件)和波导馈线(图
3.3.14 中的 5 号组件),向空间辐射出去(根据 ИКАO 的规定,$P_{\text{ИЗЛ}}$ = 20 ~
30kW;$\tau_{\text{и}}$ = 0.8μs;$F_{\text{П}}$ = 100 ~450Hz)。

询问机天线是由抛物面反射器(长约 3~9m)和喇叭形辐射器组成的,其方
向图在垂直平面上的宽度 $\Delta\beta$ 为 40°~50°,水平平面上的宽度 $\Delta\alpha$ 为 1°~3°。由
于询问天线通常是进行圆周扫描,所以波导馈线中会装有可转动的波导接头。
需要注意的是,在这个地面测距仪中进行的二次信息处理过程与原始信息处理
过程相同,所以天线在结构上合成为一个部件,可以实现频率为 3~15r/min 的

转动。

　　询问电码视频脉冲到达目标(飞机、飞行器)之后,进入目标应答机天线,这种天线的方向图是圆形的(水平平面上),然后脉冲序列进入应答接收装置(图3.3.14 中的6号组件),询问电码脉冲序列经过放大和检波之后,送入应答机解码器(图3.3.14 中的7号组件)。

　　如果询问电码脉冲序列没有被解码器(图3.3.14 中的7号组件)所破译,那么应答装置不工作(即产生无线电间歇,这种现象被地面测距仪操作人员理解为"非本国的目标进入监控空域")。如果解码器对询问电码有反应,那么这个解码器就会向应答机编码器(图3.3.14 中的8号组件)输出脉冲,这个编码器则形成应答电码视频脉冲序列。

　　应答电码视频脉冲序列的构成样式是多种多样的,如果根据ИKAO的规定,这个脉冲序列中的第一个和最后一个(这2个脉冲总是会存在)脉冲之间的时间间隔 $\tau_{OTB. KOДA}$ 应该是20.3μs。这个时间间隔被等间距的(每个间距为1.45μs)划分成13个点,在这些点上分布着(或没有分布着)代表着(航班号、飞行高度等)信息的视频脉冲,而且这些脉冲从飞行器上发送给地面无线电系统。应答脉冲中所包含的信息是由应答机编码器植入的。

　　形成的应答电码视频脉冲序列进入应答机发射装置(图3.3.14 中的9号组件),每个脉冲都被放大后(根据ИKAO的规定,$\tau_{иOTB} = 0.8μs$),再被加载上高频(根据ИKAO的规定,调制频率为1090MHz)调制信号,最后通过应答机天线(水平平面上的方向图是圆形的)向空间辐射出去。

　　应答机天线发射的应答电码脉冲序列被地面测距仪天线接收,然后经过波导馈线和天线转换开关,进入询问机接收装置(图3.3.14 中的10号组件)。在这个接收装置中,每一个应答电码脉冲序列中的脉冲经过放大和检波后,从接收装置输入到询问机解码器(图3.3.14 中的11号组件)上,在这个解码器中对接收到的脉冲序列进行识别(这些脉冲有可能属于处于地面测距仪工作范围内的其他目标或是干扰源),以便确定哪些脉冲是来自于目标应答机天线所辐射的脉冲,并使解码器与这些脉冲建立起联系。

　　如果询问机解码器不认为接收到的脉冲序列与预置的条件完全符合,就不会进行距离确定。如果询问机解码器有效工作,那么距离计算器(图3.3.14 中的12号组件)接通。询问机解码器将包含在电码脉冲序列中的信息提取出来,并把那些测量目标距离所必需的信息传送给距离计算器(图3.3.14 中的12号组件)。最后,计算出来的目标距离输送给距离指示器(图3.3.14 中的13号组件)。

　　需要注意的是,由于原始信息处理和二次信息处理的过程,通常都是在地面无线电系统中完成,所以这些信息处理装置与其他无线电设备一样使用相同的电源供电(220V,50Hz),并且使用可靠性不小于2500小时。

3.4 远程无线电导航系统

前文介绍过，飞机利用自身的机载无线电设备来确定自身位置，是保证飞行的一项重要任务，这种情况下无线电设备属于一种导航装备。

无线电导航系统的组成包括地面无线电信标（专业术语称之为基站）和机载无线电导航设备。基站发射无线电信号，而机载无线电导航设备接收信号，并从信号中提取有用的信息。换句话来说，基站的主要组成部分是发射装置，而机载无线电导航设备的主要组成部分是接收装置。

原则上来说，飞机可以在地球表面的任何区域飞行，只要在那里安装有基站。民航飞机可以在少云的地区飞行，而战斗机可以深入敌占区对某个地面目标进行攻击。所以，地面基站可能与飞机的距离超过几千千米。基站中用于保证引导飞行（即，使用无线电技术方法确定飞机坐标）的装置就是远距无线电导航系统（作用距离可达 1000 ~ 9000km）。

飞机上要求可靠接收地面基站发射的信号（这些信号为飞机提供坐标），而且选择信号的频段时应该选择那些受大气层吸收影响较小的频段。对于远距导航系统来说，使用的信号频段可以是 10 ~ 100kHz。无线电波在大气层中的传播路径是多种多样的（图 3.4.1），既可以沿着地表传播，也可以经过大气层反射传播。远距导航系统通常采用的信号接收方式，就是利用地表传播。

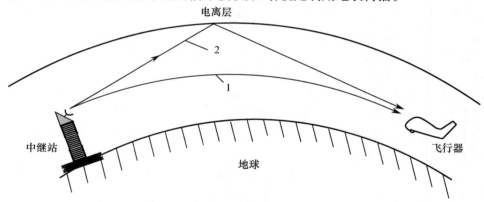

图 3.4.1　远距无线电导航系统中基站和飞行器接收装置之间的无线电联络方法
1—地面传播的无线电波束；2—空间传播的无线电波束。

远距无线电导航系统的组成结构可能还有其他形式，例如，基站安装在移动平台上，并事先计算出基站的位置坐标。这种移动载体通常是沿着预定轨道运行的人造地球卫星。也就是说，飞机可以根据卫星发射的无线电信号来确定自身位置。这种情况下，远距无线电导航系统被称为卫星导航系统，而且这种导航系统工作在分米波或厘米波波段，电离层对这个波段的无线电信号吸收作用会比较小。

远距无线电导航系统中的基站(地面和卫星基站)有一个共同特点,就是发射装置中会有一个时间和频率基准设备,这个基准设备的时间精度稳定性非常好(时间误差只有 $10^{-13} \sim 10^{-15}$),而且与世界标准时间的同步性也非常好。

3.4.1 采用相位测距方法的远距无线电导航系统

利用远距无线电导航系统确定飞机位置的工作原理,如图3.4.2所示。

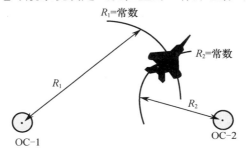

图3.4.2 利用远距无线电导航系统确定飞机位置的工作原理

OC−1—第一个基站;OC−2—第二个基站。

第一个基站 OC−1 和第二个基站 OC−2 发射无线电信号。飞机机载设备接收到这些信号后,用这些信号分析确定飞机与每个基站的距离 R_1 和 R_2。由于 OC−1 和 OC−2 基站的位置对机载设备来说是已知的,所以可以将 OC−1 和 OC−2 的位置作为原点,画出 2 个半径为 R_1 = 常数和 R_2 = 常数的圆弧线段,这 2 个圆弧线段交叉点坐标就是飞机所在位置的坐标。

当飞机在空间中飞行时,要确定飞机位置不能只使用 2 个基站,而要使用 3 个基站。此时,3 个球面(球面半径为 R_1 = 常数,R_2 = 常数和 R_3 = 常数,其具体值要根据机载设备测量出来的飞机与基站相对距离来确定)的交叉点,就是飞机所在位置的坐标。

如果基站与飞机相对距离值(R_1、R_2、R_3),是通过相位测距法得到的,那么这种远距无线电导航系统所使用的测距方法,被称为相位测距方法。

下面介绍一下这种相位测距方法的基本原理。

假设任意一个基站发射频率为 f_0 的无线电信号是

$$U_{\text{ОП}}(t) = U_{m1}\sin(2\pi f_0 t + \varphi_1) \tag{3.4.1}$$

而飞机上的信号发生器(与基站的信号发生器同步工作)使用的信号频率也是 f_0,初始相位是 φ_1,这个信号可以表示成

$$U_{\text{БОРТ}}(t) = U_{m2}\sin(2\pi f_0 t + \varphi_1) \tag{3.4.2}$$

当基站发射的信号式(3.4.1)进入到机载设备的瞬间,其信号形式是

$$U_{\text{ПРИН}}(t) = U_{\text{ОП}}\left(t - \frac{R}{C}\right) = U_{m2}\sin\left[2\pi f_0\left(t - \frac{R}{C}\right) + \varphi_1\right] \tag{3.4.3}$$

107

式中:R 为基站与飞机之间的距离。

这种情况下,根据式(3.4.2)和式(3.4.3),机载设备接收到的、来自不同基站的信号相位差 φ_R 是

$$\varphi_R = 2\pi f_0 \cdot \frac{R}{C} \tag{3.4.4}$$

公式转换之后,距离 R 为

$$R = \frac{C}{2\pi f_0} \cdot \varphi_R = \frac{\lambda_0}{2\pi} \cdot \varphi_R \tag{3.4.5}$$

式中:λ_0 为式(3.4.1)至式(3.4.3)中的信号波长。

相位测距方法的缺点是,可能不具有单值性,例如,如果进入测距仪的信号相位差 φ_R 中包含着整数个 2π(即,$\varphi_R = 2\pi n + \varphi_0$,$n = 1,2,3,\cdots$),那么这个测距仪只能确定 φ_0 值。也就是说,远程无线电导航系统正常工作时,需要满足的条件是

$$0 < \varphi_R < 2\pi \tag{3.4.6}$$

即

$$0 < R < \lambda_0 \tag{3.4.7}$$

如果基站发射的信号波长 λ_0 和距离 R 不满足上述条件,那么就要使用波长更长的信号(或频率更小的信号)。

远程无线电导航系统进行相位测距时,通常使用的频率是 10 ~ 14kHz。地面基站使用的频段,如图 3.4.3 所示。在使用最低的频段(10.2kHz)时,要保证测距仪具有单值性,目标的距离是 29.5km。意思就是说,如果飞机距离基站1000km,那么测距仪不能保证测距具有单值性。

保证测距具有单值性的方法之一就是,降低发射信号的频率。但是这种方法是不可取的,因为地面基站发射 10 ~ 14kHz 信号的天线,其竖直的天线杆高度只有几百米,如果大幅降低发射信号频率,就要增加天线尺寸。所以需要采用另外一种方法来解决降低频率的问题,即在机载设备上来实现频率降低。

如图 3.4.3(a)可见,3 个彼此间隔很远的(几百或几千千米)基站 OC - 1、OC - 2、OC - 3 都向空间发射脉冲间隔为 1s 的无线电脉冲(保证对飞机测距具有单值性),OC - 1、OC - 2、OC - 3 严格同步工作(利用高稳定的时间基准设备)。每个基站发射的脉冲只有一个载波频率,且与其他基站发射的脉冲载波频率都不相同,这样做可以防止在信号接收端口上产生相互干扰,即:最终消除测量信号之间的相位误差。此外,还要事先确定发射频率的周期 $T_{\text{ц}}$,并在远距无线电导航系统进行相位测距过程中保持发射频率不变。

当飞机处于 3 个基站的有效作用区域时,飞机机载导航设备开始工作。当然,此时机载导航设备与基站不是同步工作的。为了使它们同步工作,机载设备上使用了一种特殊信号(视频脉冲序列),这种信号可以将基站发射信号进行实

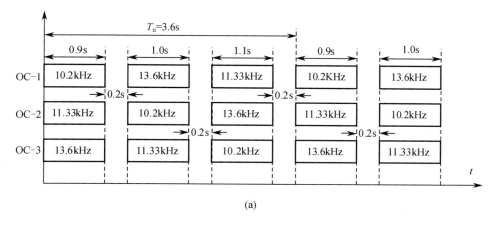

(a)

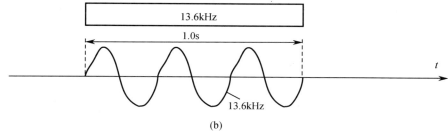

(b)

图 3.4.3 远距无线电导航系统相位测距方法中三个基站
（OC－1、OC－2、OC－3）发射信号样式（a）和信号波形图（b）

时复制。在开始同步工作的瞬间，2 个视频脉冲序列（一个是直接进入机载设备的脉冲序列，一个是检波之后进入机载设备的脉冲序列）之间的相互关系如图 3.4.4 所示。

这个脉冲序列间隔 τ_R 与相对于某个基站的距离有关，即：$R = \dfrac{C\tau_R}{2}$。接下来，机载设备将脉冲序列间隔 τ_R 区分出来（利用移动基准脉冲的方法），并在远程无线电导航系统工作状态下，确定出飞机的位置。

机载远距无线电导航系统相位测距设备的组成结构，如图 3.4.5 所示。

3 个基站发射的无线电信号频率分别为 10.2kHz、11.33 kHz、13.6 kHz，被 2 个机载天线接收。然后，这些信号通过天线交换器（图 3.4.5 中的 1 号组件）输送给 3 个（基站的个数）接收装置（图 3.4.5 中的 2、3、4 号组件），每个接收装置把 3 个信号频率调谐成一个频率。天线交换器的交换过程与脉冲载波频率是一致的。天线交换器标准的外形尺寸和质量是：面积为（290 × 165）mm²，高 30mm，质量为 17kg。

每个接收装置都有 2 个频率转换电路，可以让所有接收信号按照相同的频率（例如，200Hz，波长 1500km）进行相位移动。在接收装置输出端安装有一个

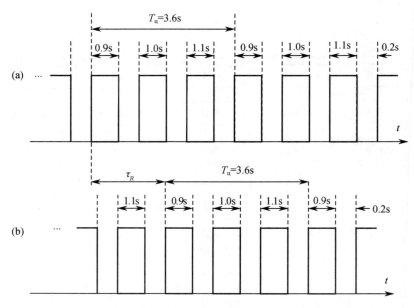

图 3.4.4 远距无线电导航系统相位测距方法中的视频脉冲序列
(a)接收到的脉冲;(b)基准脉冲。

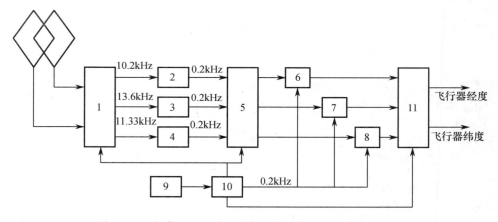

图 3.4.5 机载远距无线电导航系统相位测距设备组成结构

1—天线交换器;2—第一个接收装置;3—第二个接收装置;4—第三个接收装置;

5—接收装置接头转换器;6—第一个相位差测量仪;7—第二个相位差测量仪;

8—第三个相位差测量仪;9—标准振荡器;10—频率读取模块和同步器;11—机载电子计算机。

接头转换器(图 3.4.5 中的 5 号组件),可以使接收装置的输出端进行转换(与天线交换器类似)。

各种相位的 200Hz 信号传送给接头转换器(图 3.4.5 中的 5 号组件)之后,转换器与相位差测量仪(图 3.4.5 中的 6 号、7 号、8 号组件)的第一个输入端口连在一起。相位差测量仪的第二个输入端口输入 200Hz 信号之后,同步器(图

3.4.5 中的 10 号组件)中的标准振荡器(图 3.4.5 中的 9 号组件)对频率进行读取,此外,同步器还要控制远距无线电导航系统的机载设备同步工作。

相位差测量仪输出的信号,以数字电码的形式发送给机载电子计算机(图 3.4.5 中的 11 号组件),由它计算出飞机所在位置(经度和纬度)。

下面介绍一下相位差测量仪的工作过程。

相位差测量仪的组成结构和信号图谱,如图 3.4.6 所示。

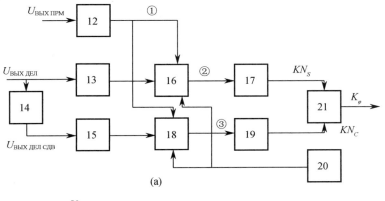

(a)

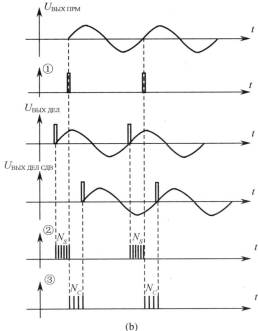

(b)

图 3.4.6　相位差测量仪的组成结构(a)和工作过程(b)

12—第一个脉冲读数形成器;13—第二个脉冲读数形成器;14—90°移相器;

15—第三个脉冲读数形成器;16—第一个临时间隔发生器;17—第一个计数器;

18—第二个临时间隔发生器;19—第二个计数器;20—计数脉冲发生器;21—计数模块。

转换器(图3.4.5中的5号组件)输出的电压$U_{\text{ВЫХ ПРМ}}$施加到第一个脉冲读数形成器(图3.4.6中的12号组件)。当电压$U_{\text{ВЫХ ПРМ}}$从下向上穿过0电位时(极性从负到正),脉冲读数形成器进行脉冲读数。

频率读取模块(图3.4.5中的10号组件)输出端上的电压$U_{\text{ВЫХ ДЕЛ}}$施加到相位差测量仪的另一个输入端口,即输入给第二个脉冲读数形成器(图3.4.6中的13号组件),并通过90°移相器施加给(这个电压用符号$U_{\text{ВЫХ ДЕЛ СДВ}}$表示)第三个脉冲读数形成器(图3.4.6中的15号组件)。脉冲读数形成器(图3.4.6中的13号和15号组件)输出的脉冲读数与第一个脉冲读数形成器产生的脉冲读数相似(输入电压从下向上穿过0电位时)。

如果电压$U_{\text{ВЫХ ДЕЛ}}$和$U_{\text{ВЫХ ДЕЛ СДВ}}$存在,则说明接收装置输出的电压之间有相位差φ存在,并且还可以表明这个相位差是正还是负。总之,相位差φ可以近似表示成

$$\varphi = \text{arctg}\,\frac{U_{\text{ВЫХ ПРМ COS}}}{U_{\text{ВЫХ ПРМ SIN}}} \tag{3.4.8}$$

式中:$U_{\text{ВЫХ ПРМ SIN}}$和$U_{\text{ВЫХ ПРМ COS}}$为构成$U_{\text{ВЫХ ДЕЛ}}$和$U_{\text{ВЫХ ДЕЛ СДВ}}$的直角坐标系中的$U_{\text{ВЫХ ПРМ}}$基准电压(相位相差90°)。

电压$U_{\text{ВЫХ ПРМ}}$在第一个和第二个临时间隔发生器(图3.4.6中的16号和18号组件)中可以分解成余弦电压$U_{\text{ВЫХ ПРМ COS}}$和正弦电压$U_{\text{ВЫХ ПРМ SIN}}$,而在第一个和第二个计数器中(图3.4.6中的17号和19号组件)会形成数字形式(二进制电码)的$U_{\text{ВЫХ ПРМ COS}}$和$U_{\text{ВЫХ ПРМ SIN}}$电压值。上述过程,就是对高重频(2.5MHz)脉冲的计数过程,这个高重频脉冲是由计数脉冲发生器(图3.4.6中的20号组件)产生的。当电压$U_{\text{ВЫХ ДЕЛ}}$和$U_{\text{ВЫХ ПРМ}}$(此时计数脉冲个数等于N_C),以及电压$U_{\text{ВЫХ ПРМ}}$和$U_{\text{ВЫХ ДЕЛ СДВ}}$(此时计数脉冲个数等于N_S)从下向上穿过0电位时,在计数脉冲中间会插入一些临时间隔(由第一个和第二个临时间隔发生器产生的)。2个计数器(图3.4.6中的17号和19号组件)将输出N_C和N_S的二进制电码KN_C和KN_S。例如,$N = 37$,则$KN = 100101$。

最终的相位差φ计算公式与式(3.4.8)类似:

$$K\varphi = K\,\text{arctg}\,\frac{KN_C}{KN_S} \tag{3.4.9}$$

式中:$K\,\text{arctg}X$为数值$\text{arctg}X$的二进制电码。按照式(3.4.9)计算K_φ的工作是由计数模块(图3.4.6中的21号组件)完成的。

本书对相位差测量仪的工作原理只做简单介绍。下面列举了一些采用相位测距方法的远程无线电导航系统技战术指标:

作用距离:不小于1×10^4km;

使用8个基站可以覆盖全球;

邻近基站间隔距离:1.5×10^4km;

112

使用 10.2kHz 频率时的发射功率:10kW;

接收装置灵敏度:5μW;

扫描时间:0.3~2.0min;

消耗功率(115V、400Hz 电网供电):66VA;

接收机体积:18.4dm³;

总质量:15.73kg;

平均无故障工作时间:5800h。

3.4.2 采用等差测距方法的远距无线电导航系统

需要确定飞机位置时,除了可以使用测距式的远距无线电导航系统之外,还可以使用等差测距方式的远距无线电导航系统。

采用等差测距方法的远距无线电导航系统工作原理,主要是通过测量飞机与不同地面基站的相对距离差进行定位。当利用机载无线电设备来确定飞机自身位置时,机载设备只接收信号。采用等差测距方法的远距无线电导航系统优点是(相对于测距式的远距无线电导航系统来说),地面和机载设备之间存在的时间误差不会影响飞机定位精度。如前文所述,测距式的远距无线电导航系统,要求地面和机载设备之间的标准时间同步精度要比较高。采用等差测距方法的远距无线电导航系统缺点是(相对于测距式的远距无线电导航系统来说),需要增加地面基站的数量。

众所周知,如果基站 OC-1 和 OC-2 不是处于同一位置,那么处于同一平面上的某些点与 OC-1 和 OC-2 的相对距离差是一个定值,而这些点组成的曲线被称为双曲线(图 3.4.7)。

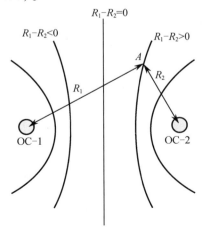

图 3.4.7　基站 OC-1 和 OC-2 的等距双曲线

也就是说,如果某个点 A 处于等距双曲线上,那么这个点的位置满足条件:

$R_2 - R_1 =$ 常数。点 OC – 1 和 OC – 2 被称为双曲线的焦点。

由于对所有处于这个双曲线上的点来说都满足条件:$R_2 - R_1 =$ 常数,所以利用等差测距远距无线电导航系统确定飞机位置时,为了保证定位的单值性,必须最少要有 2 个等距双曲线(图 3.4.8),这 2 个双曲线记为 $R_1 - R_2 =$ 常数 1 和 $R_3 - R_1 =$ 常数 2。也就是说,还要再增加一个焦点 OC – 3。

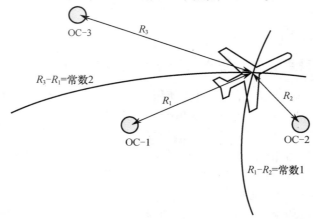

图 3.4.8　利用等差测距方法(等距双曲线)的远距无线电导航系统确定飞机位置

OC – 1—第一个基站;OC – 2—第二个基站; OC – 3—第三个基站。

实际上,由于使用了等距双曲线原理,这种远距无线电导航系统被称为双曲线远距无线电导航系统。

采用等差相位测距方法的远距无线电导航系统。这种导航系统在进行飞机定位时,需要使用双曲线的交叉点坐标,而这种双曲线同样也是利用计算飞机与某个基站相对距离差得到的。但是这个距离差计算,是由机载设备利用相位测距方法得到的。也就是说,根据接收信号与机载设备自身标准振荡电压之间的相位差来测距。

通常来说,一套等差相位测距无线电导航系统中,包括 3 ~ 5 个基站,其中一个基站作为主基站(控制主基站与其他辅助基站同步工作)。但是,为了简要说明距离 R_1 和 R_2 的距离差 R_P 形成过程($R_P = R_1 - R_2$),这里假设只有 2 个基站:OC – 1 为主基站,OC – 2 为辅助基站。为了说明等差相位测距无线电导航系统的工作原理,这里给出一个系统组成结构图,如图 3.4.9 所示。

举例说明一下这个远距无线电导航系统的工作过程。

第一个基站(主基站,图 3.4.9 中的 1 号组件)发射频率为 f_0(10.2kHz)的无线电信号,机载设备天线对这个信号进行接收。由于飞机与主基站的相对距离为 R_1,所以接收到的信号可以记为

$$U_{1\Pi PM}(t) = U_{m_1} \cos[2\pi f_0(t - \tau_{R_1})] \tag{3.4.10}$$

114

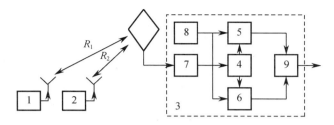

图 3.4.9　利用等差相位测距方法的远距无线电导航系统工作原理示意图

1—第一个基站(OC-1)；2—第二个基站(OC-2)；3—机载装置；4—交换器；5—第一个相位差测量仪；
6—第二个相位差测量仪；7—接收装置；8—本机标准振荡器；9—距离差 $R_P(R_P=R_1-R_2)$ 测量仪。

式中：$\tau_{R_1}=\dfrac{R_1}{C}$。

需要注意的是，主基站 OC-1 发射信号的同时，第二个基站(辅助基站)OC-2 开始同步工作(在图 3.4.9 中没有给出这个同步工作的控制通道)。所以，基站 OC-2 发射的信号与基站 OC-1 发射的信号之间是相干的。因此，机载设备天线接收到的基站 OC-2 信号记为

$$U_{2\text{ПPM}}(t)=U_{m_2}\cos\left[2\pi f_0(t-\tau_{R_2})\right] \tag{3.4.11}$$

式中：$\tau_{R_2}=\dfrac{R_2}{C}$。

一般来说，式(3.4.10)和式(3.4.11)所示信号的到达时间是不同的，因为 2 个基站是轮流工作的，在 $t_1\sim t_2$ 时间段内基站 OC-1 工作，在 $t_3\sim t_4$ 时间段内基站 OC-2 工作，在 $t_2\sim t_3$ 时间段是间歇时间。由于时间 t_1、t_2、t_3 和 t_4 是已知的，所以在这些时刻，机载设备交换器(图 3.4.9 中的 4 号组件)可以轮流接通机载相位差测量仪，即：第一个相位差测量仪(图 3.4.9 中的 5 号组件)在 $t_1\sim t_2$ 时间段内工作；第二个相位差测量仪(图 3.4.9 中的 6 号组件)在 $t_3\sim t_4$ 时间段内工作。这些相位差测量仪的第一个输入端口从(经过交换器，图 3.4.9 中的 4 号组件)接收装置(图 3.4.9 中的 7 号组件)的输出端上接收来自天线的式(3.4.10)和式(3.4.11)所示信号。

相位差测量仪(图 3.4.9 中的 5 号和 6 号组件)的第二个输入端口上施加来自本机标准振荡器(图 3.4.9 中的 8 号组件)的电压信号：

$$U_{\text{эг}}(t)=U_{\text{mэг}}\cos(2\pi f_0 t+\varphi_{0\text{эг}}) \tag{3.4.12}$$

式中：$\varphi_{0\text{эг}}$ 为初始相位，由于标准振荡器的同步性要求较低，所以这个相位是未知的。

此时，相位差测量仪(图 3.4.9 中的 5 号组件)可以计算出式(3.4.10)和式(3.4.12)所示信号之间的相位差 φ_1：

$$\varphi_1=2\pi f_0\tau_{R_1}+\varphi_{0\text{эг}} \tag{3.4.13}$$

相位差测量仪(图 3.4.9 中的 6 号组件)可以计算出式(3.4.11)和式

115

(3.4.12)所示信号之间的相位差 φ_2：

$$\varphi_2 = 2\pi f_0 \tau_{R_2} + \varphi_{0\text{эг}} \qquad (3.4.14)$$

这 2 个相位差测量仪的组成结构类似,可见图 3.4.6。相位差 φ_1 和 φ_2 的最终计算结果用数字形式显示,即 2 个相位差测量仪输出数字式的二进制电码 $K\varphi_1$ 和 $K\varphi_2$。这些电码输送给距离 R_1 和 R_2 的距离差 R_P 测量仪(图 3.4.9 中的 9 号组件)。

由于在不同时刻,2 个相位差测量仪都会输出 φ_1 和 φ_2 的数字电码,所以距离差 R_P 测量仪进行的第一项工作就是存储 φ_1 值(这个操作非常简单),第二项工作才是计算 $\Delta\varphi$:

$$\Delta\varphi = \varphi_1 - \varphi_2 = 2\pi f_0 (\tau_{R_1} - \tau_{R_2}) = \frac{2\pi f_0}{C}(R_1 - R_2)$$

$$= \frac{2\pi}{\lambda_0}(R_1 - R_2) = \frac{2\pi}{\lambda_0}R_P \qquad (3.4.15)$$

式中: λ_0 为频率是 f_0 的信号波长。

由式(3.4.15)可见, $\Delta\varphi$ 的计算与标准振荡器的初始相位 $\varphi_{0\text{эг}}$ 这个未知数无关,对于 $\varphi_{0\text{эг}}$ 来说只有一个要求,就是在测量期间 $\varphi_{0\text{эг}}$ 是不变化的。距离差 R_P 测量仪进行的第三项工作就是,用 $\Delta\varphi$ 来计算距离差 R_P:

$$R_P = R_1 - R_2 = \frac{\lambda_0}{2\pi} \cdot \Delta\varphi \qquad (3.4.16)$$

距离差 R_P 测量仪最终输出的是数字形式的二进制电码 KR_P。

电码 KR_P 对应着一个等距双曲线参数。利用同样的方法,可以得到第一个基站和第三个基站(图 3.4.8)的其他等距双曲线参数,把这些 KR_P 值输入到机载计算机之后,就可以确定飞机位置坐标,通常来说是飞机位置的经度和纬度。

采用脉冲等差相位测距方法的远距无线电导航系统。对于远距无线电导航系统来说,如果要求它具有很高的定位精度,同时还要保证作用距离比较大,那么就会导致测量出现非单值性的矛盾。实际上,只有相位测距方法才可以保证具有比较高的定位精度,而且随着发射信号的频率增加,定位精度会相应提高。但是,越是增加发射信号的频率就越会导致测量出现非单值性。

从另一个角度分析来看,飞机定位使用的无线电信号传播方式是地面传播,考虑到地球表面的曲率影响,对发射信号使用的频率范围上限提出了限制,这样就会对远距无线电导航系统的定位精度构成了限制。

为了解决上述矛盾问题,一个折中的办法就是使用脉冲等差相位测距方法。采用脉冲等差相位测距方法的远距无线电导航系统,是由一套无线电脉冲测距系统(具有很大的作用距离,但精度不高,因为测距时存在时间延迟 τ_R)和一套无线电相位测距系统(具有很好的测量精度,但作用距离不大,而且距离判读具有非单值性特点)共同组成的。这种导航系统工作在 100kHz(波长为 3km)频率上,作用距离可以达到2000km,并且测距误差小于60~90m。

下面介绍一下这种远距无线电导航系统的工作原理。

地面基站(1个主基站OC-1和2~4个辅助基站OC-2、OC-3,…)发射专用的脉冲序列信号(载波频率为100kHz)。辅助基站发射的脉冲序列信号结构,如图3.4.10所示。

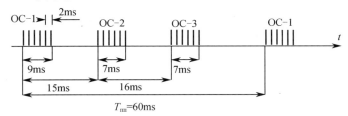

图3.4.10　采用脉冲等差相位测距方法的远距无线电导航系统地面基站
(主基站OC-1,辅助基站OC-2和OC-3)发射的脉冲序列信号样式

主基站OC-1必须使辅助基站OC-2和OC-3同步工作,主基站OC-1发射的脉冲序列重复周期为T_{nn},而辅助基站实际上是转发主基站的发射信号。基站上使用铯金属制造的标准时钟频率仪,可以保证频率稳定性达到10^{-12}~10^{-13},进而实现发射信号之间的相干特性。

采用脉冲等差相位测距方法的远距无线电导航系统,是一种应用非常广泛的航空无线电系统,而且使用的基站(主基站和辅助基站)分布在地球表面的各个区域,可以为洲际航行提供服务,也可以为欧、亚、北美洲沿海地区国家提供服务。也就是说,进行远航飞行的飞机可以进入那些有基站的区域。

根据重复周期T_{nn}(这个例子中$T_{nn}=60ms$)的不同,机载设备可以区分出不同的基站数据链。同时,基站信号延迟时间(如图3.4.10中所示的延迟时间为16ms和15ms)也是不同的,可以根据下面的条件来选择适当的延迟时间,即要避免在同一区域、同一时间接收到多个基站信号。

每个基站发射的脉冲序列都有一个特点,即:主基站发射的脉冲序列中有9个脉冲,而辅助基站发射的脉冲序列中有8个脉冲,而且基站发射信号的先后顺序是固定的,先是主基站发射信号,再是辅助基站发射信号。

除了地表传播的无线电波之外(保证无线电联络),通过电离层反射传播的无线电波(图3.4.1)也会进入机载接收天线,所以要求基站发射的信号要提高抗干扰性能。为了减少空间反射传播的无线电波影响,可以对发射的脉冲序列进行相位编码(图3.4.11),并且相位编码的规律也要有所不同,其重复周期T_{nn}可以是偶数的或是奇数的。这种相位编码方法,还可以用来区分脉冲信号究竟是主基站发射的还是辅助基站发射的。

对于采用脉冲等差相位测距方法的远距无线电导航系统来说,其地面基站使用的天线有一个很高的(190~412m)天线杆,而且天线杆的顶端还带有分叉天线。在后文中,将介绍一种采用塔式结构的主基站天线,其高度为213m,发射功率(脉冲功率)为 165～1800kW。

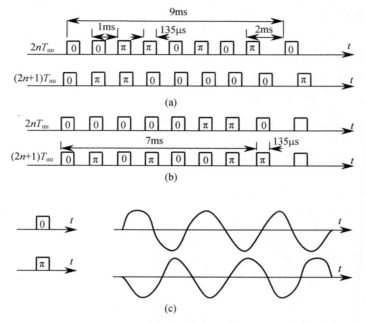

图 3.4.11　采用脉冲等差相位测距方法的远距无线电导航系统地面基站(主基站 a,
辅助基站 b)发射的脉冲序列时间特性(上面的脉冲序列重复周期为偶数,
下面的脉冲序列重复周期为奇数),以及对应的脉冲标记符号(c)

下面介绍一下机载设备的工作过程。

前文介绍过,机载天线接收到的信号有一个特点就是,这些信号既包含着地表传播的信号,也包含着从空间反射传播的信号。这 2 种信号的频率是相同的,所以可能会相互干扰,进而导致接收信号的幅度发生起伏。这就意味着,接收信号的幅度会随机变大或变小(即信号衰减,这是一种不好的影响因素)。为了防止接收信号衰减,进而保持测量过程的稳定,可以使用一种被称为"测量脉冲"的脉冲。这种脉冲的特点是,地表传播的无线电脉冲总是会比空间反射的无线电脉冲先到达机载天线。在信号频率为 100kHz 时,这 2 种传播途径的时间延迟通常会大于 $40\mu s$。因此,机载设备中形成测量脉冲的时刻是在 3 个 100kHz 振荡周期之后,而这个时刻对应的是从基站接收的信号脉冲包络前沿上的 A 点位置(图 3.4.12)。

在第 3 个 100kHz 振荡周期结束时(对应着信号脉冲包络前沿上的 A 点位置),这个脉冲包络的斜度很大(表示基站发射脉冲已经形成)。机载设备上,先对第一个脉冲包络进行处理,然后再对第二个脉冲包络进行处理。当第二个脉冲包络穿过 0 电平时,测量脉冲形成。否则的话,发射脉冲(图 3.4.10)和测量

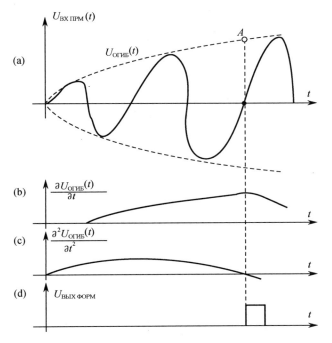

图 3.4.12　测量脉冲的形成过程

(a)机载设备接收到的无线电脉冲(A—第 3 个脉冲重复周期结束时,所对应的脉冲包络标记点);

(b)对接收到的无线电脉冲包络进行第一次求导数;

(c)对接收到的无线电脉冲包络进行第二次求导数;(d)测量脉冲。

脉冲会同时到达。在机载设备上,为了使基站发射的脉冲同步,就必须按照这种方式进行处理。

机载设备的组成结构,如图 3.4.13 所示。

接收天线要根据飞机类型进行选择。低速飞行的飞机(500km/h),使用插销天线(高约 160mm),并在插销天线上安装一个与飞行方向平行的、长约 360mm 的销钉。高速飞行的飞机,使用 2 个安装在机身上下表面的薄天线。

接收装置(图 3.4.13 中的 1 号组件)的幅度 – 频率特性 $K(f)$ 是,中心频率 $f_0 = 100\text{kHz}$,带宽 Δf 为 40kHz。

在测量飞机与主基站和辅助基站的相对距离时,分成 2 个步骤:粗测距(根据延迟时间测距)和精测距(根据信号相位测距)。上述 2 种测距过程,使用同一种系统设备。

粗测距过程,分成三个步骤:

第一个步骤,根据脉冲序列重复周期 $T_{пп}$ 确定飞机飞行区域内的基站数据链类型。这个工作步骤是由测量脉冲形成器(图 3.4.13 中的 2 号组件)生成的测量脉冲完成的,而且整个步骤持续时间不超过 70μs。选择脉冲形成器(图

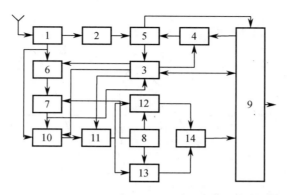

图 3.4.13　采用脉冲等差相位测距方法的远距无线电导航系统机载设备组成结构

1—接收装置；2—测量脉冲形成器；3—同步控制器；4—选择脉冲形成器；5—距离选择器
（根据延迟时间）；6—第一个开关组件；7—检波器；8—标准振荡器；9—机载数字式计算机；
10—第二个开关组件；11—交换器；12—第一个相位差测量仪；13—第二个相位差测量仪；
14—距离差 R_P 计算器。

3.4.13 中的 4 号组件）产生的脉冲，可以控制同步器（图 3.4.13 中的 3 号组件）
构成各种重复周期 T_{nn}（T_{nn} 的变化间隔是 1μs）。在这个控制过程中，选择脉冲
会输送到距离选择器（图 3.4.13 中的 5 号组件）上，而距离选择器会在 $10T_{nn}$ 时
间内检测出选择脉冲与测量脉冲是否一致，如果检测结果不一致，则继续上述步
骤，直到选择脉冲与测量脉冲相一致。此时说明，这个基站数据链就是要使用的
那个数据链，同时，同步控制器会产生一个信号，使得信号处理转换到第二个步
骤。第一个步骤总的信号处理时间不超过 10s。

　　第二个步骤，是主基站发射的脉冲序列信号开始出现。这个脉冲序列中的
第一个脉冲寻找方法，与第一个步骤中的信号处理过程相似（唯一的区别就是，
脉冲寻找的开始时刻要提前 2ms），也有一个识别过程。为了确定主基站发射脉
冲序列的第一个脉冲，同步控制器接通第一个开关组件（图 3.4.13 中的 6 号组
件），并通过它把接收装置（图 3.4.13 中的 1 号组件）上的脉冲信号传送给检波
器（图 3.4.13 中的 7 号组件）的第一个输入端口。在检波器的第二个输入端口
上，输入的是标准振荡器（图 3.4.13 中的 8 号组件）输出的电压信号。在检波
器中对主基站发射的脉冲序列按批次进行识别（根据第一个和最后一个脉冲），
被识别出来的（或者是没有识别出来的）信号反馈给同步控制器，然后同步控制
器会产生一个判决，或者是继续寻找，或者是通过距离选择器把粗测距值（与主
基站的距离）发送给机载数字式计算机（图 3.4.13 中的 9 号组件），然后机载设
备转入第三个信号处理步骤。

　　第三个步骤，是辅助基站发射的脉冲序列信号开始出现。第三个步骤与第
二个步骤相似，只不过最终传送给机载数字式计算机的粗测距值，是辅助基站的
距离测量值。

粗测距完成之后,同步控制器会接通第二个开关组件(图 3.4.13 中的 10 号组件)。于是,脉冲信号就会进入交换器(图 3.4.13 中的 11 号组件),而交换器会轮流地把主基站或辅助基站发射的脉冲信号分别传送给第一个和第二个相位差测量仪(图 3.4.13 中的 12 号和 13 号组件)。这 2 个测量仪的另一个输入端口上,加载的是标准振荡器产生的电压信号。这 2 个测量仪的组成结构相似,如图 3.4.6 所示。同时,2 个测距仪输出的是主基站或辅助基站发射信号与标准振荡器信号之间的相位差二进制电码 $K\varphi$。由于电码 $K\varphi$ 可以更加准确地表示出这些基站的距离,所以利用这些电码就可以确定距离差 R_P。

距离差计算器(图 3.4.13 中的 14 号组件)可以计算出 KR_P(导航系统等距双曲线中的一个参数),并把它传送给机载数字式计算机。最后,机载数字式计算机可以计算出飞机与主基站,以及飞机与某个辅助基站的距离差,这些距离差与导航系统等距双曲线上的点是一一对应的。利用相似方法,就可以得到其他等距双曲线(在图 3.4.13 中并没有标示出来)。当得到 2 个双曲线时(最少要 2 个),机载数字式计算机就可以找到飞机飞行的所在位置(通常是经纬度)。

下面列举出一些采用脉冲等差相位测距方法的远距无线电导航系统技战术指标参数:

昼间作用距离:2200 ~ 2600km;

夜间作用距离:1800 ~ 1900km;

定位精度:0.46km;

接收装置灵敏度:20μW;

距离差 R_P 平均测量时间:4min;

机载设备消耗功率:27V 直流电网供电时,60W;

机载设备质量(不计电缆):9kg。

3.4.3　卫星远距无线电导航系统

卫星远距无线电导航系统,属于一种全球定位无线电系统,利用这种系统可以确定飞机在地球上任意一点的位置。卫星远距无线电导航系统的优点是,飞机定位时间短(6 ~ 8s)且精度高(定位误差为 17.8 ~ 100m)。

实际上,在航空领域中应用最为广泛的卫星远距无线电导航系统,是被动式卫星远距无线电导航系统,其工作原理如图 3.4.14 所示。

人造地球卫星可以实现与飞机的无线电联络,也可以利用这个卫星远距无线电导航系统给飞机定位,这种定位方式就像是卫星与地面测控站进行无线电联络一样。只不过卫星与地面测控站之间的无线电联络是双向的,而卫星与飞机之间的无线电联络是单向的(即卫星向飞机发送联络信号)。这种单向联络的卫星远距无线电导航系统,可以使卫星上的无线电设备复杂程度、重量和体积压缩到最小程度(这一点正是与主动式卫星远距无线电导航系统的区别所在,即卫星与飞机之间的无线电联络是双向的）。

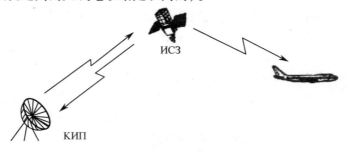

图 3.4.14　被动式卫星远距无线电导航系统工作原理

ИСЗ—人造地球卫星；КИП—地面测控站。

地面测控站承担的主要任务是：

（1）跟踪卫星（利用卫星发射的信号，确定卫星运行轨道，测量出卫星与测控站之间的时差）。

（2）计算卫星星历表（带有时间参数的坐标）和预报卫星出现的时间（以及预报卫星退出的时间）。

（3）为卫星信号提供中继，利用这个信号还可以对卫星上的标准振荡器时钟和运行轨道进行修正，以及其他多种公共信息发送服务。

卫星会主动向地面测控站发送自身的当前星历表信号，这个信号是飞机进行定位以及发送公共信息所必需的信号。

卫星向飞机发送的用于飞机定位的信号，主要包括：

（1）本卫星与其他卫星相互区别的识别电码信号。

（2）用于确定飞机坐标的导航信号（例如，相位调制信号）。

（3）本卫星星历表信号，标准时钟误差信号，以及被称为"天文历书"的信号（即卫星导航系统所使用的所有卫星的星历表信号，当需要选择不同的卫星时，就需要使用到这个信号）。

（4）附加的数据信号（例如，电离层折射修正信号、公共信息信号等）。

飞机上安装的接收与测量设备主要功能是：

（1）实现与某个卫星进行无线电联络（由于通常视距范围内卫星的数量只有 3~5 颗，为了保证飞机定位过程的连续性，需要使用机载相控阵天线，并且相控阵天线的每个无线电波束都要跟踪相应的卫星）。

（2）通过对卫星发射的信号进行分析，确定飞机位置。

（3）根据标准时钟对时间误差进行计算。

（4）对不同卫星进行搜索。

（5）对公共信息进行分析处理。

需要注意的是，通常情况下，飞机位置（坐标 X_C、Y_C、Z_C）和卫星位置（坐标

122

X、Y、Z)的定位使用的是地心坐标系,这种坐标系的原点是地球中心(图3.4.15),$X_э$轴方向指向赤道平面与格林尼治子午线交叉点,$Z_э$轴方向指向北极。由于机载设备根据卫星得到的坐标是一种星历形式的坐标,所以机载设备还要把这种星历坐标转换成地心坐标系上的坐标。

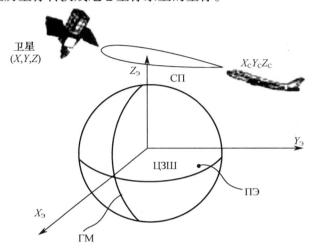

图 3.4.15 地心坐标系

ЦЗШ—地球中心点;ПЭ—赤道平面;ГМ—格林威治子午线;

СП—北极;X、Y、Z—卫星坐标;X_C、Y_C、Z_C—飞机坐标。

大多数的卫星导航系统采用的飞机定位测距方法,与等差测距方法是不同的,因为如果要使用等差测距方法,那么构成的等距双曲线是非常复杂的。所以,等差测距方法在卫星导航系统中很少使用。飞机与指定卫星之间的距离 R(图3.4.15),可以根据测距方法来确定:

$$R = \sqrt{(X - X_C)^2 + (Y - Y_C)^2 + (Z - Z_C)^2} + C\Delta t_э \qquad (3.4.17)$$

式中:$C\Delta t_э$ 为飞机与卫星上标准时钟偏差导致的测距误差。

为了降低标准时钟偏差,必须使用高稳定性的信号发生器。如果要将这个误差控制在 3m 以下,那么标准时钟偏差不能超过 0.01μs。所以,如果这些标准时钟发生器可以同步工作,那么这些发生器的稳定度不小于 10^{-14}。例如,铯原子和氢原子钟的稳定度是足够高的。

为了保证利用测距方法对飞机定位具有单值性,卫星导航系统使用的卫星数量最少不能少于 3 个。实际上,为了提高定位的可靠性,在视距范围内分布的卫星数量不会少于 4 颗。

为了保证在地球上任意地点的飞机都有不少于 4 颗的卫星对其定位,卫星导航系统需要使用一组卫星。在 6 个地球卫星轨道上(彼此交叉 60°),每条轨道上都分布着 3~18 颗卫星。这些卫星轨道高达 2×10^4 km,转动周期约为 12

小时。

卫星发射的信号载波频率通常是 1.2GHz 和 1.6GHz。这个频率对应的信号波长是分米级的,这种波长在大气层中的传播效应是最好的。

卫星导航系统所使用的卫星,相当于是一种运动的基站,在任意时刻飞机对这些运动基站的坐标都是已知的,机载设备可以根据这些已知坐标计算出飞机自身的位置。卫星发射的信号中,就包含有卫星坐标的相关信息。

下面具体介绍一下卫星发射的信号组成结构。

由于卫星上的设备可使用的能源非常有限,而且作为卫星远距无线电导航系统的组成部分,其作用距离是非常远的,所以卫星的信号发射方式是,使用低功率的发射装置(只有几百瓦)进行连续发射。卫星发射的信号,既可以用于测量飞机距离,也可以用于确定飞机运动速度。机载接收天线在任意时刻会同时出现几个不同卫星发射的信号,而且这些信号的频率都是相同的。每个卫星发射的信号,都经过了相位调制,并且每个信号的相位变化都严格遵从于相应卫星上设定好的规则。所以,机载设备可以区分出这些信号是属于哪颗卫星的。

需要注意的是,卫星发射信号的相位调制可能是多种多样的,例如,粗距离测量使用的卫星信号相位,通常是 0° 和 180°,而精距离测量使用的卫星信号相位,通常是 90° 和 270°。对于测距问题来说,上述做法可以解决测距的单值性问题,即如果将相位调制的时间间隔 $T_{\Phi M}$ 增大,可以增加测量距离的单值性范围(例如,当 $T_{\Phi M}$ = 5ms 时,测量距离的单值性范围极值为 1500km)。此外,如果将相位变化的时间间隔 $\tau_\text{Д}$ 减小,可以提高测距精度(例如,当 $\tau_\text{Д}$ = 0.5μs 时,距离测量的精度为 150m)。

下面再介绍一下机载设备的工作原理。机载设备承担的主要任务是:

(1)选择卫星。

(2)搜索已选择的卫星发射信号。

(3)测量与已选择卫星之间的距离。

(4)测量飞机相对于已选择卫星的接近(或离开)速度。

卫星选择是通过机载数字式计算机存储器上的天文历书来完成的,实际上这个计算机是属于另一种导航系统(例如,航路计算系统)的。进行卫星选择时,需要移动机载天线的方向图,直到飞机与选择的卫星之间建立起无线电联络为止。需要注意的是,现代相控阵天线可以同时形成 4 个无线电波接收通道(每个通道对应 1 颗卫星)。

搜索已选择的卫星发射信号,是通过把真实接收到的卫星信号与卫星信号电码(机载数字式计算机系统的存储器上存有卫星电码信息)进行比较来完成的。实际上这个信号搜索过程就是,不断移动信号电码与接收到的信号进行比较,直到 2 者之间相互符合(此时,搜索装置输出的脉冲是最大的),如果 2 者之间不能相互符合时,这个搜索过程持续一个周期(90s)之后结束搜索。

测量与已选择卫星之间的距离,是通过测量卫星发射信号(这个信号的相位调制时间间隔为 $T_{\Phi\text{M}}$)与机载设备产生的比较函数 $U_{\text{KOPPmax}}(t)$ 最大值之间的延迟时间 τ_R 来实现的。此时,对于飞机来说,卫星发射相位调制信号的发射时间是已知的(因为卫星和飞机上的标准振荡器是稳定同步工作的)。

用于测距的机载设备测距原理,如图 3.4.16 所示。

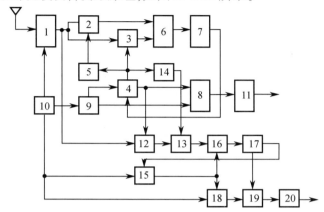

图 3.4.16　卫星远距无线电导航系统机载设备的测距和测速电路组成结构示意图

1—接收装置;2—第一个相关器;3—第二个相关器;4—电码发生器;5—时间 $\tau_{\text{Д}}$ 延迟组件;

6—减法器;7—延迟时间 τ 变化器;8—延迟时间 τ_R 测量仪;

9—同步器;10—标准时钟振荡器;11—距离指示器;12—开关模块;13—调制器;

14—时间 $0.5\tau_{\text{Д}}$ 延迟组件;15—可控振荡器;16—第一个等差频率形成模块;

17—滤波器;18—第二个等差频率形成模块;19—$F_{\text{Д}}$ 频率测量仪;20—移动速度 V_R 指示器。

已选择卫星发射的相位调制信号,通过天线进入接收装置(图 3.4.16 中的 1 号组件),第一个和第二个相关器(图 3.4.16 中的 2 号和 3 号组件)计算出这个信号的 $U_{\text{KOPP}}(\tau)$ 函数值。

下面介绍一下 $U_{\text{KOPP}}(\tau)$ 函数的求解过程。根据如图 3.4.17 所示的条件,这个函数可以表示成

$$U_{\text{KOPP}}(\tau) = \int_0^{T_{\Phi\text{M}}} U_{\text{ΠPM}}(t) U_{\text{KOДA}}(t + \tau)\ \text{d}t \qquad (3.4.18)$$

式中:$U_{\text{ΠPM}}$ 为接收装置输出的相位调制信号;$U_{\text{KOДA}}(t + \tau)$ 为电码发生器(图 3.4.16 中的 4 号组件)输出的视频电压信号(这个发生器可以保持相位调制信号的结构,但是会把这个信号延迟 τ 时长)。

由于对于飞机来说,卫星发射信号的相位调制规律是已知的,所以可以根据式(3.4.18)来比较信号 $U_{\text{ΠPM}}(t)$ 和 $U_{\text{KOДA}}(t + \tau)$ 之间的相似度。显然,当这 2 个信号的最大相似度记为 $U_{\text{KOPPmax}}(t)$ 时,这个最大值对应着 $\tau = 0$(τ 为信号延迟时间),即:$t = \tau_R$,$\tau_R = \dfrac{R}{C}$。

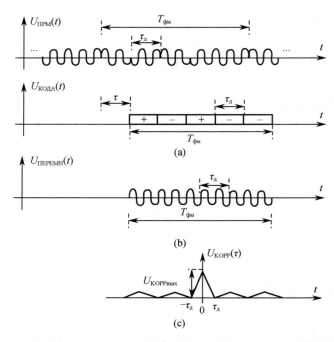

图 3.4.17　图 3.4.16 组成结构中各个点的信号波形图(a,b)以及比较函数的曲线图(c)

如果把这 2 个信息进行连乘 $U_{\text{ПРМ}}(t)U_{\text{КОДА}}(t+\tau)$,那么或者是导致相位调制间隔时间 $\tau_{\text{д}}$ 内的信号相位发生反相(即当 $U_{\text{КОДА}}$ 电压为负时,会出现相位调制信号延迟),或者是导致这些相位不变化(即当 $U_{\text{КОДА}}$ 电压为正时,相位调制信号不会发生延迟)。如图 3.4.17(b)所示,当 $\tau=0$ 时,即当相位调制信号与它的电码完全符合时,$U_{\text{ПРМ}}(t)U_{\text{КОДА}}(t+\tau)$ 的连乘结果等于 $U_{\text{ПЕРЕМН}}(t)$。

接下来,根据式(3.4.18),比较函数 $U_{\text{КОРР}}(\tau)$ 等于对 $U_{\text{ПЕРЕМН}}(t)$ 进行 $T_{\text{ФМ}}$ 时间段上求积分,$T_{\text{ФМ}}$ 是电码发生器(图 3.4.16 中的 4 号组件)的延迟时间。

最后,式(3.4.18)所代表的信号处理过程,变型为对求积分信号的幅度进行检波。幅度检波器的最终结果(当相位调制信号不是连续波时,而是宽度为 $T_{\text{ФМ}}$ 的单脉冲时),可以很容易看出,函数 $U_{\text{КОРР}}(\tau)$ 有一个很大的中心尖头幅度 $U_{\text{КОРРmax}}$(由 τ_{R} 计算得到的)和几个幅度比较小的侧边尖头幅度,如图 3.4.17(c)所示。比较函数的这种曲线图很有特点(有一个十分明显的中心尖头),严格地说,只有相位调制信号才会具有这种样式特征,例如,卫星远距无线电导航系统中广泛使用的"M"型连续波,就是这种样式。

第一个和第二个相关器(图 3.4.16 中的 2 号和 3 号组件)输出的信号样式十分相似。最初,飞机与已选择卫星之间的距离是未知的,电码发生器(图 3.4.16 中的 4 号组件)输出的视频脉冲信号要进行距离移动(即距离搜索),直到 $\tau=0$ 为止。

上述这个距离搜索过程是：

电码视频脉冲信号直接从电码发生器传送给第二个相关器，同时这个信号经过时间 $\tau_{\text{Д}}$ 延迟组件（图 3.4.16 中的 5 号组件）后传送给第一个相关器。相关器输出的电压信号施加给减法器模块上（图 3.4.16 中的 6 号组件）。当电码信号与相位调制信号之间的相对位移（2 个相关器输入端口上的）等于 $\pm 0.5\tau_{\text{Д}}$ 时，减法器模块输出信号等于 0。如果这 2 个信号相对位移不等于 $\pm 0.5\tau_{\text{Д}}$，那么减法器模块输出正的或者负的电压信号，这个电压信号通过延迟时间 τ 变化器（图 3.4.16 中的 7 号组件）对电码发生器进行作用，使电码发生器的起动时刻沿着时间轴前后移动。当延迟时间 τ 变化器没有输出信号时，电码发生器就会产生计数脉冲（这个脉冲与延迟时间 τ_R 是一一对应的），并把这些计数脉冲发送给延迟时间 τ_R 测量仪（图 3.4.16 中的 8 号组件）。

延迟时间 τ_R 测量仪可以计算出起动脉冲（这个脉冲是由同步器产生的，而且同步器与标准时钟振荡器之间也是同步工作的）和计数脉冲（这个脉冲是电码发生器输出的）之间的时间间隔 τ_R。接下来，测量出来的时间延迟 τ_R，会在距离指示器中形成一个数字式的距离电码，并把这个电码发送给机载数字式计算机。

下面介绍一下具有距离测量通道的机载设备进行测速时的工作过程。

测量飞机与卫星的相对靠近（或离开）速度，是由机载设备通过测量多普勒频率 $F_{\text{Д}}$ 来完成的。这种测速原理需要使用具有测速通道的机载设备（图 3.4.16）。

测量速度 V_R，是在测量出距离 R 之后进行，也就是说，电码发生器输出的计数脉冲，除了要传送给延迟时间 τ_R 测量仪之外，还要传送给开关模块（图 3.4.16 中的 12 号组件），使计数脉冲（这个脉冲频率谱中包含着相应的多普勒频率 $F_{\text{Д}}$）进入调制器（图 3.4.16 中的 13 号组件）的其中一个输入端口。调制器的另一个输入端口上，进入的是时间 $0.5\tau_{\text{Д}}$ 延迟组件产生的宽度为 $T_{\Phi\text{М}}$ 的视频脉冲。因此，调制器输出的脉冲形成时间，与接收到相位调制信号的时间，是同时发生的。

在 $T_{\Phi\text{М}}$ 这个时间段内，机载设备（具有高稳定的标准时钟振荡器）上形成的信号，与相位调制信号（包含有多普勒频率 $F_{\text{Д}}$）之间的频率进行比较。此时，可控振荡器（图 3.4.16 中的 15 号组件，用于产生频率变化的电压信号）上有 2 个通道，即跟踪通道和指示通道。

在跟踪通道中除了有一个本机振荡器之外，还有一个等差频率形成模块（图 3.4.16 中的 16 号组件）和一个滤波器（图 3.4.16 中的 17 号组件），滤波器输出的电压信号可以改变可控振荡器的频率 $f_{\text{уг}}$。频率 $f_{\text{уг}}$ 由 2 部分组成：$f_{\text{ЭТАЛ}}$——高稳定标准时钟振荡器频率（当没有多普勒频率 $F_{\text{Д}}$ 时，这个频率等于相位调制信号的频率）和 F_V（变化频率），即：$f_{\text{уг}} = f_{\text{ЭТАЛ}} + F_V$。

当滤波器（图 3.4.16 中的 17 号组件）输出电压等于 0 时，即：$F_V = F_{\text{Д}}$。此

时,滤波器会生成判读指示脉冲,并把这个脉冲传送给多普勒频率 $F_\text{Д}$ 测量仪(图 3.4.16 中的 19 号组件)。

指示通道是由第二个等差频率形成模块(图 3.4.16 中的 18 号组件,这个等差频率是指 $f_\text{уг}$ 与包含有 $F_\text{Д}$ 的相位调制信号载波频率之间的差值)和多普勒频率 $F_\text{Д}$ 测量仪,以及移动速度 V_R 指示器(图 3.4.16 中的 20 号组件)三个部分组成的。

滤波器(图 3.4.16 中的 17 号组件)输出的判读指示脉冲,可以使多普勒频率 $F_\text{Д}$ 测量仪确定 $F_\text{Д}$ 的具体值,然后移动速度 V_R 指示器上将 $F_\text{Д}$ 值换算成相对速度 V_R,最后将数字电码形式的速度 V_R 值传送给机载数字式计算机。

机载设备对相对速度的测量过程,就是如上所述。

机载设备对其他卫星发射的相位调制信号处理过程与此类似,区别只是负责信号处理的机载设备有所不同。但是,这些机载设备的组成结构基本相同,而且最终都会把距离(与卫星的相对距离)和速度(与卫星的相对速度)的数字电码发送给同一个机载数字式计算机,并由机载数字式计算机最后完成飞机的定位计算。

下面列举出一些卫星远距无线电导航系统的主要技战术指标参数:

工作频段:960 ~ 1215MHz 和 1535 ~ 1660MHz;

作用距离:覆盖全球;

距离测量误差:5.6 ~ 30m;

速度测量误差:0.2m/s;

时间误差:48ns;

定位误差:17.8 ~ 100m;

完整的天文历书发射时间:750s;

卫星信号电码最长搜索时间:90s;

星历预报导致的测距误差:3.5m;

卫星标准时间导致的测距误差:1.7m;

电离层反射导致的测距误差:0.5m。

机载设备部分指标参数:

直流 27V 电网供电消耗功率:50 ~ 100W;

总质量(不计电缆):10 ~ 20kg;

体积:15 ~ 25dm^3;

平均无故障工作时间:5000h。

3.5 无线电防相撞系统

现代航空领域的一个突出特征就是,空中活动十分密集,特别是民航机场附近。同民航机场一样,军用机场的空中活动也十分密集,会导致飞行航路相互间交叉。所以,如果航路交叉点不只一个,而且交叉点上的各条航路飞行高度又相隔足够高的高度差,那么这个交叉点上的航路冲突是很小的,实际上也没有必要对这个交叉点的航路使用进行预报。但是,也有另外的一种情况,假设这些航路交叉点上的各条航路飞行高度差很小,或者是各条航路在同一高度平面上(这是一种最糟糕的情况),那么很有可能造成航路使用冲突,会出现飞机相撞的风险,以及一些严重事故(必须采取所有手段来避免出现的)。

无线电防相撞系统,就是一种可以预防导致事故继续恶化的手段,它可以事先将存在航路冲突的空域协调清楚,并自动发出防相撞告警信号。机载无线电防相撞系统会经常与地面站(地面观通站、导航信标机等)进行无线电联络,但是由于地面站能够监视到的空间只占地表空间的25%,所以在其他空间需要无线电防相撞系统自身进行防相撞监视。

无线电防相撞系统的基本功能,通常是采用一种被称为"τ - 准则"的方法来实现,所谓的"τ - 准则"就是:计算出(并显示)当前的时间间隔τ,并把它与事先规定的时间间隔τ_1和τ_2进行比较。

下面介绍一下τ的详细求解过程。这个求解过程需要用到一个几何关系图,如图3.5.1所示。

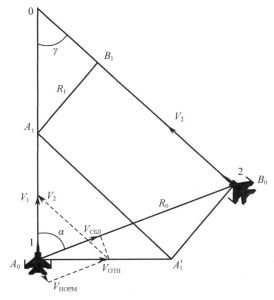

图 3.5.1 飞机相互靠近时的几何关系图

图 3.5.1 表示的几何关系是:两架在同一平面上做直线运动的飞机,它们的航路交叉点为O,航路交叉夹角为γ。初始时刻t_0,飞机 1 位于A_0点,飞机 2 位于B_0点。两点之间的距离为R_0,飞机 2 位于飞机 1 纵轴方向的α夹角方向。在下

一时刻 t_1，飞机 1 以速度 V_1 飞到 A_1 点，而飞机 2 以速度 V_2 飞到 B_1 点。在不同飞行速度下，距离差 R_1（A_1 点与 B_1 点之间的距离）与距离差 R_0 是不平行的。

下面再做出一个辅助图。为了使距离差 R_1 在移动过程中能够始终保持平行，B_1 点和 B_0 点要与相应的 A_1 点相互配合，于是在图 3.5.1 上就需要重新画出一个 A_1' 点，并把 A_1' 与 A_0 点用直线连上。

将速度 V_2 的矢量向 V_1 的矢量方向转动，直到这 2 个速度矢量的差值等于速度 V_{OTH} 矢量。速度 V_{OTH} 矢量方向为 $A_0 A_1'$，可以分解成 2 个矢量，一个是靠近速度 $V_{\text{СБЛ}}$（矢量方向为 $A_0 B_0$），一个是速度 V_{HOPM}。

于是可以得到下列三角函数关系式：

靠近速度：

$$V_{\text{СБЛ}} = V_1 \cos\alpha - V_2 \cos(\alpha + \gamma) \tag{3.5.1}$$

相对速度：

$$V_{\text{OTH}}^2 = V_1^2 + V_2^2 - 2V_1 V_2 \cos\gamma \tag{3.5.2}$$

标准（正交）速度：

$$V_{\text{H}}^2 = V_{\text{OTH}}^2 - V_{\text{СБЛ}}^2 \tag{3.5.3}$$

某一时刻 t 的距离 R_1 为

$$R_1^2 = R_0^2 + (V_{\text{OTH}} t)^2 - 2R_0 V_{\text{СБЛ}} t \tag{3.5.4}$$

式中：$t = t_1 - t_0$。

当 $\dfrac{\mathrm{d}R_1}{\mathrm{d}t} = 0$ 时，根据 t_1 时刻飞机 1 和飞机 2 之间的最小距离（根据 A_0、O、B_0 之间的三角关系）计算得到的 $t_{\text{СБЛ}}$ 可以写成

$$t_{\text{СБЛ}} = \frac{R_0 V_{\text{СБЛ}}}{V_{\text{OTH}}^2} \tag{3.5.5}$$

如果 τ 的原始值可以认为是最小值 $t_{\text{СБЛmin}}$，那么也可以认为 $V_{\text{СБЛ}} = V_{\text{OTH}}$，则有

$$\tau = \frac{R_0}{V_{\text{СБЛ}}} \tag{3.5.6}$$

下面分析一下 R_0 和 $V_{\text{СБЛ}}$ 对 τ 的影响。实际上，从飞机经验来看，$V_{\text{СБЛ}}$ 对 τ 的影响是通过 R_0 对 τ 的影响所导致的。但是，式（3.5.6）给出的解释却不是这样，但是当 $V_{\text{HOPM}} \approx 0$ 或者 $V_{\text{СБЛ}} \approx V_{\text{OTH}}$ 时，$V_{\text{СБЛ}}$ 对 τ 的影响最大。当式（3.5.6）中的 $V_{\text{СБЛ}}$ 取值比较小时，τ 值也不是很大，这是因为飞机 1 和飞机 2 是沿着平行轨迹点运动的。同时，构成"τ - 准则"的主要因素 R_0 值是比较大的。

为了获得 τ 的极值（τ_1 和 τ_2）需要用到时间 $\tau_{\text{ВЕРТ}}$ 和 $\tau_{\text{ГОР}}$（分别是垂直平面和水平平面上的运动时间）的计算公式：

$$\tau_{\text{ВЕРТ}} = \sqrt{\frac{h_{\text{БЕЗ}}^2}{V^2} + \frac{2h_{\text{БЕЗ}}}{\alpha_{\text{ВЕРТ}}}} \tag{3.5.7}$$

130

$$\tau_{\text{ГОР}} = \sqrt{\frac{R_{\text{БЕЗ}}(R_{\text{БЕЗ}} + 2R_{\text{ГОР}})}{V^2}} \qquad (3.5.8)$$

式中:$h_{\text{БЕЗ}}$为飞机 1 和飞机 2 之间的安全高度差;V 为进行运动的飞机速度;$\alpha_{\text{ВЕРТ}}$为垂直平面上法向加速度;$R_{\text{БЕЗ}}$为水平平面上的安全距离;$R_{\text{ГОР}}$为水平平面上转弯半径。

在上述条件下,$R_{\text{ГОР}}$值可以记为

$$R_{\text{ГОР}} = \frac{V^2}{\alpha_{\text{ГОР}}\text{tg}\beta} \qquad (3.5.9)$$

式中:$\alpha_{\text{ГОР}}$为水平平面上的法向加速度;β 为倾斜角度。

如果式(3.5.7)至式(3.5.9)中的参数换成飞行实际值,那么就可以得到 $\tau_{\text{ВЕРТ}}$ 和 $\tau_{\text{ГОР}}$。其中,对于民航飞机来说($h_{\text{БЕЗ}} = 150\text{m}$;$R_{\text{БЕЗ}} = 400\text{m}$;$\alpha_{\text{ВЕРТ}} \leqslant 0.1G$;$\alpha_{\text{ГОР}} \leqslant 0.1G$),最小机动避让时间 $\tau_{\min}$ 等于 20s,考虑到驾驶员的反应时间,即最小机动避让时间 $\tau_{\min}$ 余量设为 30s。所以,无线电防相撞系统工作方式的"τ - 准则",需要满足下列条件:如果测量时间 τ 时,$\tau_1 = 40\text{s}$,那么飞机 1 和 2 需要制定相互配合的机动方法以避免相撞,而如果 $\tau_2 = 30\text{s}$,那么飞机 1 和 2 需要立即进行机动规避。

所以,如果当前 $\tau < \tau_1$,那么驾驶员指示器仪表盘上会点亮"禁止水平机动"的信号灯,并且防相撞系统发射出的信号(询问信号)中应该包含有飞机自主规避(防止相撞)的紧急程度信息(例如,向上方进行规避的空间上界,向下方进行规避的最低半球面,向上和向下规避的 2 个范围边界,直行规避的 2 条告警边界线等)。靠近的飞机接收到这个询问信号之后,要给出应答信号,应答信号(电码形式的)中还包含有受保护飞机采取机动方式的建议信息,例如,向上、向下或直行避让。受保护飞机的驾驶员指示器仪表盘上,会显示出所选择的机动方式建议。当 $\tau \leqslant \tau_2$ 时,显示器仪表盘上会显示出允许机动的信号。当靠近飞机达到安全距离时,这个信号就会消失,而受保护飞机会停止发射询问信号。

3.5.1 脉冲式询问 - 应答无线电防相撞系统

大多数的无线电防相撞系统,都是采用询问 - 应答这种工作方式。这就意味着,受保护飞机可以根据其他飞机反馈回来的信号,对空中的危险情况进行评估。

询问 - 应答式的无线电防相撞系统,大概是现代航空器上所使用的最简单的一种无线电防相撞系统。这种无线电防相撞系统的组成结构,如图 3.5.2 所示。这种无线电防相撞系统的询问机安装在受保护飞机上,而应答机安装在应答飞机上。

下面介绍一下这种无线电防相撞系统的工作原理。

询问机(图 3.5.2(a))发射的信号,是由第一个同步器(图 3.5.2 中的 1 号

组件)产生的,而且通常来说在同步器上还会加装有编码器。第一个同步器输出的同步脉冲,进入第一个发射装置(图3.5.2中的2号组件),形成发射信号。此时,发射信号上载有相干振荡器(图3.5.2中的3号组件)产生的频率f_0。然后,发射信号经过第一个天线转换开关(图3.5.2中的4号组件)向空间发射出去。

机载应答机(图3.5.2(b))天线接收到这个信号,然后经过第二个天线转换开关(图3.5.2中的5号组件),进入第一个接收装置(图3.5.2中的6号组件)。最后,这个接收装置向第一个解码器(图3.5.2中的7号组件)输入接收到的信号。

下面解释一下第一个解码器与比较器(图3.5.2中的8号组件)协调配合的工作过程。

如果询问机中安装了编码器,那么编码器会对受保护飞机的飞行高度(或者是根据无线电高度表信号来确定高度,或者是根据气压高度表来确定高度)进行编码,并把编码后的信号发送给第一个同步器(图3.5.2中的1号组件)。这种情况下,应答机的解码器会解算出受保护飞机的飞行高度,并把这个高度值发送给比较器(图3.5.2中的8号组件)的一个输入端口。由于比较器的另一个输入端口输入的是应答飞机的飞行高度,所以比较器会计算出这2个高度之间的高度差,并把这个高度差发送给第二个编码器(图3.5.2中的9号组件)进行再次编码。

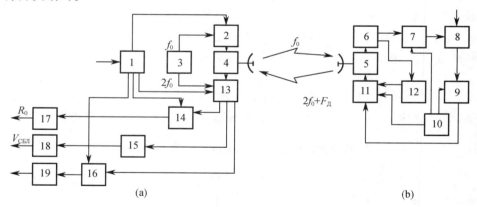

图3.5.2　脉冲式询问－应答无线电防相撞系统组成结构
(a)询问机组成结构;(b)应答机组成结构

1—第一个同步器(加装第一个编码器);2—第一个发射装置;3—相干振荡器;4—第一个天线转换开关;5—第二个天线转换开关;6—第一个接收装置;7—第一个解码器;8—比较器;9—第二个编码器;10—第二个同步器;11—第二个发射装置;12—频率变换器;13—第二个发射装置;14—距离测量仪;15—靠近速度测量仪;16—高度解码器(或高度差解码器);17—距离指示器;18—靠近速度指示器;19—高度差指示器。

可以对高度差进行编码的编码器工作原理,如图 3.5.3 所示。第二个同步器(图 3.5.2 中的 10 号组件)输出的脉冲进入线性延迟器(图 3.5.3(a)中的 1 号组件)。比较器(图 3.5.2 中的 8 号组件)输出的高度差发送给交换器(图 3.5.3(a)中的 2 号组件)。此时,这个交换器输出一对视频脉冲(见图 3.5.3(d)),这一对脉冲在时间轴上的分布与高度差有关。也就是说,交换器输出的这一对脉冲,每个脉冲都对应着一个信息值(这个信息值代表着"高了""低了"或"高度相等")。

第二个编码器(图 3.5.2 中的 9 号组件)输出的数据包(也是一对脉冲)传送给第二个发射装置(图 3.5.2 中的 11 号组件)。但是,此时可能还有一种情况,如果询问机没有安装第一个编码器,那么应答机同样也不会安装第一个解码器,同时应答机接收装置也不会向比较器输出应答飞机的飞行高度。这种情况下,安装了第二个编码器的应答飞机,会把自身飞行高度转换成电码形式的脉冲序列(这种情况下使用的编码器要比如图 3.5.3 所示的编码器复杂)发送给第二个发射装置。

然后,应答机进入应答信号的发射状态。此时,有一个非常重要的特征就是,应答机发射的信号(应答信号)载波频率变化(成倍数变化的)与接收到的信号(询问信号)频率保持一致。

应答机发射信号的载波频率成倍数变化,是由频率变换器(图 3.5.2 中的 12 号组件)实现的。编制好的应答信号,经过第二个天线转换开关和应答机天线向空间发射出去。

受保护飞机接收到的应答信号(它的载波频率等于 $2f_0 + F_д$,其中 $F_д$ 为多普勒频率)经过第二个接收装置进入下面的这些测量模块:

(1) 距离 R_0 测量仪(图 3.5.2 中的 14 号组件,通常是采用脉冲测距方法进行距离 R_0 测量)。

(2) 受保护飞机与应答飞机之间靠近速度 $V_{СБЛ}$ 测量仪(图 3.5.2 中的 15 号组件,速度 $V_{СБЛ}$ 是由 2 个接收装置根据相干振荡器计算出多普勒频率 $F_д$ 所得到的)。

(3) 高度解码器(图 3.5.2 中的 16 号组件),前提条件是应答机接收到的信号中包含有应答飞机的飞行高度电码(此时,解码器只计算 2 架飞机的高度差,因为受保护飞机的飞行高度可以根据第一个同步器得到)或者是高度差(如果应答信号中包含有高度差电码的话)。

接下来,测量结果会传送给相应的指示器:例如,距离 R_0 指示器(图 3.5.2 中的 17 号组件)、靠近速度 $V_{СБЛ}$ 指示器(图 3.5.2 中的 18 号组件)和高度差指示器(图 3.5.2 中的 19 号组件)。

需要注意的是,除了上述 3 个指示器之外,测量结果还会发送给机载飞行控制系统(图 3.5.2 中并没有标示出来),在飞行控制系统中可以根据 R_0 值和 $V_{СБЛ}$

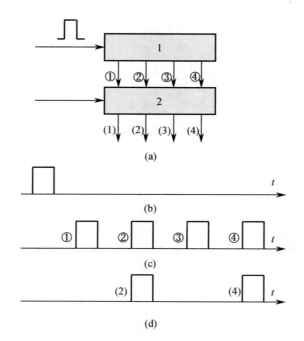

图 3.5.3 编码器组成结构(a)和工作信号谱(b)、(c)、(d)

(a)编码器;(b)输入脉冲;(c)延迟线路输出的脉冲序列;(d)交换器输出的电码形式脉冲序列。

1—延迟线路;2—交换器。

值,利用式(3.5.6)确定出 τ 值,并把 τ 值与 τ_1 值和 τ_2 值进行比较,进而得到受保护飞机的降低高度、保持高度或爬升高度指令。

3.5.2 异步式询问－应答无线电防相撞系统

有一种可以保证无线电防相撞系统具有高精度工作性能的方法,就是在飞机上安装高稳定标准时钟振荡器。这种振荡器可以保证所有能够相互进行无线电联络的飞机上的授时装置精确地同步工作。这种无线电防相撞系统,被称为同步式无线电防相撞系统。

但是,这种同步式无线电防相撞系统有两个缺点:一是同步式无线电防相撞系统技术复杂,而且造价高,因为需要在所有飞机上安装标准时钟振荡器,并且这种标准时钟振荡器还必须是原子钟,才能保证长时间的授时稳定性(原子钟的稳定性要比石英钟的稳定性高 2~3 个数量级,可以达到 $10^{-11} \sim 10^{-13}$);二是需要建设足够数量的地面系统进行组网,才能保证自身授时装置工作的稳定性。在很多情况下,利用远距无线电系统或者是卫星导航系统,可以克服上述缺点。

在航空领域中,实际上有一种应用更为广泛的无线电防相撞系统,就是异步式无线电防相撞系统(这种系统中并不需要使用高稳定的标准时钟振荡器)。例如,俄制的"Эшелон(高度层)"系统,就是一种异步式无线电防相撞系统。这个系统也采用询问－应答工作原理,并且应答信号中包含有距离 R_0、靠近速度 $V_{СБЛ}$ 和高度差等信息。

需要注意的是,受保护飞机的空中机动(为了防止相撞)可能是水平方向和垂直方向的综合机动。当2架飞机航路处于同一个平面上(通常是水平平面)时,可以使用前面介绍过的"τ－准则"对这种情况进行分析。如果飞机在不同高度上进行机动,那么在利用"τ－准则"时受保护飞机上就会产生虚假信号。为了避免这种情况,应答信号中应该包含有飞机高度差信息(即,飞机所处位置的区域范围)。

使用高度层无线电防相撞系统的飞机,在空间中的分布情况(根据飞行高度划分),如图3.5.4所示。对于受保护飞机来说,其危险区域是根据其他飞机的飞行高度确定的,一般是指距离受保护飞机的上方和下方160m区域。也就是说,告警区域的上界就是危险区域的一个边界(告警区域的上界是指,距离受保护飞机上方最低不超过160m、最高不超过660m),而告警区域的下界就是危险区域的另一个边界(告警区域的下界是指,距离由受保护飞机下方不超过160m、至不超过660m)。如果根据应答信号判读出,靠近的飞机处于危险区域,那么受保护飞机的机载设备就会根据"τ－准则"产生飞机避让信号。如果根据应答信号判读出,靠近的飞机处于告警区域的上方或下方,那么受保护飞机的机载设备不会产生飞机避让信号,但是会发出保持无线电联络的请求信号。最后,如果靠近的飞机正好处于告警区域之外(高于告警区域上界,或低于告警区域

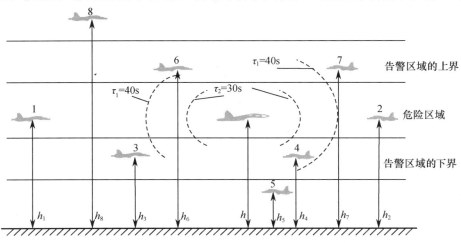

图3.5.4　相撞告警区域(飞行高度告警)

处于危险区域的飞机1和飞机2;h_1,$h_2 = (h-160m)$,$(h+160m)$;处于告警区域的飞机3和飞机4;h_3,$h_4 = (h-160m)$,$(h+660m)$;处于告警区域上方的飞机6和飞机7;h_6,$h_7 = (h+160m)$,$(h+660m)$;飞机5和飞机8不需要对询问进行回答;$h_5 < (h-660m)$,$h_8 > (h+660m)$;

h—受保护飞机的飞行高度。

下界),那么这些靠近的飞机可以不对询问信号(受保护飞机发射的)进行回答。

受保护飞机上安装的异步式询问-应答无线电防相撞系统的询问机组成结构,如图3.5.5所示。

这个询问机的天线系统有2部天线,一个天线用于发射和接收载波频率为1597.5MHz的信号,一个天线用于发射和接收载波频率为1602.5MHz的信号。为了使2个天线的方向图组合成全方向图,其中一个天线安装在受保护飞机机身上部,另一个天线安装在受保护飞机机身下部。这样做,不仅可以使方向图近似于一个球面(图3.5.4),而且还可以将高于机载设备灵敏度2.5~3dB的接收信号进行累积(接收装置对信号进行完处理之后)。

在同步器(图3.5.5中的1号组件)触发脉冲作用下,编码器(图3.5.5中的2号组件)形成电码形式的询问脉冲序列(图3.5.6)。这个脉冲序列进入到第一个和第二个发射装置(图3.5.5中的3号和4号组件),并经过第一个和第二个天线转换开关(图3.5.5中的5号和6号组件)和相应的天线向空间辐射出去(发射功率可达40W)。

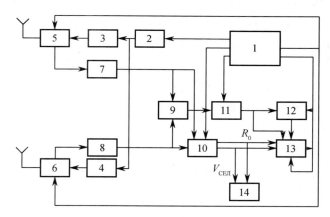

图3.5.5 异步式询问-应答无线电防相撞系统的询问机组成结构

1—同步器;2—编码器;3—第一个发射装置;4—第二个发射装置;5—第一个天线转换开关;
6—第二个天线转换开关;7—第一个接收装置;8—第二个接收装置;9—加法器;
10—测量装置;11—解码器;12—高度比较器;13—操纵指令生成装置;14—指示器。

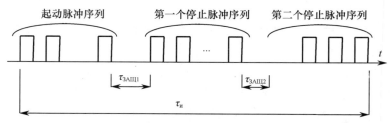

图3.5.6 异步式询问-应答无线电防相撞系统的询问脉冲组成结构

这个询问脉冲序列是由 3 个不同的功能部分组成的,每一个功能部分又都是由 3 个电码形式的脉冲组成(每个脉冲的宽度都是 1μs)的。为了能够把第一个功能部分(这个功能部分脉冲,被称为起动脉冲序列)与第二个功能部分(这个功能部分脉冲,被称为第一个停止脉冲序列)区分开,两个脉冲序列的中间有一个时间间隔,被称为保护间隔 $\tau_{3AШ1}$。如果起动脉冲序列表示,靠近的飞机应答机必须开始接收具体的询问信号,那么第一个停止脉冲就会加载上飞机操控信息。第二个功能部分与第三个功能部分(这个功能部分脉冲,被称为第二个停止脉冲序列)之间也有一个时间间隔,被称为保护间隔 $\tau_{3AШ2}$,而且第三个功能部分的 3 个组成脉冲,可以通过不同的脉冲时间分布方式来表示受保护飞机的飞行高度(飞行高度的间隔单位是 30m)。在第三个功能部分结束之后,重新又生成一个新的时间间隔,之后,下一个电码形式的询问脉冲序列开始进入。因此,为了避免不同飞机发射的询问脉冲序列相互重叠,起动脉冲序列和第二个停止脉冲序列之间的间隔,以及询问脉冲序列之间的间隔,是随机变化的(利用机载同步器实现)。这些间隔大致选择值是:3 个功能部分之间的平均间隔时间为 2ms,询问脉冲序列之间的平均间隔时间为 1s。

继续介绍受保护飞机机载询问机的工作过程(图 3.5.5)。靠近飞机应答机发射的信号,进入询问机接收天线,并经过第一个和第二个天线转换开关(图 3.5.5 中的 5 号和 6 号组件)进入到第一个和第二个(图 3.5.5 中的 7 号和 8 号组件)接收装置,这 2 个接收装置输出的信号被加法器(图 3.5.5 中的 9 号组件)进行信号合成。

在测量装置(图 3.5.5 中的 10 号组件)中确定距离 R_0 和速度 $V_{CБЛ}$,通常是采用脉冲测距方法来确定 R_0 值,速度 $V_{CБЛ}$ 值则是先要测量出距离值之后再计算。飞机之间的高度差测量(解码器对应答脉冲进行解码之后进行),是由高度比较器(图 3.5.5 中的 12 号组件)完成的(比较器的一个输入端口上输入受保护飞机无线电高度表或气压高度表测量出来的飞行高度值)。

根据测量装置的测量结果,解码器和高度比较器(图 3.5.5 中的 13 号组件)可以形成受保护飞机的飞行操纵指令。同时,在指示器上显示出测量值。

需要注意的是,受保护飞机询问机经过专用的机载应答机(图 3.5.5 中没有标示出来)与地面站进行联络,通知地面站发生航路冲突的情况和排除冲突的方法。除此之外,受保护飞机上还安装着通话装置,机组人员可以利用通话装置通报航路冲突情况。

3.6 地形跟踪雷达系统

当飞行器(飞机或直升机)的运动轨迹与飞行器所处地区的地形剖面重合时,这种飞行被称为剖面飞行(也叫地形跟随飞行),如图 3.6.1 所示。

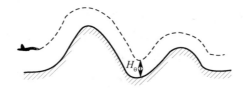

图 3.6.1　飞行器剖面飞行

剖面飞行(主要是战斗机)是为了对抗防空系统和隐蔽地退出某个目标的监视区域。这种飞行只有在小高度飞行器的飞行中才能保证获得最理想的效果,因为:

(1) 防空系统的无线电探测系统,只能在视距条件下对低空飞行的飞行器进行测距。

(2) 低空飞行的飞行器反射的无线电信号,可以被其他目标反射的无线电信号(例如,地面反射或其他物体反射的)明显地隐蔽起来。

(3) 低空飞行的飞行器具有很高的隐蔽性(因为可以利用地面凹陷或者是地面凸起物体进行遮挡)和突然性(使敌人的防空系统反应时间延迟)。

但是,飞行器在距离地面或地面物体比较近的条件下进行低高度飞行时,进行导航保障是非常复杂的。这种复杂性体现在,导航系统的使用时间十分有限(因为导航系统与地面的距离非常近,而且飞行器的飞行速度又很快)。在低空飞行状态下,飞行器驾驶员的心理压力非常大,所以现代飞机上使用自动驾驶仪来替代飞行员的驾驶操作。这种自动驾驶仪中就包括地形跟踪雷达系统。

地形跟踪雷达系统的任务就是,产生低空剖面飞行需要的控制信号。也就是说,地形跟踪雷达系统产生的控制信号,可以实时地保持剖面飞行高度:

$$H_0 = 常数 \tag{3.6.1}$$

式中:H_0 为飞行器的飞行高度。

飞行高度 H_0 的几何图形,如图 3.6.1 所示。

显然,在飞行器运动过程中,地形跟踪雷达系统的作用点不是飞行器当前所在的位置点,而是飞行器前方的某个前置点(如图 3.6.2 中的 A 点)。此时:

$$H_0 - h = R_A \sin(\beta_A - \beta_0) \tag{3.6.2}$$

式中:h 为 A 点距地面高度;R_A 为飞行器与 A 点距离;β_A 为相对于天线扫描轴向的俯仰角;β_0 为飞行器迎角。

上式经过变换之后,可以得到

$$h = H_0 - R_A \sin(\beta_A - \beta_0)$$

当假设 β_A 和 β_0 的角度非常小时:

$$h = H_0 - R_A(\beta_A - \beta_0) \tag{3.6.3}$$

当飞行器飞行高度为 H_0 时,在某个时刻 t_1,式(3.6.3)是成立的。当某个时刻 t_2,飞行器出现在 A 点,剖面飞行条件变成

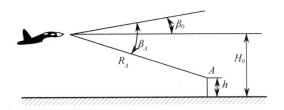

图 3.6.2 保持剖面飞行高度的工作原理和几何示意图

$$h + H_0 = 2H_0 - R_A(\beta_A - \beta_0) \tag{3.6.4}$$

因此，机载地形跟踪雷达系统在 t_1 时刻应该产生一个信号（H_0、β_A 和 β_0 是固定的），对 R_A 进行测量，使得飞行器可以在 $t_2 - t_1$ 时间段内飞到 A 点。所以，根据式（3.6.4），飞行高度可以根据前置点 A 的距离 R_A 确定，所以说地形跟踪雷达系统属于一种无线电测距系统。对于具体的 R_A 值来说，它与飞行器的运动速度、机动性能和所处地形有关。对于现代飞机来说，在 $V \leqslant 1000 \text{km/h}$ 的条件下，R_A 值应该取 $5 \sim 20 \text{km}$，对于直升机来说，R_A 值应该取 $0.5 \sim 5 \text{km}$。

R_A 值确定之后，接下来就是要确定低空（H_0 为几百米）飞行时的 β_A 和 β_0 角度值（这个角度值只有几度），由于 β_A 和 β_0 角度比较小，所以要求地形跟踪雷达系统的天线方向图要足够窄，而且天线的直线长度尺寸要放大（使用厘米波段时，天线长为 $5 \sim 6 \text{m}$）。由于飞行器机身前段可以安装的天线尺寸不会太大（40 $\sim 60 \text{cm}$），所以地形跟踪雷达系统的天线使用 2 个无线电波束，而不是 1 个波束。在计算 A 点俯仰角的时候，可以采用比较法（等差信号方法），此时要求天线波束宽度为 $1° \sim 3°$。实际上，地形跟踪雷达系统在垂直平面上使用的是单脉冲测角系统，同时不需要转动天线方向图（天线扫描）就可以根据测量出来的俯仰角度值确定飞行器飞行高度（如图 3.6.3（a）所示的线段 $R_{\min} \sim R_{\max}$）。

地形跟踪雷达系统的组成结构及内部各点工作电压信号，如图 3.6.3 所示。下面介绍一下地形跟踪雷达系统的工作过程。

在同步器（图 3.6.3 中的 1 号组件）发出的触发脉冲作用下，发射装置（图 3.6.3 中的 2 号组件）产生宽度比较小的高频脉冲（保证测距分辨力需要），这个脉冲经过天线转换开关和 2 个天线组成的天线系统（图 3.6.3 中的 3 号组件）向空间辐射出去（天线在垂直平面上使用的是双波束）。

从地面反射回来的脉冲，被 2 个天线接收，并经过天线转换开关进入信号加法器（图 3.6.3 中的 4 号组件）和信号减法器（图 3.6.3 中的 5 号组件）。由于地形跟踪雷达系统采取比较法（等差信号方法）进行测量，所以测量距离 R_A 时，A 点的位置要满足以下条件：信号从 A 点反射的时间延迟 $\tau_{R_A} = \dfrac{2R_A}{C}$（相对于信号发射时刻来说），可以根据差信号接收装置输出电压为 0 时（图 3.6.3（b））和相位检波器输出电压为 0 时的时间差确定。

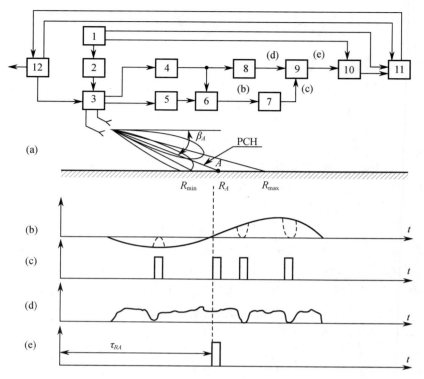

图 3.6.3　地形跟踪雷达系统的组成结构(a)及电压信号波形图(b、c、d、e)

1—同步器；2—发射装置；3—天线系统；4—和信号接收装置；5—差信号接收装置；6—相位检波器；
7—计数脉冲发生器；8—检波器；9—选择器；10—距离 R_A 测量装置；11—计算机；12—控制装置。

　　在不考虑地面反射形成的干扰时,相位检波器输出电压,如图 3.6.3(b)所示(用实线表示),在有干扰时,相位检波器输出电压失真,如图 3.6.3(b)所示(用虚线表示)。这些干扰会导致输出电压不规则下降,进而导致出现假的计数脉冲(由图 3.6.3 中的 7 号组件产生),如图 3.6.3(c)所示。

　　为了防止假计数脉冲导致测距错误,需要在和信号接收装置(由图 3.6.3 中的 4 号组件产生)的输出端口上安装检波器(由图 3.6.3 中的 8 号组件产生)和选择器(由图 3.6.3 中的 9 号组件产生)。检波器输出的和信号电压(图 3.6.3(d)),送入选择器的一个输入端口,选择器的另一个输入端口输入的是计数脉冲序列。于是,选择器输出的计数脉冲(图 3.6.3(e)),对应着 A 点位置。这个计数脉冲进入距离 R_A 测量装置(由图 3.6.3 中的 10 号组件产生),形成距离电码,并将电码发送给计算机(由图 3.6.3 中的 11 号组件产生)。计算机存储下这个距离电码,并根据控制装置(由图 3.6.3 中的 12 号组件产生)输入的控制信息,计算出飞行器在 A 点上空的预先前置高度。然后,计算结果又反馈给控制装置,由控制装置调节天线位置,使天线指向可以自动控制飞行器沿着地形剖面飞行的方向。

需要注意的是,单脉冲地形跟踪雷达系统对粗糙地面和地物高度具有很高的测量精度,所以零点位置总是稳定的,地形跟踪雷达系统的信号处理电路发生微调时,不会对零点位置有影响。

3.7 地面成像雷达系统

安装在飞机上的地面成像雷达系统,可以在任何气象条件和能见度条件下,获取地面和地物的雷达图像。

3.7.1 全景地面成像雷达系统

所谓全景地面成像雷达系统,是指利用圆周转动天线方向图(沿着垂直轴线)即可以在雷达显示器上得到清晰的飞机下方地面和地物图像(全景的)(图3.7.1)。这种雷达对目标的测量坐标是距离 R 和航向角 α(以飞机机身纵轴为参考,在水平面上的夹角)。

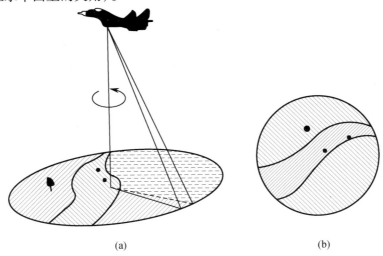

(a)   (b)

图 3.7.1   全景地面成像雷达系统的功能原理
(a)真实情况;(b)圆形显示器上显示的地形图像。

全景地面成像雷达系统,一般安装在中型和重型民航飞机以及军用飞机上。全景地面成像雷达系统,主要应用于飞行导航(飞机定位),例如,在能见度很低的情况下,引导(利用地面和空中无线电信标)轰炸机瞄准轰炸。所以,全景地面成像雷达系统是一种自动导航设备。同时,与一般的询问 – 应答式导航设备最大的区别是,全景地面成像雷达系统不需要在飞机飞行航路附近布设地面无线电设备。也就是说,在安装了全景地面成像雷达系统的飞机上,机组人员可以不使用地面信标机。

由图 3.7.1 可见，安装在飞机机身下面的天线方向图，可以进行圆周扫描，即：方向图以 5 ~ 50r/min 的转速，绕着垂直轴线进行转动。有些情况下，全景地面成像雷达系统也可以进行扇形扫描，即：天线方向图只在设定的角度范围内（$\pm\alpha_{\text{ОБЗ}}$）移动。但是，圆周扫描仍然是最常用的扫描方式。

为了获得更为详细的地面图像，全景地面成像雷达系统需要具有很高的距离分辨力。为了保证距离上（径向方向上的）的分辨力，可以使用短发射脉冲（脉冲宽度为 0.5 ~ 3μs），为了保证角度上的分辨力，可以利用水平平面上比较窄的天线方向图（目标角度坐标采用最大方向图方法进行测量）。

为了使辐射波束可以覆盖更多的地面区域，天线方向图在垂直平面上的开口宽度要很大（30° ~ 60°）。在选择垂直平面上的天线方向图时，需要参考的条件是：当地面物体相对距离很近时，要保证这些物体具有相同的散射场效应。也就是说，这些物体在接收装置上的输入信号强度是相同的。满足上述条件的方向图，被称为余割形式的方向图（图 3.7.2）。

这种余割形式的方向图实际上就是，当固定高度值 H 时，距离 R 可以根据余割三角函数关系来确定，即：$R(\beta) = H\cosec\beta$。全景地面成像雷达系统在使用厘米波段时，其天线尺寸一般为 50 ~ 150cm。

需要注意的是，在很多情况下，接收信号强度可以根据不同地形的电磁波反射特性来确定。不同地形的电磁波反射特性，可以分成三种类型。

第一种反射特性是，镜面反射。这种反射的规则是：电磁波入射角 $\theta_{\text{ПАД}}$ 等于反射角 $\theta_{\text{ОТР}}$（图 3.7.3（a））。具有镜面反射特性的是：水面（静止状态下），光滑的冰面，金属板等。实际上，反射系数 $K_{\text{ОТР}}$（辐射源方向上的）与入射角 $\theta_{\text{ПАД}}$（图 3.7.3（b））有关，并且可以近似地认为 $K_{\text{ОТР}} = 10^{-3}$。所以，平静的水面，在全景地面成像雷达系统显示器屏幕上被显示出来时，主要是变成一种黑色的背景。

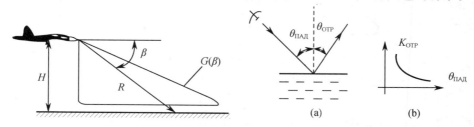

图 3.7.2　余割形式的方向图　　　　图 3.7.3　无线电波镜面反射

第二种反射特性是，扩散反射。这种反射的特征是：入射电磁波（图 3.7.4（a））向各个方向反射，并且不同反射方向上的反射强度相同。具有扩散反射特性的是：掘松后的土壤，草坪等。实际上，当入射角 $\theta_{\text{ПАД}}$ 比较小时，反射系数 $K_{\text{ОТР}}$（辐射源方向上的）是一个定值，并且当入射角 $\theta_{\text{ПАД}}$ 比较大时，随着入射角 $\theta_{\text{ПАД}}$

142

的增大,反射系数 K_{OTP} 会减小(图 3.7.4(b))。可以近似地认为 K_{OTP} 的取值范围是 $10^{-1} \sim 10^{-2}$。所以,草坪在全景地面成像雷达系统显示器屏幕上被显示出来时,会变成一种中等亮度的点状物。

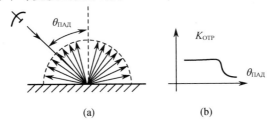

(a)   (b)

图 3.7.4   无线电波扩散反射

需要注意的是,镜面反射和扩散反射效应,都可以找到相应的数学分析式。

假设,在一个平坦的平面上,有一个高度为 h 的凸起物体(图 3.7.5)。从辐射源辐射的无线电波(入射角为 θ)在 A 点发生镜面反射(反射方向为 B),同时继续在 C 点发生镜面反射(反射方向为 Д)。

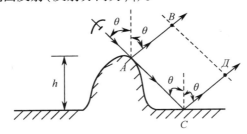

图 3.7.5   确定镜面反射与扩散反射条件的几何关系图

根据最初的几何关系进行推导。如果从 A 和 C 点向 B 和 Д 方向反射的无线电波是相同相位的,那么由"平面 – 凸起物体"共同构成的平面具有镜面反射特性。

反之,根据几何关系可以得到沿着 AB 和 ACД 路径传播的无线电波,在 B 和 Д 点上的相位差 $\Delta\varphi$。假设无线电波波长为 λ,则

$$\Delta\varphi = \frac{2\pi}{\lambda}(AC + C\text{Д} - AB) = \frac{2\pi}{\lambda} \cdot \frac{h}{\cos\theta}(1 + \sin2\theta)$$

$$= \frac{2\pi}{\lambda} \cdot 2h\cos\theta = \frac{4\pi}{\lambda} \cdot h\cos\theta \qquad (3.7.1)$$

当 $h = 0$ 时,$\Delta\varphi = 0$,则"平面 – 凸起物体"是一种镜面。如果假设当 $\Delta\varphi \leqslant \dfrac{\pi}{4}$ 时,"平面 – 凸起物体"还是一种镜面,那么根据式(3.7.1)不难得出下面结论:当凸起物体的高度 h 满足不等式

143

$$h \leqslant \frac{\lambda}{16\cos\theta} \qquad (3.7.2)$$

可以认为"平面－凸起物体"符合镜面反射特性。如果凸起物体的高度 h 不满足上述不等式，可以认为"平面－凸起物体"平面是一种粗糙平面。对于厘米波段来说，地表永远是一种粗糙平面（即，具有扩散反射特性）。

第三种反射特性是，共振反射。这种反射的特征是：入射电磁波（图3.7.6）向随机方向反射。具有共振反射特性的是：屋顶、外表复杂的货车、金属制品外表面等。

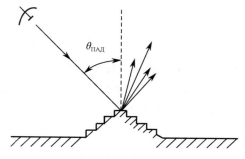

图 3.7.6　无线电波共振反射

由于这种随机性的反射特性，难以确定入射角 $\theta_{\text{ПАД}}$ 与反射系数 $K_{\text{ОТР}}$ 之间的关系，所以可以近似地认为 $K_{\text{ОТР}}$ 的取值范围是 $0.1 \sim 0.9$。所以，具有剖面结构的地面物体，在全景地面成像雷达系统显示器屏幕上被显示出来时，会变成一种成片的亮点。

全景地面成像雷达系统的组成结构，如图3.7.7(a)所示。

同步器（图3.7.7中的1号组件）起动发射装置（图3.7.7中的2号组件），发射装置产生高重频无线电脉冲。这个脉冲通过天线转换开关（图3.7.7中的3号组件）进入波导馈线（图3.7.7中的4号组件），再经过天线向空间辐射出去。发射天线是由"喇叭辐射器"和"抛物面反射器"组成的，其天线方向图是余割式的方向图。这个发射天线安装在飞机机身底部，并用透波整流罩盖住。发射脉冲功率为 $50 \sim 80\text{kW}$。

在全景地面成像雷达系统工作过程中，天线转动的角频率为 Ω。这个天线转动频率是由图3.7.7中的5号组件产生的，这个组件是由发电机和基准电压振荡器（基准电压的变化频率为 Ω）组成的。为了使天线在任何位置时都能接收到电磁能量，在天线转动关节中有一个波导馈线（图3.7.7中的4号组件）。

向空间辐射出去的无线电信号，在大气层中传播，经过地面反射之后，被天线接收到，然后经过波导馈线和天线转换开关进入接收装置（图3.7.7中的6号组件）。需要注意的是，地面反射的信号宽度要明显比发射信号的宽度大。通过这个区别，可以确定出地面反射区域的长度。因为，地面上最先开始反射信号

144

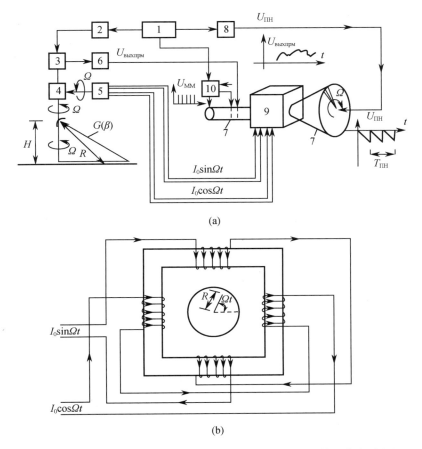

(a)

(b)

图 3.7.7　全景地面成像雷达系统组成结构(a)和电磁偏转系统电路(b)
1—同步器；2—发射装置；3—天线转换开关；4—波导馈线；5—与发电机共同供电的基准电压振荡器；
6—接收装置；7—电子射线管；8—扫描发生器；9—磁力偏转系统；10—比例尺信号发生器。

的点，其所处位置的距离 R 要比飞行高度 H 大一些，所以，如果移动这个信号反射点直到达到一个最大值（对于全景地面成像雷达系统来说，当飞行高度为9000km 时，对于大的水域来说，这个最大值为 100km，对于大的城市来说，这个最大值为 280km），那么这个最大值的新的反射位置点与最先反射位置点之间的范围就是地面反射区域。经过一段时间之后，接收装置输出的视频信号就会发送给圆形的扫描指示器。

　　圆形的扫描指示器，是由电子射线管（图 3.7.7 中的 7 号组件）、扫描发生器（图 3.7.7 中的 8 号组件）和磁力偏转系统（图 3.7.7 中的 9 号组件）组成的。下面详细介绍一下这些组成的工作原理。电子射线管是圆形扫描指示器的基本组成单元，用于在显示器上形成地面反射区域的图像（图 3.7.1（b））。由于这个图像是发亮的，所以屏幕上任何一个点的亮度，都表示着从相应地面上的点所反射回来的信号强度。为了保证电子射线管内部产生的电子射线指示具有单值性，需要调节屏幕亮度，使屏幕亮度与接收装置输出的视频信号强度相匹配。这个操作可以通过向控制电子管的电极，发送视频信号来实现。

扫描发生器，是一种可以产生锯齿电压 $U_{ПН}$ 的振荡器，主要用于在电子射线管屏幕上产生距离扫描。也就是说，电子射线屏幕上形成的亮点在径向方向上（相对于屏幕中心点进行圆周移动）匀速移动时，亮点的所在位置对应着地面上测量点的距离 R。换句话来说就是，距离测量范围（$R_{min} \sim R_{max}$）恰好等于屏幕的半径长度，即在屏幕上进行距离扫描是可行的。

亮点在屏幕上的移动，是靠扫描发生器向电子射线管中心电极施加锯齿电压 $U_{ПН}$ 来实现的。由于锯齿电压 $U_{ПН}$ 是线性变化的，并且电压幅度与屏幕最大磁偏转值是相互匹配的，所以亮点是匀速移动的，但是扫描周期是受锯齿电压 $U_{ПН}$ 的幅度变化周期 $T_{ПН}$ 控制的。这个周期 $T_{ПН}$ 是由同步器产生的，并且等于发射脉冲的重复周期 $T_{П}$（一般来说，$T_{П}$ 的取值范围是 $1 \sim 5ms$）。

磁力偏转系统（图 3.7.7(b)），是由 2 个带铁芯的正交绕组（电感线圈）组成的，并且铁芯是用强磁性金属合金制造成的。这个磁力偏转系统固定在电子射线管上，并在屏幕上形成航向角扫描。所谓的航向角扫描就是，在屏幕半径上（距离扫描）使亮点进行圆周移动，且移动的角速度频率为 Ω（频率 Ω 受天线转动速度控制），同时扫描开始的初始点位置（位于屏幕中心）是不动的。此时，屏幕上的扫描半径保持成一条直线。磁力偏转系统，利用磁通量变化（与角速度频率 Ω 相一致）实现航向角扫描。其中，磁通量是由正交绕组提供的，一个绕组产生交流电流 $I_0 \sin\Omega t$，另一个绕组产生交流电流 $I_0 \cos\Omega t$，这 2 个电流是正交关系（相位相差 $90°$）。这 2 个正交电流合成后，在磁力偏转系统中形成磁通量变化，进而对屏幕上的电子射线半径产生影响，使电子射线发生偏斜，即形成了航向角扫描。此时，航向角扫描是与天线转动同步进行的（天线转动是由基准电压发生器和发电机共同控制的）。

此外，电子射线在 3 个因素的（亮度调节、距离扫描和航向角扫描）共同作用下，在圆形指示器屏幕上形成发亮的地面扫描区域图像。此时，根据屏幕上显示出来的环形刻度，就可以确定扫描区域中的亮点所在位置航向角。指示器上的这种环形刻度，是固定在电子射线管屏幕的四周。在对选择出来的亮点进行测距时，需要使用到比例尺信号发生器（图 3.7.7 中的 10 号组件）。

比例尺信号发生器，是一种可以产生具有最小宽度的周期性脉冲序列的装置。机组人员可以根据想要看到的距离分辨力，对这种脉冲序列的周期进行调节。脉冲序列进入电子射线管（如图 3.7.7(a)所示，有 2 种接通方法）之后，在圆形指示器屏幕上形成发亮的同心圆。由于这些同心圆的间距是已知的（可以测量出来），并且这些同心圆的半径与距离成正比，所以这些同心圆为称为距离环（图 3.7.8）。全景地面成像雷达系统的圆形指示器工作过程，就是如上所述。

146

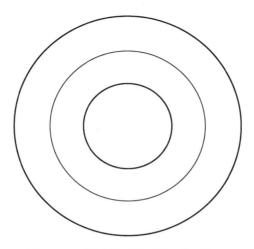

图 3.7.8　圆形指示器屏幕上的距离环

需要注意的是,当飞机发生纵向和横向倾斜时,天线方向图不再是进行圆周转动,而是采用椭圆形转动。所以,会出现测角误差,因为当航向角固定时,天线扫描的椭圆形弧形长度(会超出方向图的极限)是多种多样的。为了防止地图失真,在圆形指示器屏幕上,有一个与天线转动同步的垂直稳定轴,因为这个结构比较复杂,成为了全景地面成像雷达系统的缺点之一。

全景地面成像雷达系统的其他缺点还包括,为了保证在飞机下方具有最大的视场角,必须把天线安装在飞机机身边缘上(或机翼上),这会造成出现额外的空气阻力。

3.7.2　合成孔径地面成像雷达系统

合成孔径地面成像雷达系统,主要用于获取飞机航路上和飞机下方的高清晰地面图像。也就是说,当需要对地面目标 A 和 B 进行雷达分辨时,由于合成孔径地面成像雷达系统具有很小的线性分辨力 δL(图 3.7.9),可以最小化地分辨出 A 和 B 目标之间的距离。

合成孔径地面成像雷达系统之所以能够具有很小的线性分辨力 δL,前提条件是飞机必然是向前运动的,同时可以从目标 A 和 B 上接收到反射信号。下面就这个问题进行一下详细分析。

假设飞机以速度 V 沿着地表飞行。这架飞机上有一部小尺寸的天线 d_A,方向图 $G(\beta)$ 固定不动(相对于飞机来说)垂直向下(图 3.7.10)。方向图开口宽度 $\Delta\beta$ 可以根据下式计算:

$$\Delta\beta = \frac{\lambda}{d_A} \qquad (3.7.3)$$

式中:λ 为发射信号波长。

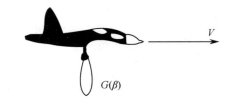

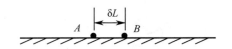

图 3.7.9　飞机航路上的线性分辨力特性

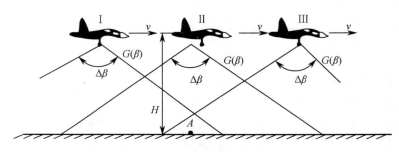

图 3.7.10　飞机沿地表向前运动

当 $\lambda = 3\text{cm}$ 且 $d_A = 120\text{cm}$ 时,$\Delta\beta = 1.42°$,而线性分辨力 δL 为

$$\delta l = H\Delta\beta \tag{3.7.4}$$

式中:H 为飞行高度。当 $H = 10\text{km}$ 时,δL 等于 250m。

这意味着,目标 A 和 B(图 3.7.9)相对距离为 240m 时,飞机会将它们视为是一个目标。

现在再来分析飞机向前运动时的情况(以速度 V)。

假设,机载天线以重复周期 T_Π 向外发射无线电脉冲,从地面上 A 点反射回来后被机载天线接收。

如图 3.7.10 所示,3 个瞬间的飞机位置(Ⅰ、Ⅱ、Ⅲ)和 A 点,对于接收到从 A 点反射回来的脉冲来说,实际上是由飞机在不同位置接收到的,这些接收点都可以成为接收天线所利用的潜在因素。

由图 3.7.11(a)可以看出,空间中连续的反射信号接收点(从 A 点反射回来的脉冲,见图 3.7.10)与飞机位置(Ⅰ、Ⅱ、Ⅲ)之间的对应关系。每个接收点的间隔时间为重复周期 T_Π,同时可以进行反射信号接收的空间长度为 L,那么总的接收点数量为

$$N = \frac{L}{VT_\Pi} + 1 \tag{3.7.5}$$

此时,接收点数量 N,即为潜在的接收天线单元数量 N(图 3.7.11(b)),这

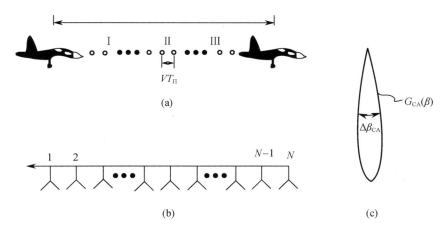

图 3.7.11 空间中连续的反射信号接收点(飞机接收信号时的所在位置)
(a)接收天线等效(合成)点(b)天线等效(合成)方向图(c)

些潜在的接收天线单元等效长度(类似于天线的开口尺寸)为 L。这个合成孔径等效天线方向图宽度 $\Delta\beta_{CA}$ 为

$$\Delta\beta_{CA} = \frac{\lambda}{2L} = \frac{d_A}{2H} \tag{3.7.6}$$

合成孔径地面成像雷达系统的线性分辨力 δL_{CA} 为

$$\Delta L_{CA} = H\Delta\beta_{CA} = \frac{d_A}{2} \tag{3.7.7}$$

如果 $d_A = 120\text{cm}$ 时,那么对应的线性分辨力 δL_{CA} 等于 60cm。也就是说,地面目标 A 和 B(图 3.7.9)相对距离为 1m 时,机载雷达也可以将它们区分开。利用这种方法,合成孔径地面成像雷达系统的精度,近似于航空照相的精度。但是,在夜间或者是有云层遮挡时,不能对地面进行航空照相,而合成孔径地面成像雷达系统不受昼夜时间或气象条件的限制。需要注意的是,δL_{CA} 不仅与飞行高度无关,与目标的相对距离也没有关系。这就意味着,合成孔径的长度 L 可以延长到 H。实际上,根据式(3.7.7)计算得到的 δL_{CA} 值,通常是不可能达到的(因为设备部件的性能参数不可能是满足理想条件的),其真实值一般只有 3~15m。

合成孔径地面成像雷达系统的组成结构,如图 3.7.12(a)所示。

同步器(图 3.7.12 中的 3 号组件)产生的触发脉冲,控制发射装置(图 3.7.12 中的 4 号组件)产生无线电脉冲。这个脉冲经过天线转换开关(图 3.7.12 中的 5 号组件)和发射天线向空间辐射出去。

从地面反射回来的脉冲进入天线,然后经过天线转换开关进入接收装置(图 3.7.12 中的 6 号组件)。接收装置将接收信号发送给信号处理器(图 3.7.12 中的 7 号组件),经过信号处理之后,即可实现合成孔径效应。信号处理

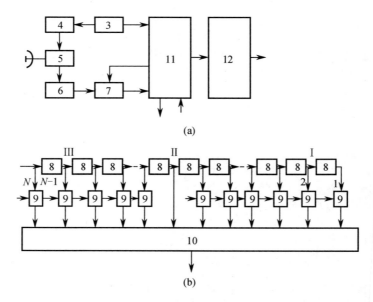

(a)

(b)

图 3.7.12　合成孔径地面成像雷达系统组成结构(a)和信号处理设备组成结构(b)

$1,2,\cdots,N-1,N$—图 3.7.11 中的接收点位置编号；3—同步器；4—发射装置；5—天线转换开关；

6—接收装置；7—信号处理装置；8—重复周期 T_Π 延迟电路；9—移相器；

10—加法器(同时进行幅度检波)；11—机载数字式计算机；12—地形地图指示器。

器的组成结构,如图 3.7.12(b)所示。

信号处理器输入的信号,要经过线性延迟电路(图 3.7.12 中的 8 号组件)。
这个延迟过程是恒定的,每个延时时长都等于脉冲重复周期 T_Π。同时,这个延
迟电路还可以作为信号处理器的存储器,即:在延迟过程中,统计出脉冲数量 N。
在图 3.7.12(b)中,标出了空间中的飞机位置(Ⅰ、Ⅱ、Ⅲ)所对应的时间点(Ⅰ、
Ⅱ、Ⅲ)。

接下来,线性延迟电路输入和输出的信号(除了中心点上的延迟电路之外,
因为这个延迟电路的输出脉冲对应着飞机的Ⅱ号位置点),分别进入移相器(图
3.7.12 中的 9 号组件)。这个移相器保证了对接收脉冲进行相干处理,而且通
过对每个移相器进行调节,可以实现脉冲之间的相位移动 $\Delta\varphi_i$:

$$\Delta\varphi_i = \frac{2\pi}{\lambda}(R_i - H) \tag{3.7.8}$$

式中:R_i 为第 i 个空间点上的飞机(图 3.7.10,图 3.7.11)与地面上 A 点之间的
相对距离。当考虑飞机相对于 A 点进行移动时,会出现脉冲多普勒频移。在对
每个脉冲进行相位修正后,对这些脉冲进行同相位求和,并在加法器(图 3.7.12
中的 10 号组件)中对得到的和脉冲信号进行幅度检波。信号处理器输出的视
频信号,进入机载数字式计算机(图 3.7.12 中的 11 号组件)。

机载数字式计算机是在飞机其他机载系统和各种操作(例如,对单个地面

150

目标进行识别或者是标定飞机航路)输出的控制脉冲作用下进行工作的。当移相器中进行信号处理时,如果信号波长 λ 或飞行高度 H 发生变化,需要对信号相位进行修改,这项信号处理工作产生的指令,就是控制机载数字式计算机工作的一种指令。此外,机载数字式计算机还可以根据接收信号,生成相应的地面特征数字模型,然后把这个数字模型发送给地形地图指示器(图 3.7.12 中的 12 号组件)。这种指示器是一种安装在飞行员座舱里的、可以发亮的指示器。

合成孔径地面成像雷达系统,是一种非常具有应用前景的现代航空无线电系统,但是合成孔径地面成像雷达系统要想得到广泛应用,还需要克服一系列的缺点与不足,主要是:

(1)信号波长 λ 和飞行高度 H,需要严格保持稳定。

(2)只有在飞机直线飞行时,才能在天线轴向的垂直方向上得到高质量的地形地图(因此在一些文献中,合成孔径地面成像雷达系统通常被称为"侧面扫描雷达系统"),因为飞机直线飞行时,在天线轴向方向上不会形成合成孔径效应。

为了减少这些缺点与不足的不良影响,在机载数字式计算机中使用了专用程序来解决上述问题,但是合成孔径地面成像雷达系统的孔径合成,仍然还是一项十分复杂的技术难题。

3.8　航空气象雷达系统

地球大气层是一种十分活跃的(不稳定的)对象。在某些飞行航路上,可能会出现所谓的"问题区域"(湍流区、雷雨区等),对这些区域进行预报是十分困难的。由于这些区域的影响,进而出现了对这些区域所在位置进行有效的(在飞行时)、远距离(为了飞行安全)的测量需求。

为了解决这个问题,需要使用航空气象雷达系统。所有的航空气象雷达系统,可以划分为四类(根据降雨区最大探测距离 R_{max}):

(1)第一类:$R_{max} = 550km$,这种航空气象雷达系统安装在超声速、远程、干线飞机上。

(2)第二类:$R_{max} = 350km$,这种航空气象雷达系统安装在近程干线飞机和重型飞机上。

(3)第三类:$R_{max} = 100km$,这种航空气象雷达系统安装在轻型飞机和直升机上。

(4)第四类:$R_{max} = 100km$(但使用的能源比第三类雷达要少一些),这种航空气象雷达系统安装在直升机上。

需要注意的是,航空气象雷达系统的降雨区定位功能,通常可以被地形地图测绘雷达系统的地形测绘功能所替代,例如,地形测绘雷达系统对山区、山顶进行测绘时(为了保证飞行安全),也可以实现对降雨区的定位。飞行员或机组人员可以根据飞行模式,选择恰当的机载无线电系统来解决具体问题。实际上,这些无线电系统在"气象"工作模式下(当空中的气象天气已经显现出来时,确定气象区域的坐标位置)和"外形"工作模式下(评估距离飞机40~60km的气象区域危害程度),可以对飞行航路上的气象形势进行评估。因此,本章中只对机载航空气象雷达系统的"气象"功能进行介绍。

由于航空气象雷达系统(在"气象"和"外形"模式下工作时)具有比较窄的方向图(垂直和水平平面上的方向图只有2°~6°),但是对气象目标的定位(主要是测距和测航向角)和识别(识别雷、雨、雪等)精度很高,这是因为方向图比较窄,其他目标不能反射。

根据气象目标的反射特征,可以将气象目标分成以下几种类型:

(1)雪。这类目标的反射特征通常比较小,甚至是在降雪比较多的区域,由于单个雪花之间的距离比较大(相对于发射信号的波长 $\lambda = 1 \sim 10cm$ 来说),所以透波性会比较低(与粉尘或烟雾的透波性相似,这种云团的无线电波束反射非常弱)。

(2)云。如果云中含有冰颗粒,那么无线电波束的反射也会非常弱;如果云中含有水滴(大小为0.01cm),那么对于波长 λ 为1~10cm 的无线电波束来说,其反射特征会比较强;云团对无线电波的反射,不是发生在云团的内部,而是云团外部的局部区域上,因为云团外部的折射效应跳跃十分强烈。

(3)雨。这种气象目标,是由凝结的水滴构成的,通过无线电波对雨的反射,机组人员可以确定降雨密度(对无线电波反射效应最大的雨滴尺寸与无线电波的波长 λ 有关);通常使用的无线电波长 λ 为3~5cm(当 $\lambda > 10cm$ 时,反射强度会发生衰减);对降雨区的测距范围通常不超过20~40km。

(4)暴风雨。这种气象目标的反射信号强度非常明显(甚至会遮盖住暴风雨区域附近的飞行器反射信号);对暴风雨区域的测距范围为190~550km。

(5)闪电和大气干扰。这种气象目标的电子放电,可以产生大功率的无线电信号。

实际上,使用航空气象雷达系统,是为了保证飞行安全(实时获取暴风雨区域的位置信息)和进行科学研究(例如,物理学家会对云团进行研究)。

下面介绍一下航空气象雷达系统的组成结构(图3.8.1)和工作过程。

同步器(图3.8.1中的1号组件)产生触发脉冲,触发脉冲起动发射装置(图3.8.1中的2号组件)。发射装置将宽度为0.7~5μs、载波频率为9.3GHz的无线电脉冲,通过天线转换开关(图3.8.1中的3号组件)发送给发射天线(天线的反射器是抛物面型的,尺寸约为0.2~1.2m,抛物面焦点上安装有辐射器),并向空间辐射出去(脉冲功率约为4~33kW)。此时的脉冲重复频率约为100~400Hz。

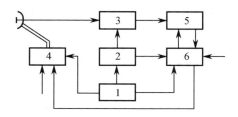

图 3.8.1　航空气象雷达系统的组成结构

1—同步器；2—发射装置；3—天线转换开关；4—天线稳定与转动机构；5—接收装置；6—指示器。

对气象区域进行定位时，使用的参数是距离 R 和航向角 α。其中，距离 R 可以根据收发脉冲之间的时间延迟 τ_R 来确定，而航向角可以根据天线窄方向图（$\Delta\alpha$ 宽度约为 $2°\sim 6.5°$）相对于飞机机身纵轴延长线的转动角度 α 来确定。方向图的转动是利用天线稳定和转动机构（图 3.8.1 中的 4 号组件）来控制的，天线转动的扇形区域范围（图 3.8.2）为 θ_C（取值范围是 $90°\sim 200°$）。此时，方向图的转动频率为 $0.1\sim 2.8\mathrm{Hz}$。此外，天线可以在垂直平面上倾斜（倾斜角为 $\pm 10°\sim\pm 26°$），所以在计算降雨区域方位时，除了要计算水平平面上的航向角 α 之外，还要计算垂直平面上的俯仰角 β。最后，为了使天线稳定，还要发送一个必须的信号给飞机位置传感器，这样就可以使天线与飞机纵轴保持相对稳定。

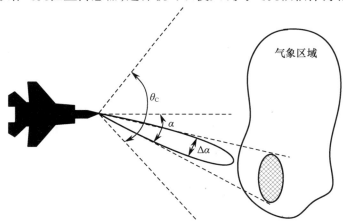

图 3.8.2　航空气象雷达系统的方向图扇形扫描

天线接收到的反射脉冲，通过天线转换开关进入接收装置（图 3.8.1 中的 5 号组件）（接收装置灵敏度为 $100\mathrm{dB}\cdot\mathrm{mW}$），并由接收装置产生相应的视频脉冲发送给指示器（图 3.8.1 中的 6 号组件）。指示器通常是由单色的电子射线管制成的，这种指示器的扫描射线是扇形的，并且还具有余辉显示。此时，根据每个接收信号的强度不同，指示器上相应的图像亮度也有所不同。在"气象"工作模式下，操作人员可以根据不同的发亮程度，判断航路上的降雨区域危害程度。通常认为降雨区域长度超过 $100\mathrm{km}$ 时是有危害的，因为这种降雨区内部会有强烈的湍流,参见图 3.8.1。此时,指示器可能被机组人员转换到"气象"状态或者是"外形"状态,指示器屏幕上只显示比较弱的信号(在这种状态下,接收装置不接收强信号),这些弱信号对应的就是与飞机相距 40～60km 的最威胁飞行安全的降雨区域外部轮廓(边缘)。降雨区域边缘越窄,则危害程度越高。

下面列出一些航空气象雷达系统的技术参数指标:

发射机重量:8～21kg;

系统总重量(不计电缆):14～45kg;

发射机体积:10.2～16.4dm^3;

指示器体积:5.9～12.1dm^3;

使用 200V、400Hz 电网供电时,功率为 34.5～600VA;

使用 36V、400Hz 电网供电时,功率为 1.4～17VA;

使用 27V 直流电网供电时,功率为 80～190W。

3.9 全自动无线电罗盘

确定飞行方向(当前航向角度值),是无线电导航驾驶系统需要解决的一个非常重要的导航问题,而确定飞行方向的角度时,经常会用到的一个无线电系统,就是全自动无线电罗盘。

这种无线电系统,是飞机上必备的一种设备,它可以利用地球磁场的磁力线来定向,但是会存在测角的误差。这种设备的角度误差,会在铁矿区或磁场异常的区域飞行时表现得比较明显。利用这种无线电系统,也可以测量出精度比较高的角坐标。

全自动无线电罗盘主要用于确定地面信标机(信标机的地理位置是机组人员已知的)相对于飞行器纵轴延长线的夹角 α_{PM},如图 3.9.1 所示。这个航向角 α_{PM} 会在机组人员座舱中的显示器上显示出来。除了地面上专用的信标机之外,其他地面上的辐射源也可以作为罗盘的信标机,例如,广播电台。

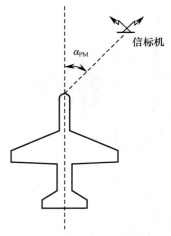

图 3.9.1 利用飞机全自动无线电罗盘测量信标机航向角(α_{PM})

全自动无线电罗盘有一个特殊部件,就是环形天线(带有测角仪)和无方向天线组成的天线模块。下面详细介绍这个天线模块的工作过程。

首先,介绍环形天线。这种天线的外形,如图 3.9.2(a)所示。

信标机辐射出来的电磁场,穿过环形天线的平面时,在环形天线侧面方向上

154

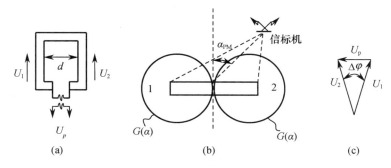

图 3.9.2　全自动无线电罗盘使用的环形天线

(a)环形天线外形;(b)方向图;(c)矢量方向图。

将产生电压 U_1 和 U_2。由于信标机天线通常(为了保证在水平平面上形成方向图)是一种垂直的柱状天线,所以环形天线只接收到垂直的电磁场,而环形天线对水平电磁场的接收是受制约的。此外,接收从电离层反射的无线电波时,也要考虑反射电波的干扰影响。环形天线输出端口上形成的(去除了电感效应)电压信号中 U_P,包含着信标机位置所在方向(与环形天线垂直的方向)信息和这个信标机的偏差值(相对于环形天线垂直方向的)信息。根据这些信息就可以确定实际的飞行方向。

环形天线的俯视图和信标机位置,如图 3.9.2(b)所示。

信标机向空间连续发射频率为 ω_0 的无线电波信号。这个频率的电磁场,到达环形天线之后,在环形天线上产生相同频率的电压信号 U_1 和 U_2。此时,电压信号 U_1 和 U_2 的实际幅度是相同的(因为环形天线垂直方向上的尺寸,要远远小于环形天线与信标机之间的距离)。但是,电压信号 U_1 和 U_2 的相位是不相同的,两者之间的相位差可以根据下面的公式计算:

$$\Delta\varphi = \frac{2\pi}{\lambda_0} \cdot d\sin\alpha_{PM} \qquad (3.9.1)$$

式中:$\lambda_0 = 2\pi \cdot \dfrac{C}{\omega_0}$。

电压信号 U_1 和 U_2,是环形天线输出电压 U_P 的组成分量(图 3.9.2(c)),U_P 可以表示成

$$U_P(t) = U_P\sin\alpha_{PM}\sin\omega_0 t \qquad (3.9.2)$$

式中:$U_P = U_1 = U_2$。

也就是说,高频电压幅度 $U_P\sin\alpha_{PM}$ 与航向角 α_{PM} 有关,即:环形天线的方向图 $G(\alpha)$ [可以记为 $G(\alpha) = \text{const} \cdot \sin\alpha$]有 2 个波瓣("8"字形的)。每个波瓣的相位(0°或180°)可以根据环形天线的输出电压 U_P 相位(0°或180°)来确定。通过这种方式,信标机与环形天线平面的垂直方向的偏差值与电压 U_P 的幅度值 $U_P\sin\alpha_{PM}$ 是成正比的,而且偏差方向可以根据电压 U_P 的相位(0°或180°)来确

155

定。其中,如果信标机(如图 3.9.2(b)所示,信标机位于环形天线垂直线的右侧)出现在环形天线垂直线的左侧,那么图 3.9.2(c)中的电压信号 U_1 和 U_2 要交互位置,而且电压 U_P 的矢量变成与当前方向相反的方向。

这种环形天线由 2 个相互垂直的固定环形框(P_1 和 P_2)组成,其中一个环形框的平面与飞机纵轴平行,并且这个环形框的测角仪是由 2 个相互垂直的固定定子的绕组(CT_1 和 CT_2)组成,这个环形框的电磁场中有一个活动的转子(线圈),这个转子与电动机(图 3.9.3)连接在一起。2 个环形框 P_1 和 P_2 对应的方向图是 $G_1(\alpha)$ 和 $G_2(\alpha)$,可以记为:$G_1(\alpha) = \text{const} \cdot \cos\alpha$ 和 $G_2(\alpha) = \text{const} \cdot \sin\alpha$。

信标机辐射的电磁场穿过环形天线,在环形框 P_1 和 P_2 上形成的电压为

$$U_{P_1}(t) = U_P \cos\alpha_{PM} \sin\omega_0 t$$

$$U_{P_2}(t) = U_P \sin\alpha_{PM} \sin\omega_0 t$$

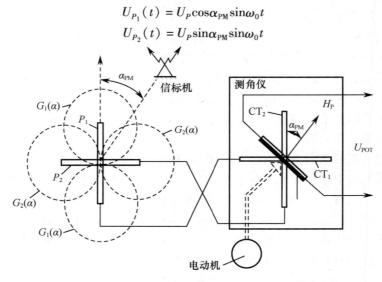

图 3.9.3　全自动无线电罗盘环形天线(带有测角仪)的组成结构

这 2 个电压的幅度是相同的(因为 2 个环形框是对称的)。然后这 2 个电压分别施加给测角仪的定子绕组(CT_1 和 CT_2)。测角仪内部的绕组 CT_1 和 CT_2 形成的磁场,在环形框 P_1 和 P_2 上形成电磁场,绕组 CT_1 和 CT_2 形成的磁场强度为

$$H_1 = \text{const} \cdot U_P \sin\alpha_{PM}$$

$$H_2 = \text{const} \cdot U_P \cos\alpha_{PM}$$

这就意味着,合成磁场 H_P 的矢量沿着绕组 CT_2 的平面与角度 α_{PM} 构成比例关系。

在绕组磁场中的转子(线圈)输出电压 U_{POT},当转子转动角度等于 α_{PM} 时,$U_{POT} = 0$。需要注意的是,电压 U_{POT} 和 U_P(图 3.9.2(c))是恒等的。

在飞行过程中,全自动无线电罗盘要始终保持环形天线中的转子转动角度等于 α_{PM},在电动机作用下可以实现这种控制,即电动机可以使转子在适当的角

度上转动。

全自动无线电罗盘的天线模块中,还包括一个无方向天线(HA),也可以接收频率为 ω_0 的信标机无线电波信号(图 3.9.4(a)),无方向天线上形成的电压信号是

$$U_{\mathrm{HA}}(t) = U_{\mathrm{HA}}\sin\omega_0 t$$

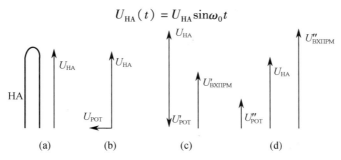

图 3.9.4 无方向天线(HA)和矢量方向图

实际上,电压 U_{HA} 是一个基础电压,是由接收装置输入端口上的幅度调制信号 $U_{\mathrm{BX\,\Pi PM}}$ 形成的。旋转转子控制的电动机,它对相位(0°或180°)的变化反应比较慢,但是对幅度调制信号的反应比较灵敏。

幅度调制的形成原理就是,将电压 U_{HA} 和 U_{POT} 进行求和。但是,直接求和不能得到理想的效果,因为转子输出的电压 U_{POT} 和无方向天线电压 U_{HA} 在相位上总是相差90°(图 3.9.4(b))。因此,在转子输出端口上,安装了一个移相器,可以将电压 U_{POT} 的相位变化90°。图 3.9.4(c)和图 3.9.4(d)分别描述了 2 种情况,即移相器输出的电压 U'_{POT} 和 U''_{POT},这 2 个电压或者是与电压 U_{HA} 反相位(图 3.9.4(c)),或者是与电压 U_{HA} 同相位(图 3.9.4(d))。这样就可以进行电压求和,于是,信标机相对于飞机纵轴所处的方向与接收装置输入电压之间的关系是:随着信标机相对于飞机纵轴方向的增大,接收装置输入电压幅度或者是减小,或者是增大。因此,为了控制电动机工作,必须进行幅度调制。

全自动无线电罗盘的组成结构,如图 3.9.5 所示。

环形天线(图 3.9.5 中的 1 号组件)在频率为 ω_0 的电磁波(信标机发射的)作用下,产生电压 U_{POT} 发送给第一个 90°移相器(图 3.9.5 中的 2 号组件),频率为 ω_0 的电压 U_{POT} 经过移相后变成电压 U'_{POT}(或 U''_{POT}),再施加给平衡调制器(图 3.9.5 中的 3 号组件)。平衡调制器的另一个输入端口上输入的是低频振荡器(图 3.9.5 中的 4 号组件)产生的频率为 Ω(20~80Hz)的振荡信号。平衡调制器的作用是,改变频率为 ω_0 的电压信号相位(0°或180°移相)。

实际上,转子的转动过程是一种惯性过程(转子转动频率也是 ω_0),但是根据图 3.9.4(b)中的矢量方向图判断,电压 U_{POT} 相位变成反相时,意味着信标机从飞机纵轴的一侧转到另一侧。因此,电压 U_{POT} 的相位变化,只能通过人工实现,即在平衡调制器上施加频率为 Ω 的振荡信号。平衡调制器的这种工作方

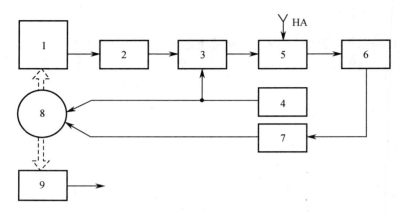

图 3.9.5 全自动无线电罗盘的组成结构

1—环形天线(带有测角仪);2—第一个90°移相器;3—平衡调制器;4—低频振荡器;
5—求和电路模块;6—接收装置;7—第二个90°移相器;8—电动机;9—角度指示器。

式,相当于改变了转子的输出信号相位,但是这种方式从技术上看更为简单。

平衡调制器输出频率为 ω_0 的电压 U'_{POT}(或 U''_{POT}),施加给求和电路模块(图 3.9.5 中的 5 号组件)的一个输入端口。求和电路模块的另一个输入端口上,输入无方向天线输出的频率为 ω_0 的电压 U_{HA}。这两个电压求和之后,产生频率为 ω_0 的电压 U'_{BXIPM} 或 U''_{BXIPM}(见图 3.9.4(c)和(d)中的矢量方向图)。实际上,电压 U'_{BXIPM} 或 U''_{BXIPM} 就是一种幅度调制信号,且调制频率为 Ω。这个幅度调制信号进入接收装置(图 3.9.5 中的 6 号组件),并由接收装置形成调制信号包络,即频率为 Ω 的电压。需要注意的是,当罗盘对准信标机(航向角 $\alpha_{PM} = 0$)时,接收装置输入电压不存在幅度调制,且接收装置输出电压等于0。

为了实现对转子转动的远距离控制,电动机上必须施加 2 个低频(频率为 Ω)电压。第一个电压,是来自于低频振荡器的(图 3.9.5 中的 4 号组件)基础电压,施加给双相异步电动机激励绕组。第二个电压,是来自于第二个 90°移相器(图 3.9.5 中的 7 号组件,用于对接收装置输出的频率为 Ω 的电压进行相位变化)的电压,施加给电动机的控制绕组。

在这 2 个电压的共同作用下,转子将自身的平面转向信标机方向,而航向角 α_{PM}(根据电动机转轴的转动方向确定)被发送给航向角指示器。

需要注意的是,当 $U_{POT} = 0$ 时,电动机停止工作(因为 $\alpha_{PM} = 0$)。如果 U_{POT} 的相位变成 180°,则意味着飞机纵轴指向信标机的右侧,而电动机转轴会向相反方向转动。如果转子不是向信标机方向($\alpha_{PM} = 0$)移动,而是从信标机方向($\alpha_{PM} = 180$)离开,那么转子的位置变得不稳定,即当 α_{PM} 发生微小变化时(例如,飞机摆头),或者是存在定向干扰时,电动机会自行改善这种不稳定性,航向角度指示器的指针会指向真实的 α_{PM} 方向。

下面列举出了一些全自动无线电罗盘的技术指标参数:

作用距离:2000~400km；

工作频段:200~750kHz；

最大测角误差(α_{PM}):±3°；

航向角指示器指针摆动幅度:±2°；

航向角指示器指针平均转动速度:30°/s；

接收机灵敏度:50μW；

系统总重量(不计电缆):15kg；

接收机与罗盘环形天线体积:15.2dm³；

使用36V、400Hz电网供电时,消耗功率为36VA；

使用27V直流电网供电时,消耗功率为54W；

连续工作时间:24h；

平均无故障工作时间:1000h。

3.10　采用关联函数方法测量航向速度和偏差角的无线电系统

飞行器进行航向速度测量的传统方法(航空无线电系统最经常使用的)是,利用多普勒频率$F_{Д}$进行航向速度测量。除此之外,还有一种可以用于航向速度(和航向偏差角)测量的无线电技术方法,就是采用关联函数方法进行测量。这种方法本质上来说,是一种跟随测量方法。

地面上不同位置点上的高度h与飞行方向的水平距离l之间的函数关系,实际上是一种随机函数,其函数曲线可能是如图3.10.1(a)所示。

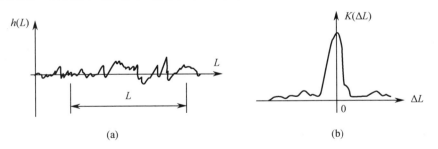

(a)　　　　　　　　　　　　　(b)

图3.10.1　地面地形剖面图(a)和相应的关联函数曲线图(b)

曲线$h(l)$的关联函数$K(\Delta l)$可以表示成

$$K(\Delta l) = \frac{1}{L}\int_{l}^{l+L} h(l)h(l-\Delta l)\,\mathrm{d}l \qquad (3.10.1)$$

式中:L为飞行航路的地面长度,用于计算关联函数;Δl为曲线$h(l)$上的位移。

$K(\Delta l)$关联函数曲线在$\Delta l = 0$处很窄,并且有明显的尖头(图3.10.1(b))。

159

假设,如图 3.10.2 所示,飞机上安装了 1 个发射机(图中的编号 1)、2 个接收机(图中的编号 2 和 3)和 2 个接收天线(图中的编号 2 和 3),并且飞机以速度 V 匀速飞行。垂直向下发射的无线电信号被 2 个接收天线(天线指向与地面垂直)接收到,2 个接收天线与发射机间距相同,都是 d。此时,对于测量飞行速度 V 来说,最佳的关联函数应满足条件:从地面 M 点反射的信号最先到达 3 号接收天线,经过时间延迟 $\tau_0 = \dfrac{d}{V}$ 后,从地面 M 点反射的信号到达 2 号接收天线。

这个条件说明,第一个和第二个接收机通道(图中的编号 2 和 3)输出的电压 $U_{\text{ВЫХПРМ1}}(t)$ 和 $U_{\text{ВЫХПРМ2}}(t)$(从同一个 M 点反射)可以表示成

$$U_{\text{ВЫХПРМ2}}(t) = \text{const} \cdot U_{\text{ВЫХПРМ1}}(t - \tau_0) \tag{3.10.2}$$

由于飞行方向上的地面位移 Δl 与时间 τ 之间的线性关系是 $\Delta l = V \cdot \tau$,所以关联函数 $K(\Delta l)$ 最大值对应的就是 $R(\Delta \tau) = R(\tau - \tau_0)$ 函数的最大值,根据式(3.10.2)可以得到

$$R(\Delta \tau) = \frac{1}{T} \int_t^{t+T} U_{\text{ВЫХПРМ2}}(t) U_{\text{ВЫХПРМ1}}(t - \tau) \, \mathrm{d}t \tag{3.10.3}$$

式中:$T = \dfrac{L}{V}$。显然,当 $U_{\text{ВЫХПРМ2}}(t - \tau_0) = U_{\text{ВЫХПРМ1}}(t - \tau)$ 时,或者是当 $U_{\text{ВЫХПРМ2}}(t - \tau) = U_{\text{ВЫХПРМ1}}(t - \tau_0)$ 时,函数 $R(\Delta \tau)$ 可以取得最大值。为了保证函数 $R(\Delta \tau)$ 能够取得最大值,可以把 $U_{\text{ВЫХПРМ2}}(t)$ 代入式(3.10.3),并计算出经过延时 τ_0 之后的 $U_{\text{ВЫХПРМ2}}(t)$ 值。

采用关联函数方法测量航向速度的无线电系统组成结构,如图 3.10.3 所示(图中的编号 1、2、3 对应着图 3.10.2 中的编号)。

发射装置(图 3.10.3 中的 4 号组件)产生的发射信号经过发射天线(图 3.10.3 中的 1 号组件)向地面辐射。地面反射回来的信号,被 2 个接收天线(图 3.10.3 中的 2 号和 3 号组件)接收到,并经过第一个和第二个接收装置(图 3.10.3 中的 5 号和 6 号组件)进入关联函数 $R_1(\Delta \tau)$ 和 $R_2(\Delta \tau)$ 的计算模块:

$$R_1(\Delta \tau) = \frac{1}{T} \int_0^T U_{\text{ВЫХПРМ2}}(t - \tau_1) U_{\text{ВЫХПРМ1}}(t - \tau_0) \, \mathrm{d}t$$

$$R_2(\Delta \tau) = \frac{1}{T} \int_0^T U_{\text{ВЫХПРМ2}}(t - \tau_2) U_{\text{ВЫХПРМ1}}(t - \tau_0) \, \mathrm{d}t$$

式中:τ_1 和 τ_2 分别为第一个线性延迟器和第二个线性延迟器(图 3.10.3 中的 7 号和 8 号组件)的延迟时间。这 2 个延迟时间基本相等,即 $\tau_1 \approx \tau_2$。乘法器 9 和 10(图 3.10.3 中的 9 号和 10 号组件)进行函数乘法运算,积分器 11 号和 12(图 3.10.3 中的 11 号和 12 号组件)对乘法结果进行求积分运算。也就是说,图 3.10.3 中的 7 号、9 号和 11 号组件共同作用下形成关联函数 $R_1(\Delta \tau)$,图 3.10.3 中的 8 号、10 号和 12 号组件共同作用下形成关联函数 $R_2(\Delta \tau)$。在减

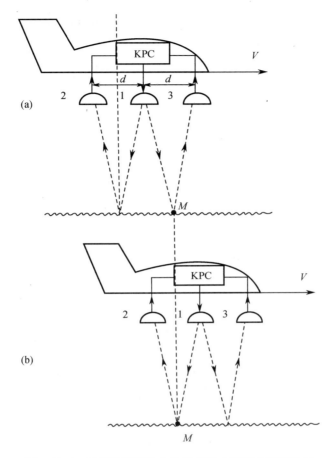

图 3.10.2　采用关联函数方法的无线电系统在时间延迟

$$\tau_0 = \frac{d}{V} 开始前(a) 和结束后(b) 的几何关系图$$

1—发射机(发射天线);2—第一个接收通道(接收机和接收天线);
3—第二个接收通道(接收机和接收天线)。

法器(图 3.10.3 中的 13 号组件)中对关联函数 $R_1(\Delta\tau)$ 和 $R_2(\Delta\tau)$ 进行差值计算,并把得到的差值结果发送给延迟调节装置(图 3.10.3 中的 14 号组件)。

延迟调节装置对 2 个线性延迟器的同步进行调整。此时,事先并不知道是要增大 τ_1 和 τ_2(为了使关联函数能够取得最大值),还是要减小 τ_1 和 τ_2,但是 2 个关联函数计算通道可以形成一个失调信号,这个失调信号会对 τ_1 和 τ_2 产生影响(通过延迟调节装置),使 τ_1 和 τ_2 增大,或者使 τ_1 和 τ_2 减小。当 $\tau_0 = \frac{\tau_1 + \tau_2}{2}$ 时,延迟调节装置停止工作。此时,飞机航向速度 V 指示器(图 3.10.3 中的 15 号组件),可以根据公式 $V = \frac{d}{\tau_0}$,显示出相应的速度值。

161

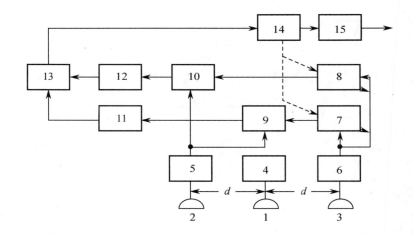

图 3.10.3　采用关联函数方法测量航向速度的无线电系统组成结构

1—发射天线；2—第一个接收通道天线；3—第二个接收通道天线；4—发射装置；
5—第一个接收通道上的接收装置；6—第二个接收通道上的接收装置；7—第一个线性延迟器(延时 τ_1)；
8—第二个线性延迟器(延时 τ_2)；9—第一个乘法器；10—第二个乘法器；11—第一个积分器；
12—第二个积分器；13—减法器；14—延迟调节装置；15—飞机航向速度指示器。

　　下面介绍一下无线电系统采用关联函数方法,对航向偏差角 α_C 进行测量的工作原理。

　　为了实现对航向偏差角 α_C 进行测量,第二个接收通道天线(图 3.10.3 中的 3 号组件)被"分成"2 个部分(见图 3.10.4 中的 3′和 3″),这 2 个部分与天线轴线夹角相等。利用前面介绍过的关联函数方法,计算出航向速度 V 的 2 个速度分量 V'(速度 V 在线段 2—3′上的投影)和 V''(速度 V 在线段 2—3″上的投影)。其中:

$$V' = V\cos(\alpha_0 - \alpha_C)$$
$$V'' = V\cos(\alpha_0 + \alpha_C) \qquad\qquad (3.10.4)$$

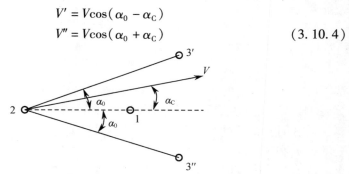

图 3.10.4　采用关联函数方法对航向偏差角 α_C 进行测量时的无线电系统天线配置情况

1—发射天线的配置点；2,3′,3″—接收天线的配置点。

　　在完成速度分量计算之后,天线系统进行转动,直到 $V' = V''$(此时,航向偏差角 $\alpha_C = 0$)。此时天线系统相对于飞机纵轴的转动角度等于航向偏差角 α_C,

162

而航向速度 V 为

$$V = \frac{V'}{\cos\alpha_0} \qquad (3.10.5)$$

如果飞机上安装了机载计算机,那么计算机可以计算出天线系统的机械转动角度,利用这种方法可以不用直接计算出 α_c 和 V 的值。

需要注意的是,采用关联函数方法的无线电系统,在进行工程实现时是非常复杂的。此外,在使用采用关联函数方法的无线电系统时,还要附带着解决一个问题,即要解决飞机机身倾斜对测量精度的影响问题。正是因为上述原因,采用关联函数方法的无线电系统是比较少见的,只在几个特殊情况下使用,例如:当很难利用多普勒方法测量航速时;在飞行中使用垂直方向图时;多普勒频率近似于 0 时,或者是完全没有多普勒频率时。

3.11　地形匹配无线电导航系统

地形匹配无线电导航系统是一种非常现代化的导航驾驶系统。由于电子计算机技术的飞速发展、大规模使用数字计算机的工程技术不断成熟,以及微电子技术实现了机载设备各种部件质量和体积的大幅缩减,使得地形匹配无线电导航系统得以广泛使用(这种系统可以在整个飞机阶段使用)。

实际上,地形匹配导航的基本原理是与飞行器同时诞生的。早先,在进行飞行前,机组人员会随身携带飞行区域的地图,飞行时机组人员要观察地面标志物(弯曲的河流、林区、特殊的公路等)的位置,并把这些标志物与地图上的相应位置进行比较,通过这种方法就可以确定飞机的位置,而这种飞机定位方法就变成了地形匹配无线电导航的工作原理:飞行前在机载计算机上存入飞行区域的标准地图(电子地图);在飞行过程中利用无线电设备显示当前的区域地图;利用机载计算机自动地将标准地图与当前的区域地图进行比较,最后利用比较结果计算飞机的位置。

下面介绍地形匹配无线电导航系统工作过程中的几个重要节点。

首先,介绍电子(数字式)地图的生成过程。地面上每一个基本参考平面 $\Delta x_i \Delta y_i$ 都对应着一个二进制数 a_{ij}(图 3.11.1),这个二进制数代表着基本参考平面 $\Delta x_i \Delta y_i$ 上的标志物高度 h_{ij}。例如,如果 $a_{ij} = 101$(二进制“101”转换成十进制就是数值 5),那么相应参考平面上的标志物高度 h_{ij} 等于 5 个标准单位(例如,5m)。当 $m \cdot n$ 个二进制数 $a_{ij}(i = 1, 2, \cdots, m; j = 1, 2, \cdots, n)$ 都存入机载计算机存储器的相应模型中,那么就构成了这个区域的数字地图。如果说需要沿着标准地图进行飞行,那么所有的二进制数 a_{ij} 都要在飞行前存入存储器的相应模型中。如果在飞行过程中需要获取当前的区域地图,那么地形匹配无线电导航系统会把地面反射信号形成的二进制数 a_{ij} 存入机载计算机模型中。

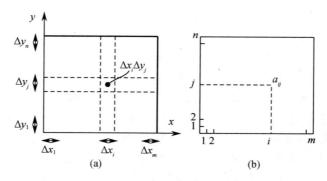

图 3.11.1　基本参考平面(a)与计算机存储器模型(b)

　　获取二进制数 a_{ij} 的过程,被称为高度 h 值的量化操作(根据数值单位进行量化)。例如,如图 3.11.2 所示,利用 Δx_i 作为量化单位对地形剖面进行扫描(沿着 x 轴)。

　　这种 $h(x)$ 值量化方式是以 Δh 为单位,$h(x)$ 值之间的间隔高度为 Δh(其中,0 高度通常取海平面高度)。由图 3.11.2 可见,Δx_i 处的高度值取值范围是 $5\Delta h \sim 6\Delta h$。因此,Δx_i 处的高度值 $h(x)$ 对应的二进制数 a_{ij} 等于 101。

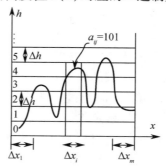

图 3.11.2　高度 h 值的量化原理示意图

　　需要注意的是,生成的电子地图是以 XY 坐标系(地球平面坐标系)为基准坐标系。此时,机载无线电系统可以在球面坐标系下,测量出地面上某个目标的距离。为了构成球面坐标系,地形匹配无线电导航系统还需要测量出飞机的飞行高度 H。

　　确定飞行高度 H 的方法之一就是,使用机载气压高度表。但是,在平原地区飞行时,为了避免湍流影响或者是大高度飞行时的影响,地形匹配无线电导航系统通常会使用脉冲式的无线电高度表来确定飞行高度 H。

　　地形匹配无线电导航系统的天线方向图,如图 3.11.3 所示。

　　地形匹配无线电导航系统发射的中心无线电波束是垂直向下的,用于测量飞行高度 H,其他四个无线电波束用于获取地面地形地图。当地面反射区域的

164

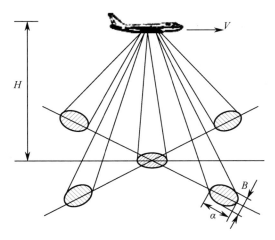

图 3.11.3 地形匹配无线电导航系统的天线方向图

宽度为 B 时,且由于航路计算误差所导致的飞机相对于飞行航线的最大位移偏差为 $\Delta_{CM_{\max}}$ 时,则 $B = 5\Delta_{CM_{\max}}$。接下来,利用 B 值可以确定航向角平面上天线方向图开口宽度 $\Delta\alpha$,通常情况下 $\Delta\alpha = 10° \sim 20°$。地面反射区域的纵向宽度 a,取决于地形地图的图像分辨力。由图 3.11.4 可见,地图的图像分辨力是由机载计算机存储器模型第 j 行中的 Δx 距离间隔单元数量 m 决定的,即每个距离间隔单元都是 Δx,则

$$a = m\Delta x = m\frac{C\tau_{\scriptscriptstyle И}}{2}$$

式中:$\tau_{\scriptscriptstyle И}$ 为地形匹配无线电导航系统发射的脉冲宽度。当 $\tau_{\scriptscriptstyle И} = 0.1\mu s$,且 $m = 250$ 时,$a = 3.75 km$。

地形匹配无线电导航系统的组成结构,如图 3.11.5 所示。

同步控制器(图 3.11.5 中的 1 号组件)起动发射装置(图 3.11.5 中的 2 号组件),发射装置形成短间隔的无线电脉冲,并通过天线系统(图 3.11.5 中的 3 号组件)向地面发射。

从地面反射回来的脉冲,经过天线系统进入第一个、第二个、第三个、第四个和第五个接收装置(图 3.11.5 中的 4~8 号组件)。此时,第三个接收装置与形成垂直(垂直地面的)无线电波束的天线连接在一起。第三个接收装置输出的视频脉冲发送给飞行高度 H 测量仪(图 3.11.5 中的 9 号组件),并在飞行高度指示器上(图 3.11.5 中的 10 号组件)显示飞行高度。同时,飞行高度值 H 还要发送给分配交换器(图 3.11.5 中的 11 号组件)和比较器(图 3.11.5 中的 12 号组件)。

其他四个接收装置的每个输出端口都与相应的量化处理器(图 3.11.5 中的 13~16 号组件)相连接,这些量化处理器可以将反射回来的无线电波信号转换

165

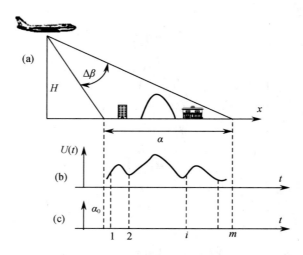

图 3.11.4　地形匹配无线电导航系统的当前地图生成原理
(a)测角平面上的天线方向图和天线照射的地面目标剖面图;
(b)机载接收装置输出的地面目标视频电压信号;
(c)机载数字式计算机存储器模型上第 j 行存入的二进制数 a_{ij}。

成数字形式的二进制数 a_{ij}。这些二进制数 a_{ij} 发送给分配交换器。分配交换器的作用是,计算出飞机与地面目标的相对距离 R(这些目标是飞机在航路上飞行了距离 X 长之后,所探测到的目标),并把二进制数 a_{ij} 按照计算机存储器模型进行分类。实际上,分配交换器可以实现初始化的当前地形地图生成。

　　初始化的当前地形地图与最终形成的当前地形地图之间的区别在于,初始化地图上随机出现的杂质比较多,这些杂质是由尖头信号产生的。所以,需要使用信号处理器(图 3.11.5 中的 17 号组件),对初始化的当前地形地图进行一系列的信号处理过程(信号过滤、比较等),才能生成最终的当前地形地图。而最终形成的当前地形地图,要发送给比较器(图 3.11.5 中的 12 号组件)的其中一个输入端口。

　　比较器的另一个输入端口上输入标准地图,这个标准地图事先存入存储器模块上(图 3.11.5 中的 18 号组件)。比较器采用类似于关联函数的方法,对 2 个地图进行比较,并显示两者之间的相似程度。如果相似程度(即关联函数值)低于预先设定值,比较器向同步控制器发送相应的脉冲。如果相似程度达到(或者超出)预先设定值,比较器会把这种情况告知飞行位置定位装置(图 3.11.5 中的 19 号组件),并由定位装置将飞机所在的空间坐标在飞机位置指示器上显示出来。

　　飞机就是通过上述方式,利用地形匹配无线电导航系统进行导航。需要注意的是,利用关联函数方法对当前地形地图与标准地图进行比较时,如果是对两者之间的几何关系进行比较(所谓的几何关系是指,有预料之外的地面目标出

166

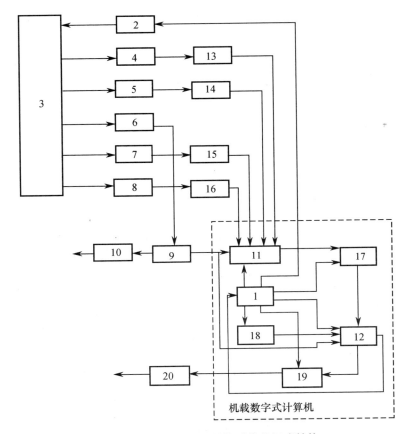

图 3.11.5　地形匹配无线电导航系统的组成结构

1—同步控制器；2—发射装置；3—天线系统；4—第一个接收装置；5—第二个接收装置；6—第
三个接收装置；7—第四个接收装置；8—第五个接收装置；9—飞行高度测量仪；10—飞行高度
指示器；11—分配交换器；12—比较器；13—第一个量化处理器；14—第二个量化处理器；15—
第三个量化处理器；16—第四个量化处理器；17—信号处理器；18—存储器模块；19—飞机位
置定位装置；20—飞机位置指示器。

现、天线角度发生变化等)，那么这种比较是十分敏感的,例如,当前地形地图的幅
度产生误差时(地面上有积雪,或者是出现春汛)，比较器会对这种误差做出敏感
反应。因此,为了保证比较器的比较过程具有准确性,需要使用更为复杂的算法。

　　地形匹配无线电导航系统的主要缺点是,在小高度飞行时,绘制的当前地形
地图不够好。这是因为地面上的个别褶皱部分,可能会将无线电波的探测盲区
拉长,进而导致地形起伏的细节被遮掩起来。所以,在小高度飞行时,应该使用
垂直的无线电波束来探测地面信息。

第4章 无线电探测与跟踪系统

4.1 引 言

军事航空器担负的作战任务是多种多样的,例如在规定的空域进行巡逻、对敌方飞行器进行攻击、保证制空权、击毁敌方地面导航系统设备等。当谈到无线电探测与跟踪系统时,就会涉及到这样的一些情景:对周围空域进行定期观察,发现敌方飞机,确定敌机坐标,产生防空武器瞄准点控制指令,形成防空武器目标瞄准信号等。

无线电探测与跟踪系统,基本上都是安装在飞机机身侧面,主要功能是测量敌方飞行器的坐标,以及其他特殊功能,例如,在大功率地面反射信号的背景下,探测低空飞行的飞机。但是,也有一些无线电探测与跟踪系统是安装在地面上的,例如前文介绍过的无线电系统地面测控站,这些测控站负责向值班飞机发布侵入受保护区域的飞行器坐标,并发出使用机载武器的指令等。

虽然无线电探测与跟踪系统多用于军用航空器,但是它的某些功能设备具有双重用途(民用和军用),例如,用于地面扫描的全景地面成像雷达系统。

4.2 无线电识别系统

在利用机载或地面无线电系统进行空间扫描时,主要任务就是要弄清楚发现到的飞行器的真实国籍属性(最简单的情况就是,要获知"本国"或"非本国"的应答信号)。这个功能任务,是由无线电识别系统完成的。

无线电识别系统由2个空间信号传播设备组成,即:询问机(或者是安装在地面上,如图4.2.1(a)所示,或者是安装在值班飞机上,如图4.2.1(b)所示)和应答机(安装在计划内的航班飞机上)。

询问机和应答机一样,通过发射信号实现其功能。无线电识别系统的一个工作特点就是,使用的信号与无线电探测系统使用的信号不同,无线电识别系统使用的信号是电码形式的脉冲序列(脉冲序列中有一个脉冲是专门提供给询问机使用的,而其他脉冲都是应答机使用的)。此外,询问机和应答机的组成结构非常相似,这样做可以使询问机和应答机都可以进行信号发射与接收。

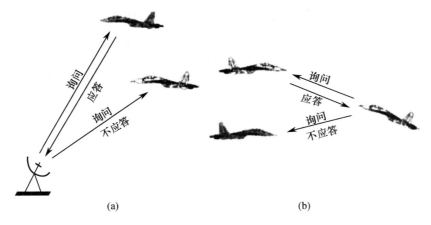

图 4.2.1　地面(a)和机载(b)无线电识别系统工作原理

下面介绍应答机的工作过程。

飞机上的应答机组成结构,如图 4.2.2 所示。

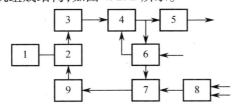

图 4.2.2　飞机上的应答机组成结构

1—收发天线;2—天线转换开关;3—接收装置;4—解码器;5—询问指示器;
6—控制台;7—编码器;8—信息译码器;9—发射装置。

机载或地面询问机发射的被译成电码的无线电信号,进入飞机应答机的收发天线(图 4.2.2 中的 1 号组件)。这个收发天线是一个竖直的 1/4 波长不对称振子,具有全方向性(水平平面上),安装在飞机机身底部的中心位置。

收发天线接收到的询问信号(载波频率为 1030MHz),经过天线转换开关(图 4.2.2 中的 2 号组件)和接收装置(图 4.2.2 中的 3 号组件)进入解码器(图 4.2.2 中的 4 号组件),对询问信号进行解码。完成信号解码之后,询问指示器上(图 4.2.2 中的 5 号组件)会显示出解码结果,同时将结果发送给控制台(图 4.2.2 中的 6 号组件)。这个控制台除了有一个信号输入端口之外,还有一个允许机组人员调整应答机工作方式的可控输入端口(例如,检查应答机工作性能时,输入一个检查电码)。控制台的一个输出端口上输出视频脉冲,这个脉冲用于关闭解码器。之所以要关闭解码器,是为了避免接收到重复的(由靠的比较近的目标反射回来)询问信号,以及避免询问信号超过应答机最大服务容量数量。

控制台的另一个输出端口输出的信号进入编码器,在编码器中对进入的所

169

有信号进行编码。实际上，询问机通常会要求出现在扫描区域的飞机，能够反馈更为详实的信息，例如，报告飞行器代号、飞行高度等。这些信息（包括从机载传感器、空中信息系统等反射回来的信息）通过译码器（图 4.2.2 中的 8 号组件）（在译码器中将代表各种物理值的信息转换成统一的形式）进入编码器。最后，编码器形成的应答信号（图 4.2.3）发送给发射装置（图 4.2.2 中的 9 号组件），形成高频（1090MHz）的脉冲信号（脉冲宽度为 0.45μs，功率为 300 ~ 800W），并通过天线转换开关和天线向空间发射出去。

需要注意的是，如果出现在扫描区域的飞机，对询问信号不进行回答（在无线电技术说明中的解释是，询问机指示器上出现的反射信号，没有相应的应答信号），那么询问工作站的人员会判定出现在扫描区域的飞机是他国飞机。

从另一个角度来看，如果出现在扫描空域的，且被识别为是己方的飞机是在执行军事任务，那么在识别完成之后，机组人员为了隐蔽飞行，通常会关闭（利用控制台）应答机。

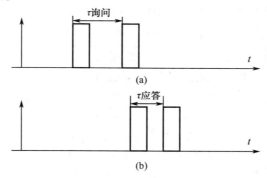

图 4.2.3　最简单的询问（a）和应答（b）信号电码样式

最后，如果几架飞机最开始是间隔开飞行的，但是从某一点开始组成了编队（根据飞行任务需要），那么编队的长机要重新接通应答机，来接收其他飞机的询问信号，以便保证编队的集结点信息能够传达给长机驾驶员。此外，当所有的无线电识别系统接收到"呼救"信号后，地面和机载无线电系统会开始在特别状态下工作。

4.3　无线电拦截与瞄准系统

无线电拦截与瞄准系统，安装在歼击机飞机上，用于探测敌方飞行器，并连续测量敌方飞行器坐标和向机载武器发出"保持中立"的指令（或者是"击毁指定飞行器"的指令）。此时，装有无线电拦截与瞄准系统的歼击机，可以采用两种方式进行控制：一是利用外部无线电指令（外部引导）进行控制；二是利用机载设备（自主引导）进行控制。

下面具体介绍这两种控制方法。

外部引导。此时,除了无线电拦截与瞄准系统之外,远距离探测雷达和地面引导指挥所都要参与指挥控制。外部引导实际上就是,使歼击机靠近目标直到机载无线电拦截与瞄准系统截获到目标的过程。

进行外部引导的远距离探测雷达,可以布设在地面上,也可以布设在飞行器上(例如,巡逻机、飞艇等)。这种系统的作用距离(为了减少气象条件的影响,工作在米波波段)为 $400 \sim 600 \mathrm{km}$,距离定位精度为 $2 \sim 3 \mathrm{km}$,方位角定位精度为 $0.5° \sim 1.0°$。当未经识别的(对询问信号没有应答的)飞行器处于雷达系统的作用范围内时,雷达系统会把这个目标的坐标发送给外部引导指挥所。外部引导指挥所通常设在地面上,主要使用的无线电设备是地面雷达站,这种雷达站主要工作在厘米波或分米波波段,可以同时探测他国飞机行器(包括敌方目标)和己方歼击机(如果此时执勤的歼击机坐标是未知的)。这种指挥所的地面雷达站测距范围为 $250 \sim 350 \mathrm{km}$,测距精度为 $200 \sim 500 \mathrm{m}$,方位角测量精度为 $0.1° \sim 0.5°$。

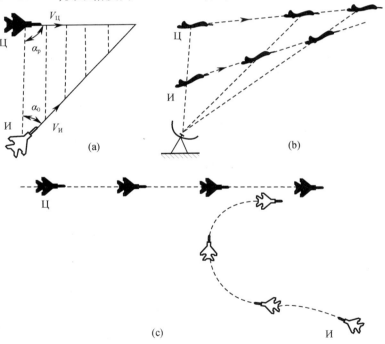

图 4.3.1　歼击机($И$)拦截目标($Ц$)的外部引导基本方法

(a)平行靠近法;(b)对准引导法(三点连线法);(c)航向引导法(机动引导法)。

当接收到远距离探测雷达反馈的信息,并且指示器屏幕上出现一个或几个目标后,外部引导指挥所的人员负责对目标进行指挥拦截。先是将目标和歼击机坐标输入计算机,计算机根据目标运动轨迹的预报和歼击机当前位置,形成引导指令(包括飞行高度、航向、飞行速度等)。在这个指令引导下,歼击机转向目标位置区域,直到机载无线电拦截与瞄准系统截获到目标,此时外部引导指挥所停止引导工作。

地面引导指挥所引导歼击机拦截目标的基本方法,如图4.3.1所示。具体解释一下这些方法:

（1）平行靠近法,即:画出歼击机与目标之间的观测线,在引导过程中使这条观测线保持平行（即 $\alpha_0 = $ 常数）,通过这种方法来实现引导指令控制歼击机对准目标。

（2）对准引导法（三点连线法）,即:在歼击机高度爬升过程中,使歼击机始终处于地面指挥所与目标的连接直线上。

（3）航向引导法（机动引导法）,即:在任意的歼击机与目标初始进入角条件下,当目标处于无线电拦截与瞄准系统的作用区域中时（一般来说目标要处于歼击机的前半球）,通过歼击机机动使机载无线电拦截与瞄准系统截获目标。

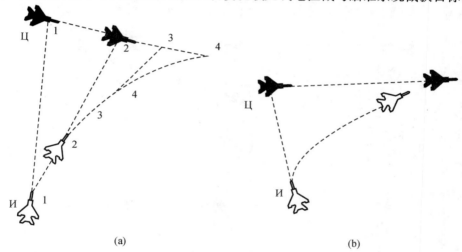

(a)   (b)

图4.3.2　歼击机（И）拦截目标（Ц）的自主引导基本方法
（a）采取曲线跟踪的靠近法;（b）采取曲线攻击的靠近法。

自主引导。此时,只有无线电拦截与瞄准系统参与引导工作。这个阶段是从无线电拦截与瞄准系统截获到目标开始,直到使用机载武器（航炮射击或导弹起动）后完成。

歼击机自主引导拦截目标的基本方法包括:

（1）平行靠近法（图4.3.1(a)）。

（2）采取曲线跟踪的靠近法（歼击机实时地向着目标位置点运动,见图4.3.2(a)）

（3）采取曲线攻击的靠近法（歼击机实时地向着目标轨迹上的某个前置点运动,见图4.3.2(b)）。

172

无线电拦截与瞄准系统的主要技战术指标,是受这种无线电系统的工作条件所决定的。例如,无线电拦截与瞄准系统的最大作用距离 R_{max} 通常可以根据下式计算:

$$R_{max} = V_{сбл}(\tau_{опозн} + \tau_{изм} + \tau_{сбл} + \tau_{приц}) + R_{CTPmax} \qquad (4.3.1)$$

式中: $V_{сбл}$ 为歼击机相对于目标的平均靠近速度; $\tau_{опозн}$ 为目标识别需要的时间; $\tau_{изм}$ 为测量目标相对于歼击机的坐标所需要的时间; $\tau_{сбл}$ 为完成目标靠近所消耗的时间(这个时间值与其他时间的最大值有关,也与地面指挥所将歼击机向目标所在区域进行引导时的引导精度有关); $\tau_{приц}$ 为瞄准目标所需要的时间; R_{CTPmax} 为歼击机射击的最大命中距离。

根据飞行速度和现代战斗机(歼击机、轰炸机)武器性能,从前半球攻击时,最大作用距离 R_{max} 为 20 ~ 30kg,迎头攻击时,最大作用距离 R_{max} 为 50 ~ 100kg。

为了确定航向角 α_{CEKT}(水平平面上)的扇形扫描宽度,需要利用到歼击机引导方法和测角精度的相关信息。如果是采用平行靠近法(图4.3.1(a)),那么航向角 α_{CEKT} 可以根据下列公式确定:

$$\alpha_{CEKT} = \pm\left[\arcsin\left(\frac{V_{ц}}{V_{и}} \cdot \sin\alpha_P\right) + \sigma_{\alpha KYPC}\right] \qquad (4.3.2)$$

式中: $V_{ц}$ 为目标速度; $V_{и}$ 为歼击机速度; α_P 为目标进入角; $\alpha_0 = \arcsin\left(\frac{V_{ц}}{V_{и}} \cdot \sin\alpha_P\right)$ 为目标瞄准角; $\sigma_{\alpha курс}$ 为引导产生的航向角偏差均方根值,这个偏差是由引导航向角误差和驾驶误差(与指示器分辨度、飞机操纵系统性能等有关)共同构成。

将具体的数值代入上式,例如, $V_{и} \approx (1.1 ~ 1.25)V_{ц}$, $\alpha_P = 90°$, $\sigma_{\alpha курс} = 15°$,则: $\alpha_{CEKT} = \pm68°$ (相对于歼击机纵轴)。

如果 α_{CEKT} 很大,那么只有在地面引导指挥所能够提供更加准确的目标相对于歼击机的位置指令时,无线电拦截与瞄准系统才有可能得到比较小的 α_{CEKT} 。

根据机载武器系统的技战术特性,还可以得到无线电拦截与瞄准系统的其他技战术指标,例如,俯仰角 β_{CEKT} 扫描扇形宽度。根据如图4.3.3所示的情况,可以确定 β_{CEKT} 为

$$\beta_{CEKT} = 2\arcsin\frac{h + \Delta h}{R_{min}} \qquad (4.3.3)$$

式中: h 为当歼击机机载武器可以击中目标时,歼击机与目标之间的高度差; Δh 为目标高度测量误差; R_{min} 为可以对目标进行拦截的最小距离。

假设 $h = 110m$ 、 $\Delta h = 15m$ 、 $R_{min} = 500m$ 时,可以得到 $\beta_{CEKT} = 29°$ 。

无线电拦截与瞄准系统还有一个重要技战术指标,就是目标坐标测量精度,这个指标与歼击机使用的机载武器类型和性能有关。其中,使用航炮时,对测量精度的要求(精度为 25 ~ 30m)要高于使用导弹武器时的精度要求,这是因为航

炮射击的炮弹散布不应超过目标的尺寸,而对于导弹武器的起动控制来说,测距误差只需控制在($R_{CTPmax} \sim R_{CTPmin}$)的 5% ~ 10% 范围之内即可,$R_{CTP}$ 表示的是保证歼击机射击命中率的有效射击距离。

无线电拦截与瞄准系统的最后一个重要技战术指标,就是从编队飞机中选择指定敌机进行杀伤的目标分辨力。也就是说,无线电拦截与瞄准系统的目标分辨力,是指从距离坐标上(或者是从角度坐标上)从一组目标中将一个目标分离出来的能力。不论是距离分辨力,还是角度分辨力,都与敌方作战活动的密集程度有关(例如,飞机与飞机之间的间隔距离),而且这种密集程度还是会不断变化的。

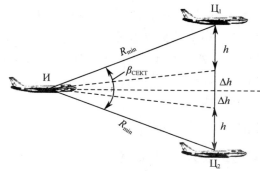

图 4.3.3　在歼击机(И)最大可接受的机载武器命中距离上对目标(Ц₁)和目标(Ц₂)进行
俯仰角 β_{CEKT} 测量时的无线电拦截与瞄准系统扫描扇形宽度几何关系示意图

由此可见,无线电拦截与瞄准系统的技战术指标,不仅取决于自身的性能参数(例如,方向图宽度或者是脉冲宽度),而且还取决于其他系统(例如,机载武器系统、地面引导系统等)的性能指标,以及执行任务时的具体条件。

根据接收信号的信号处理方式不同,无线电拦截与瞄准系统可以划分成 2 种类型:非相干无线电拦截与瞄准系统和相干无线电拦截与瞄准系统。

信号非相干无线电拦截与瞄准系统。在大高度和中等高度上,将歼击机引导向目标区域时,或者是目标处于比较小的高度(但一定要比歼击机高)时,要使用非相干无线电拦截与瞄准系统。实际上,非相干是指不考虑无线电拦截与瞄准系统接收信号的相位关系,只通过利用视频脉冲来进行目标各种坐标测量操作。

无线电拦截与瞄准系统的简易组成结构,如图 4.3.4 所示。

下面介绍无线电拦截与瞄准系统的工作过程。

同步器(图 4.3.4 中的 1 号组件)产生的重复频率为 1500 ~ 3000Hz 信号,在这个信号作用下发射装置(图 4.3.4 中的 2 号组件)形成波长为 2 ~ 5cm 的脉冲宽度为 0.3 ~ 1.0μs 的高频无线电脉冲。这种无线电脉冲(功率为 100 ~ 500kW)经过天线转换开关(图 4.3.4 中的 3 号组件)进入天线(图 4.3.4 中的 4

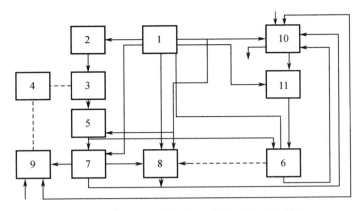

图 4.3.4　无线电拦截与瞄准系统的简易组成结构

1—同步器;2—发射装置;3—天线转换开关;4—天线;5—接收装置;6—测距仪;7—角坐标测量仪;
8—指示器;9—天线控制模块;10—机载数字式计算机;11—距离选择模块。

号组件),并向空间发射出去。

　　目标反射回来的无线电脉冲进入天线,并经过天线转换开关对进入的脉冲进行求和与求差处理之后,把脉冲分解成航向角信号和俯仰角信号。

　　接收装置(图 4.3.4 中的 5 号组件)有 3 个通道(实际上如图 4.3.4 所示的是一种简化结构,并没有标示出这 3 个通道)。在测距通道中,根据求和后的脉冲信号形成视频脉冲,并发送给测距仪(图 4.3.4 中的 6 号组件)。在航向角和俯仰角测量通道中,根据求差后的脉冲信号形成相应的视频脉冲信号,并发送给目标角坐标测量仪(图 4.3.4 中的 7 号组件)。

　　所有这些视频信号输入到指示器(图 4.3.4 中的 8 号组件)之后,在指示器屏幕上(图 4.3.5)以"航向角 - 俯仰角"坐标的形式反映出空中态势。

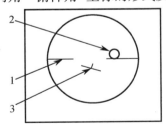

图 4.3.5　无线电拦截与瞄准系统的指示器屏幕

1—地平线;2—瞄准环;3—歼击机空间位置标识符号。

　　航向角(水平平面上的方位角)是以屏幕中心点为基准,向右侧(航向角为正值)和向左侧(航向角为负值)判读。屏幕中心的地平线,是俯仰角(垂直平面上的方位角)的零度参考基线。当屏幕显示区域位于地平线上方时,俯仰角为正值,当屏幕显示区域位于地平线下方时,俯仰角为负值。在引导指令作用下出现的驾驶误差,可以由瞄准环修正,这个瞄准环可以为飞行员提供航向角和高度的误差指示。此外，屏幕上还有一个歼击机空间位置标识符号。

如前文所述，当歼击机到达(引导向)目标所在区域后，无线电拦截与瞄准系统开始工作。这种情况下，开始进入目标跟踪状态。由于歼击机和目标都会机动，可能会导致目标相对于无线电拦截与瞄准系统的等信号方向产生明显倾斜，所以必须要进行目标跟踪操作。为了对目标进行跟踪，角坐标测量仪(图4.3.4中的7号组件)输出的信号，要发送给天线控制模块(图4.3.4中的9号组件)，并由天线控制模块修正天线方向，使其指向需要的角度方向。此外，歼击机的陀螺仪稳定系统信号和来自机载数字式计算机(图4.3.4中的10号组件)的天线角度位置修正指令信号，也会输入到天线控制模块。

机载数字式计算机是在同步器脉冲的作用下进行工作，可以完成各种控制功能：

(1)可以对天线控制模块进行控制，当歼击机从引导状态向跟踪状态进行过渡时，计算机可以根据目标搜索规则控制天线方向图移动。

(2)起动距离选择模块(图4.3.4中的11号组件)，并使距离选择模块的工作时间间隔 τ 与某个距离段 $R_1 \sim R_2$ 对应起来，通过这种方式使得只有这个距离段上的信号才能进入测距仪，进而使得来自于其他目标或者是地面反射的干扰信号不能进入测距仪。

(3)修正(根据外部传感器信号)地平线在指示器屏幕上的位置，并在屏幕上形成瞄准环。

正是在这种工作模式下，飞行员可以在没有能见度的情况下操纵歼击机，使无线电拦截与瞄准系统的指示器屏幕中心点处于瞄准环的范围内(这个瞄准环沿着水平轴移动，说明计算出来的航向角数值有误差)。此时，歼击机空间位置标识符号(这个符号转动的角度与飞机横向倾斜程度成正比，而且这个标识符号在地平线垂线上的位置，对应着飞机的俯仰角)同样应该处于瞄准环之内。

在瞄准状态下，飞行员实际上使用的不是操纵台上的指示器，而是使用平显指示器，此时利用光学系统在飞行员眼前(图4.3.6)对瞄准的和拦截的目标进行发光显示，这样飞行员就不需要将目光转移到仪表盘上。最后，飞行员看见目标，根据目标运动参数和命中指标，操纵歼击机并完成射击，同时观察(用目视)周围空中态势。

为了使用机载武器，必须进行必要的机动(例如，进入目标的后半球)和抢占发射位置(使指示器屏幕上的操纵标识符号与使用武器时出现的相应标识符号相互一致)，飞行员最开始要将操纵标识符号与目标标识符号对准，然后操纵飞机使目标标识符号对准瞄准十字线。通过按压油门杆上的按钮，选择某种类型的机载武器。如果使用的是半主动制导导弹(载机上有接收装置和计算机)，利用无线电拦截与瞄准系统发射的信号飞向目标，那么歼击机要对导弹提供照射，直到导弹命中目标。由于歼击机机载武器对位于歼击机前半球的目标进行

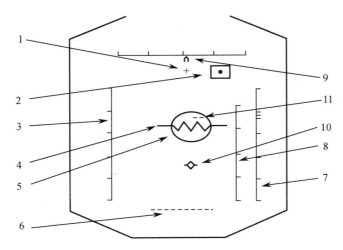

图 4.3.6 安装在歼击机座舱内的无线电拦截与瞄准系统平显指示器上的基本图像元素

1—射击瞄准十字线;2—目标标识符号;3—仪表速度刻度线;4—地平线;5—导弹起动控制命中环;
6—俯仰刻度线;7—气压高度刻度线;8—目标距离和靠近速度刻度线;
9—磁航向;10—操纵标识符号(歼击机速度矢量);11—等待目标出现的提示符。

攻击时,歼击机直线飞行可能会与击毁目标的碎片发生碰撞。为了避免出现这种情况,机载数字式计算机要根据测距仪的指示,确定出与目标的危险靠近距离,并发出歼击机退出攻击的机动摆脱信号。

信号相干无线电拦截与瞄准系统。当目标飞行高度比较低且位于歼击机下方时,为了将歼击机引导向目标区域,需要使用相干无线电拦截与瞄准系统。在上述条件下,无线电拦截与瞄准系统的输入信号,不仅有目标反射信号,而且还有地面反射信号。这种状态下,地面反射信号的功率(20～80dB)要远远大于目标反射信号的功率,而且还存在着地面反射信号与目标反射信号同时到达的问题。由于这两种反射信号功率之间的能量对比关系,决定了不允许使用幅度调制方法,所以为了进行目标探测,需要使用频谱分析方法。

实际上,在歼击机飞行过程中,歼击机相对于目标和相对于地面的径向速度是不同的,所以相对于目标和相对于地面的多普勒频率也是不同的。因此,在机载无线电拦截与瞄准系统中安装了滤波器,并且滤波器的幅度－频率特性可以同时实现对目标反射信号频谱和地面反射信号频谱进行分析,这样就可以实现对攻击目标的选择,而且歼击机飞行员还可以在指示器屏幕上清楚地看见需要的目标标识符号(这个目标飞行高度比较低,而且还是处于歼击机下方)。正是因为这种无线电拦截与瞄准系统可以将处理信号转换成"频率－相位"结构,所以这种无线电拦截与瞄准系统被划归为相干无线电系统。

下面详细介绍一下频谱分析方法。

地面反射信号的频谱形成情况,如图4.3.7所示。

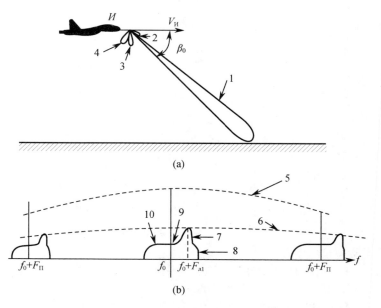

图 4.3.7　歼击机(И)机载无线电拦截与瞄准系统向地面进行辐射的
情况(a)和接收到的脉冲序列频谱中心结构(b)

1—无线电拦截与瞄准系统天线方向图主瓣(主波束);2—方向图上旁瓣;3—方向图下前旁瓣;
4—方向图下后旁瓣;5—发射脉冲序列频谱包络中心;6—反射脉冲序列频谱包络中心;
7—方向图主瓣对应的频谱部分;8—方向图上旁瓣对应的频谱部分;
9—方向图下前旁瓣对应的频谱部分;10—方向图下后旁瓣对应的频谱部分。

下面介绍这种无线电拦截与瞄准系统的工作过程。

这种无线电拦截与瞄准系统安装在水平飞行的歼击机上,周期性的(重复频率为 $F_{\text{п}}$)向地面发射无线电脉冲(载波频率为 f_0)。此时,无线电拦截与瞄准系统天线方向图除了有一个主瓣(集中了主要的发射功率)之外,还有几个自然形成的旁瓣,这些旁瓣在多数情况下是指向不同方向的(图 4.3.7(a))。所以,所有的方向图波瓣(主瓣和旁瓣)都会对地面反射的脉冲序列进行接收。当然,反射信号的大部分功率是通过主瓣来接收的(主瓣接收功率要比旁瓣接收功率高 $30\sim40\text{dB}$),但是旁瓣接收功率也不算很小,也可以对地面反射信号频谱构成干扰(图 4.3.7(b))。

这种情况下,从主瓣进入无线电拦截与瞄准系统的地面反射信号频谱区域的顶点(图 4.3.7(b)中的 7 号点)相对于发射脉冲序列频谱的位移值为

$$F_{\text{д1}} = \frac{2V_{\text{и}}\cos\beta_0}{C} \cdot f_0 \tag{4.3.4}$$

式中: β_0 为主瓣相对于歼击机飞行速度 $V_{\text{и}}$(水平方向的)的俯仰角。这个顶点的宽度(相对于频率轴来说)与垂直平面(俯仰平面)上的主瓣宽度(方向图宽度)成正比。

178

需要注意的是，地面反射信号频谱中有一个 0 值多普勒频率。这个 0 值多普勒频率，是由垂直向下的旁瓣接收信号形成的。

、通过对比图 4.3.7(a) 和图 4.3.7(b) 可以看出，地面反射脉冲序列在无线电拦截与瞄准系统上构成的频谱结构。当无线电拦截与瞄准系统天线方向图主瓣指向低空飞行的目标时，频谱结构会变得更为复杂。

在如图 4.3.8(a) 所示的空中态势下，主瓣上有 2 个目标，第一个目标($Ц_1$) 处于歼击机($И$) 的迎面航路上，第二个目标($Ц_2$) 处于歼击机($И$) 的追击航路上 (此时假设歼击机速度 $V_И$ 大于第二个目标的速度 $V_{Ц2}$，而且三个速度 $V_И$、$V_Ц$ 和 $V_{Ц2}$ 都与地面平行)。

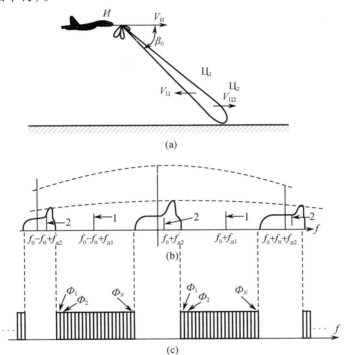

(a)

(b)

(c)

图 4.3.8　第一个目标($Ц1$) 反射信号被地面反射信号所压制的情况示意图
(a) 空中态势；(b) 第一个目标($Ц1$) 和第二个目标($Ц2$) 反射的脉冲序列频谱中心，
以及这两个反射信号的频率分量 (这个频谱将如图 4.3.7(b) 所示的频谱覆盖住了)；
(c) 可以对地面反射和目标反射信号同时进行滤波的滤波器 $Φ_1$, $Φ_2$, $\cdots$, $Φ_N$
幅度 – 频率特性 (图中所示的是第一个目标反射信号)。

从如图 4.3.8(b) 所示的频谱图形可以看出，第一个和第二个目标反射脉冲序列频谱的中心与地面反射信号的频谱中心 (图 4.3.7(b) 所示) 是相互重合的。无线电拦截与瞄准系统从第一个和第二个目标接收到的信号频率，在频谱的频率轴上的位置可以根据下列公式计算：

$$F_{д_1} = \frac{2(V_и + V_{ц_1})\cos\beta}{C} \cdot f_0 \qquad (4.3.5)$$

$$F_{д_2} = \frac{2(V_и - V_{ц_2})\cos\beta}{C} \cdot f_0 \qquad (4.3.6)$$

根据如图 4.3.8(b)所示,第一个目标反射信号的频谱是不断变化的,所以从频率上是可以将这个信号与地面反射信号区分开的。而对于第二个目标反射信号来说,由于它处于频谱的中心位置,并被地面反射信号所覆盖,所以要想提取出第二个目标的反射信号不太容易。

如图 4.3.8(c)所示,选择窄带通滤波器 $\Phi_1, \Phi_2, \cdots, \Phi_N$ 的幅度 – 频率特性时,要保证频谱中的每个信号(对于本书中的案例来说,是指第一个目标反射信号)都能够被滤波器的带通频率筛选出来。也就是说,低空飞行(即第一个目标)目标的多普勒频率信息,可以被第 i 个($i = 1, 2, \cdots, N$)滤波器 Φ_i 提取出来。从另一个角度来说就是,这个滤波器的幅度 – 频率特性可以将地面反射信号抑制掉(不对这个信号进行反应)。

通过这种方式,在大功率的地面反射背景下,可以将低空飞行目标(第一个目标)的反射信号提取出来。此时,多普勒频率的测量精度,要高于每个滤波器 $\Phi_1, \Phi_2, \cdots, \Phi_N$ 的滤波频带。有些时候在一些文献中,将这种滤波器称为"梳状滤波器"。

需要注意的是,如果目标与地面距离比较远(图 4.3.9),那么就不需要使用"梳状滤波器"。只需要通过信号处理的距离选择,使选择距离 $R_1 \sim R_2$ 小于目标与地面的距离,就可以保证地面反射信号不会进入信号处理装置。

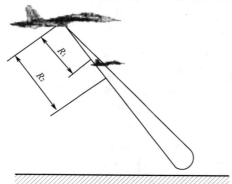

图 4.3.9　目标反射脉冲的距离选择原理

实际上,由于歼击机和目标飞行高度差是各种各样的,所以机载无线电拦截与瞄准系统会同时使用滤波处理方法(利用梳状滤波器)和距离选择方法(图 4.3.10)。

在同步器(图 4.3.10 中的 1 号组件)信号作用下,距离脉冲发生器(图

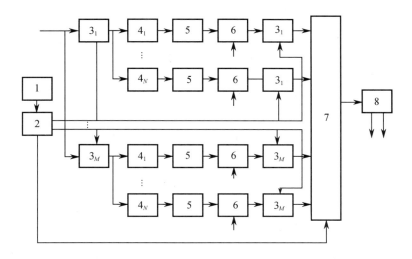

图 4.3.10　无线电拦截与瞄准系统的地面反射和低空飞行目标
反射信号的距离选择与频率滤波装置组成结构

1—同步器;2—距离脉冲发生器;3₁…3ₘ—距离选择器;4₁…4ₙ—梳状滤波器;
5—带有积分电路的幅度检波器;6—门限装置;7—交换器;8—速度和距离指示器。

4.3.10 中的 2 号组件)产生脉冲序列,并发送给距离选择器 $3_1 \cdots 3_M$ 的第一个输入端口。这些距离选择器的另一个输入端口上(图 4.3.10 中的电路图左侧部分)输入的是接收机输出的电压信号。这些电压信号也用于选择相应的梳状滤波器 $4_1 \cdots 4_N$。通过这种方式,在整个距离区间上依次在每个距离选择波门上检查是否存在着某个多普勒频率电压信号。然后,距离选择波门和滤波选择波门电压信号在图 4.3.10 中的 5 号组件中进行幅度检波和求积分运算,并将得到的视频电压信号在门限装置中(图 4.3.10 中的 6 号组件,用于筛除随机噪声)与门限电压进行比较,当超过门限时,这个信号就通过距离选择器(图 4.3.10 中的电路图右侧部分)进入交换器(图 4.3.10 中的 7 号组件)。在目标距离和速度指示器的信号盘上,会显示出 3 个距离选择单元中的相应号码和被选择的滤波器单元号码。

相干无线电拦截与瞄准系统的工作特点就是,不同工作模式下会使用多种(低、中、高)重复频率(F_{Π})的脉冲。下面举例说明一下,使用这些重复频率脉冲时的工作特点。

使用低重复频率 $F_{\Pi}(5 \sim 6 \text{kHz})$ 时的工作模式。当 $\lambda = 3 \text{cm}$(发射信号载波频率 $f_0 = 10^{10} \text{Hz}$)且 $F_{\Pi} = 4 \text{kHz}$ 时:

(1)地面反射信号频谱上的选择波门宽度小于 4kHz,这就意味着,对小于60m/s 的目标速度测量时,可以保证测量具有单值性。

(2)脉冲重复周期 $T_{\Pi} = 0.25 \text{ms}$,对应的最大单值测量距离 $R_{\max} = 37.5 \text{km}$。

使用中等重复频率 F_{Π}（5~6kHz 到 50kHz）时的工作模式。当 $\lambda = 3\text{cm}$ 且 $F_{\Pi} = 40\text{kHz}$ 时：

（1）地面反射信号频谱上的选择波门宽度小于 40kHz，这就意味着，对小于 600m/s 的目标速度测量时，可以保证测量具有单值性。

（2）脉冲重复周期 $T_{\Pi} = 25\mu\text{s}$，这就意味着，为了保证目标距离测量的单值性要求，目标距离 R 要小于 2.25km。

使用高重复频率 F_{Π}（50~350kHz）时的工作模式。当 $\lambda = 3\text{cm}$ 且 $F_{\Pi} = 300\text{kHz}$ 时：

（1）地面反射信号频谱上的选择波门宽度小于 300kHz，对小于 4.5km/s 的目标速度测量时，可以保证测量具有单值性。

（2）脉冲重复周期 $T_{\Pi} = 3.3\mu\text{m}$，这就意味着，为了保证目标距离测量的单值性要求，目标距离 R 要小于 500m。

通过上述说明可以看出，使用低重复频率 F_{Π} 和使用高重复频率 F_{Π} 时的工作模式具有相反特性，即：对于目标速度和距离测量的单值性要求来说，这 2 个工作模式下不能同时满足测速和测距的单值性要求。所以，相干无线电拦截与瞄准系统实际上通常是使用中等的重复频率 F_{Π}。

但是，要进行拦截的目标与歼击机之间的距离，可能并不满足使用中等重复频率 F_{Π} 时的单值性测距条件。因此，在这种情况下，需要使用几个中等重复频率，如图 4.3.11 所示。

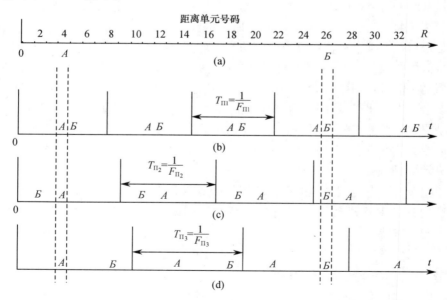

图 4.3.11　使用多个中等重复频率（F_{Π_1}，F_{Π_2}，F_{Π_3}）发射脉冲时的
无线电拦截与瞄准系统对 2 个目标（A，Б）进行距离测量的原理示意图

如图 4.3.11 所示,2 个目标(A,$Б$)位于不同的距离单元内。机载无线电拦截与瞄准系统在中等重复频率($F_{П_1}$,$F_{П_2}$,$F_{П_3}$)下工作。从图中的距离 R 与时间 t 之间的关系可见,对于目标 A 来说,在任何一个中等重复频率下,都可以保证测量的单值性,但对目标 $Б$ 来说,在任何一个中等重复频率下,都不能保证测量的单值性。

为了保证对目标 $Б$ 进行测距的单值性,在机载计算机上对几个(本案例中是 3 个)中等重复频率信号的目标 $Б$ 反射信号延迟时间进行比较,当 3 个延迟时间值(当对于初始 0 时刻)相等时,计算机对目标 $Б$ 反射信号延迟时间进行计算,实际上这个计算机工作时刻对应着的就是图 4.3.11(b)、(c)、(d)中的垂直虚线右侧虚线标记位置。

需要注意的是,当目标 A 处于单值测距范围内时,这种类似的情况也会出现(如图 4.3.11(b)、(c)、(d)中的垂直虚线左侧虚线标记位置)。这样就可以避免无线电拦截与瞄准系统在使用中等重复频率时,出现的非单值性测距问题。

相干无线电拦截与瞄准系统的组成结构,与如图 4.3.4 所示的非相干无线电拦截与瞄准系统的组成结构基本类似,区别只是接收装置(图 4.3.4 中的 5 号组件)上安装有一个可以同时进行频率滤波和距离选择的部件,这个部件的组成结构如图 4.3.10 所示。

此外,相干无线电拦截与瞄准系统的接收装置,还包含有一些其他部件,例如:测距仪(图 4.3.4 中的 6 号组件)、指示器(图 4.3.4 中的 8 号组件)和机载计算机(图 4.3.4 中的 10 号组件)等。因此,飞行员通过转换无线电拦截与瞄准系统的工作模式,就可以起动无线电拦截与瞄准系统的某个组件开始工作。

4.4　无线电制导系统

当歼击机发射导弹之后,开始进入向目标进行导弹制导的阶段。通常情况下,由于导弹和目标在空间上同时运动,所以导弹的运动轨迹不是一条直线。很多情况下,由于目标进行快速机动摆脱,会导致导弹脱靶。所以,为了避免出现脱靶,需要使用一种辅助设备使导弹运动保持在目标方向上,而这种辅助设备就是无线电制导系统。

4.4.1　无线电照射制导系统

照射制导也称为波束制导,是一种将飞行导弹保持在目标方向上的制导方法,即当歼击机机载无线电设备的天线方向图照射到目标时,导弹在这个方向图照射范围内进行自主飞行。也就是说,导弹飞行轨迹是由歼击机无线电设备提供的。为了达到这种效果,在导弹照射制导过程中,这个天线方向图要保持相对固定,但可以在最大方向图轴线方向附近进行转动,这样就可以保证在这个轴线上照向目标的无线电信号是等强度的。此时,最大方向图是在一个等信号强度的垂直平面上进行圆周转动(图4.4.1)。

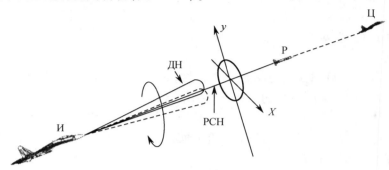

图4.4.1　无线电系统照射制导工作原理示意图
И—歼击机;ДН—方向图;PCH—等强度信号方向(天线方向图转动轴);
P—导弹;Ц—目标。

实现照射制导的无线电系统有两个组成部分,一个组成部分是安装在歼击机上的无线电收发设备,另一个组成部分是安装在导弹上的无线电接收设备。

下面介绍歼击机机载无线电收发设备的工作过程(这个设备的组成结构,如图4.4.2所示)。

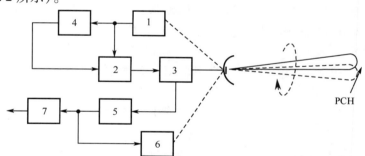

图4.4.2　歼击机机载无线电收发设备的组成结构
1—同步器;2—发射装置;3—天线转换开关;4—基准脉冲发生器;5—接收装置;
6—天线控制模块;7—指示器;PCH—等强度信号方向。

在同步器(图4.4.2中的1号组件)信号(重复周期为$T_п$)的作用下,发射装置(图4.4.2中的2号组件)产生无线电脉冲,并经过天线转换开关(图4.4.2中的3号组件)和天线向空间辐射出去(向着导弹和目标方向)。

同时,同步器控制天线辐射器转动,即使天线方向图在PCH(等强度信号方向)附近转动。

最后,基准脉冲发生器(图4.4.2中的4号组件)根据同步器信号,以方向图每转动一周产生四次脉冲的方式,生成成对的基准脉冲,这些成对的基准脉冲之间有不同的时间延迟(图4.4.3):

184

（1）当方向图处于上方时，时间延迟为 τ_1。

（2）当方向图处于右侧时，时间延迟为 τ_2。

（3）当方向图处于下方时，时间延迟为 τ_3。

（4）当方向图处于左侧时，时间延迟为 τ_4。

因此，根据获得某个成对基准脉冲的时刻，就可以确定此时刻方向图所处的空间位置。

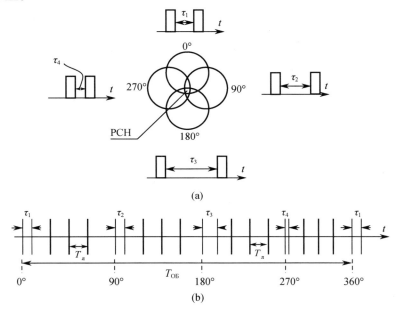

图 4.4.3 基准脉冲(a)及其在发射脉冲序列中的位置(b)

$T_{\text{ОБ}}$—方向图一个转动周期。

进入到天线接收端口的反射（从目标和导弹反射回来的）脉冲，经过天线转换开关进入接收装置（图 4.4.2 中的 5 号组件）。如果接收装置输出的脉冲序列具有相同的幅度，就意味着目标处于等强度信号方向，即可以进行正常制导。如果输出的脉冲序列是幅度调制的（调制频率等于方向图转动频率），那么这个调制电压信号发送给天线控制模块（图 4.4.2 中的 6 号组件），由它控制天线转动直到这个调制电压信号消失，即目标当前位置处于等强度信号方向。目标位置和等强度信号方向的分布情况，会在指示器（图 4.4.2 中的 7 号组件）的屏幕上显示出来。

接下来，再介绍一下无线电照射制导系统的另一个组成部分，即安装在导弹上的无线电接收设备（这个设备的组成结构，如图 4.4.4 所示）。需要注意的是，这个设备不是在导弹发射的时刻开始工作，而是要延迟一段时间，即在歼击机投放的导弹进入歼击机天线照射波束内之后才开始工作。

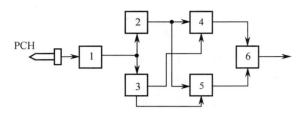

图 4.4.4　导弹上无线电接收设备的组成结构

1—接收装置;2—滤波器;3—基准电压发生器;4—第一个相位检波器(对航向角信号);

5—第一个相位检波器(对俯仰角信号);6—指令发生器;PCH—等强度信号方向。

歼击机天线发射的脉冲信号进入导弹上无线电接收设备天线(安装在导弹尾部),然后进入接收装置(图4.4.4中的1号组件)。接收装置输出的视频脉冲,发送给滤波器(图4.4.4中的2号组件)和基准电压发生器(图4.4.4中的3号组件)。

滤波器根据歼击机天线转动频率,形成解调振荡信号,并且这个解调振荡信号的幅度与导弹相对于等强度信号方向的偏差值成正比,而解调振荡信号的相位与制导方向成正比。

基准电压发生器与歼击机上无线电收发设备中的基准脉冲发生器产生的基准脉冲同步工作。基准电压发生器组成结构及其工作信号波形,如图4.4.5所示。

接收装置输出的视频脉冲进入到基准电压发生器输入端口。此时,只有成对的基准脉冲才能起动这个发生器,即:

(1)由于第一个延迟线路(图4.4.5中的1号组件)的延迟时间为 τ_1,所以只有当接收装置输出端口上出现成对的基准脉冲时,即歼击机无线电收发设备天线方向图转到上方位置(0°)时,第一个吻合比较电路(图4.4.5中的2号组件)才会输出脉冲。

(2)与上面的情况相似,只有当第二个延迟线路(图4.4.5中的3号组件,延迟时间为 τ_3)和第二个吻合比较电路(图4.4.5中的4号组件)输入端口上出现成对的基准脉冲时,即歼击机无线电收发设备天线方向图转到下方位置(180°)时,第二个延迟线路和第二个吻合比较电路的共同输出端口上才会输出脉冲。

(3)同理,只有当歼击机无线电收发设备天线方向图转到右侧位置(90°)时,相应的成对基准脉冲才能从第三个延迟线路(图4.4.5中的5号组件,延迟时间为 τ_2)和第三个吻合比较电路(图4.4.5中的6号组件)上通过。

(4)最后,只有当歼击机无线电收发设备天线方向图转到左侧位置(270°)时,相应的成对基准脉冲才能从第四个延迟线路(图4.4.5中的7号组件,延迟时间为 τ_4)和第四个吻合比较电路(图4.4.5中的8号组件)上通过。

通过这种方式,导弹弹载设备可以获知当前时刻机载照射天线方向图处于

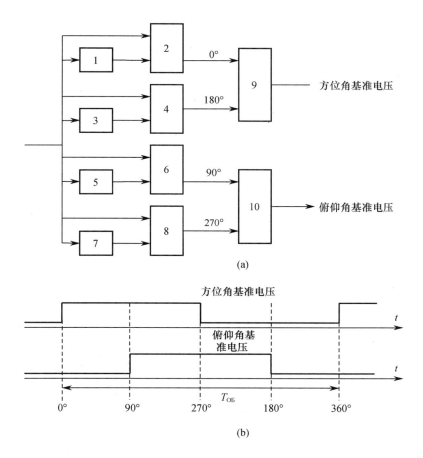

图 4.4.5　基准电压发生器组成结构(a)及其工作信号波形图(b)

1—第一个延迟线路(τ_1);2—第一个吻合比较电路;3—第二个延迟线路(τ_3);

4—第二个吻合比较电路;5—第三个延迟线路(τ_2);L6—第三个吻合比较电路;

7—第四个延迟线路(τ_4);8—第四个吻合比较电路;9—第一个触发器;

10—第二个触发器;$T_{OБ}$—方向图转动周期。

XY 平面坐标系中的某个象限(图 4.4.1)。获知的象限信息可以分为两种情况:

第一种情况。如果导弹处于等强度信号方向,那么不需要对其飞行进行修正,不需要获知象限信息。

第二种情况。如果导弹所处位置与等强度信号方向有偏差,那么导弹的弹载设备应该产生一个控制指令,这个指令会对导弹自动驾驶仪、导弹舵机和其他部件产生作用,迫使导弹返回到等强度信号方向。这种情况下,导弹可能处于 XY 平面的任意象限中(图 4.4.1),因此导弹弹载无线电接收设备必须要获知从等强度信号方向返回时的返回方向。为此,弹载设备产生的与具体 XY 平面象限相对应的控制指令时,需要利用到基准电压信号。

为了产生航向角(实际上是导弹弹体倾斜在 X 轴上的投影)和俯仰角(实际上是导弹弹体倾斜在 Y 轴上的投影)基准电压,需要使用到两个触发器(图4.4.5 中的 9 号和 10 号组件)。

在这个案例中,触发器是一种只可以输出 2 个电压值的电压形成电路(2 个电压值区别比较明显)。当触发器上输入短的视频脉冲时,触发器的输出电压会瞬间从一个电压值转换成另一个电压值。当第一个触发器上输入的视频脉冲,是对应着方向图位于上方(0°)和位于下方(180°)时,第一个触发器上输出的 2 个电压值分别对应着 2 个半平面(垂直的 Y 轴右侧和左侧平面,即航向角 α 平面)。类似地,第二个触发器上输出的 2 个电压值分别对应着 2 个半平面(X 轴的上面和下面平面,即俯仰角 β 平面)。通过这种方式,第一个和第二个触发器输出的电压值,可以单值性地对应于 XY 坐标系的某个象限。例如,对于象限(180° ~270°)来说可以表示成,第一个触发器输出一个低电压,同时第二个触发器输出一个高电压。

下面具体介绍一下弹载设备组成部分的具体功能。由图4.4.4 可见,滤波器(图4.4.4 中的 2 号组件)输出的电压,可以反映出导弹相对于等强度信号方向的真实方向和偏差值,而基准电压发生器(图4.4.4 中的 3 号组件)输出的基准电压,可以反映出 XY 坐标系平面上的每个象限。因此,通过对第一个(航向角)和第二个(俯仰角)相位检波器上的电压进行比较,就可以在 2 个相位检波器输出端上产生与航向角和俯仰角有关的控制电压,这个控制电压在指令发生器(图4.4.4 中的 6 号组件)中被转换成导弹与等强度信号方向之间的相对偏差值控制指令(这个指令对导弹自动驾驶仪、舵机等设备产生作用),并使导弹返回(有偏差时)到等强度信号方向。

从导弹(发射之后)进入歼击机无线电设备提供的照射波束开始,直到目标被击毁,上述工作过程不能间断。

4.4.2　无线电自动制导系统

当导弹可以利用自身弹载设备修正导弹向目标制导的飞行轨迹时,这种制导过程被称为自动制导,也称为自寻的制导。大多数情况下,实现自动制导的弹载设备是一种无线电系统。这种弹载无线电系统,主要是通过接收并利用从目标身上来的信号形成飞行轨迹的修正指令。根据弹道修正信号的来源不同,可以把这种无线电自动制导系统分成三种类型:

(1)被动式无线电自动制导系统:这种系统是利用目标自身辐射信号(例如,目标身上安装的雷达系统,或者是安装的无线电干扰机),而导弹弹载设备只需要具备无线电接收功能。

(2)半主动式无线电自动制导系统:这种系统利用的目标辐射信号是来自于外部无线电辐射源的(这种外部辐射源,可能是对目标进行照射的地面雷达系统,或者是对目标进行照射的歼击机机载雷达系统),而导弹弹载设备只有接收工作的设备。

(3)主动式无线电自动制导系统:这种系统的弹载设备是一种收发一体机,即向目标发射无线电信号,同时根据目标反射信号形成导弹自动制导的控制指令。

主动式无线电自动制导系统的组成结构,如图4.4.6所示。

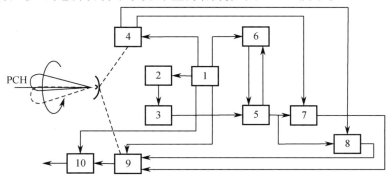

图4.4.6　弹载主动式无线电自动制导系统的组成结构

1—同步器;2—发射装置;3—天线转换开关;4—电动机 5—接收装置;6—选择模块;

7—第一个相位检波器;8—第二个相位检波器;9—天线控制模块;10—指令发生器。

在同步器(图4.4.6中的1号组件)的触发脉冲作用下,发射装置(图4.4.6中的2号组件)产生无线电脉冲,这个脉冲通过天线转换开关(图4.4.6中的3号组件)进入天线,然后向空间辐射出去。

电动机(图4.4.6中的4号组件)控制天线辐射器的转动(转速为20～40r/min),进而使天线方向图在空间中转动(在等强度信号方向附近转动)。

从目标反射回来的信号进入天线,并经过天线转换开关进入接收装置(图4.4.6中的5号组件)。接收装置与选择模块(图4.4.6中的6号组件)连接在一起,可以根据目标反射信号对目标进行选择。

之所以要使用选择模块,是因为导弹的自动制导只能针对一个目标。因此,选择模块需要选择出最具威胁(从战术角度看)的目标。目标选择标准是,或者是选择距离最近的目标,或者是选择靠近速度最快的目标。但是,这2种目标选择方案(距离和速度)可以是来自于外部指令,例如,在导弹发射之前,对歼击机进行引导的地面雷达发出的指令。

如果目标位于等强度信号方向上,那么无线电自动制导系统接收到的无线电信号不会进行幅度调制。如果目标没有位于等强度信号方向上,那么无线电自动制导系统接收到的无线电信号是幅度调制信号,所以要对接收信号进行调制电压幅度解调,这个调制电压的频率等于方向图的转动频率。这种情况下,目标与等强度信号方向的相对距离越远,则幅度调制就越深,而根据解调后的信号

189

相位,就可以确定目标位于哪个象限上,即与等强度信号方向正交的 XY 平面上的象限。解调后的信号从接收装置进入第一个和第二个相位检波器(图4.4.6中的7号和8号组件)的第一个输入端口。

在第一个和第二个相位检波器的第二个输入端口上输入的是,来自于电动机绕组的解调信号。这个解调信号频率与方向图转动频率相同,而解调信号相位(每个信号之间的相位相差90°)会严格地对应着方向图的瞬时转动空间位置。这2个信号特征,是进行信号相位检波的参考基准。

2个相位检波器对接收装置输出的信号和基准信号(解调信号)进行比较。比较的结果是,产生2个控制电压(一个电压代表着航向角,另一个电压代表着俯仰角),这2个电压发送给天线控制模块(图4.4.6中的9号组件)。在这个控制电压作用下,天线控制模块转动天线抛物面发射器,使天线的等强度信号方向对准目标。需要注意的是,天线抛物面反射器的转动角度范围比较小(大约只有30°),并且还要受到导弹机动性能的限制。

当等强度信号方向与导弹纵轴方向重合时,自动制导工作模式可以正常进行(这种制导模式被称为目标比例跟踪模式)。如果等强度信号方向与导弹纵轴方向不重合时,天线控制模块会向指令发生器(图4.4.6中的10号组件)发出一个相应信号,这个指令发生器会对导弹自动驾驶仪产生控制作用,使导弹纵轴转向等强度信号方向(指向目标)。

需要注意的是,由于无线电自动制导系统的自动制导作用距离比较小(只有几十公里),所以这种系统只安装在近距和中距导弹上。

4.5   雷达预警和引导系统

随着现代军事技术的迅猛发展,空中、地面、水上目标的机动性和灵活性得到大幅提高,因此需要制造一种远程探测系统,对复杂的战场态势进行早期预警。雷达预警和引导系统,就属于这样的一类装备。

雷达预警和引导系统遂行的使命任务十分多样,主要是:

(1) 对远距离上(300～650km)的敌方飞机进行探测,并测量出坐标和运动参数。

(2) 对大批量(250～600个)目标进行同时跟踪。

(3) 为歼击机或执行突击任务的飞机,提供掩护和空战信息支援。

(4) 协调作战行动,组织通信联络,接收和发送信息。

显然,执行如此多样的作战任务不能依靠单一的无线电系统,需要使用综合性的一体化集成的无线电系统。

雷达预警和引导系统,主要是由下列几个无线电系统组成:

(1) 雷达系统。

（2）无线电识别系统（国籍属性识别）。

（3）无线电拦截与瞄准系统。

（4）无线电导航与控制系统。

（5）无线电通信系统（接收与发送信息）。

除了上述这些无线电系统之外，雷达预警和引导系统还包括信息处理设备和态势绘图（指示）设备。这些无线电设备安装在大机身的（机动性和最大飞行速度会因此受到限制）且可以长时间（6～11h）在指定区域上空停留的飞机上，这种飞机的飞行高度会非常高，在550～700km/h巡航速度下，飞行高度可以达到8.5～12km。雷达预警和引导系统的载机飞行距离一般可以达到300～2000km，机组乘员有5～17人。可以作为雷达预警和引导系统载机的主要机型包括：波音公司的E－3"望楼"、格鲁门公司的E－2"鹰眼"等。在图4.5.1中展示了一些飞机上的雷达预警和引导系统设备。

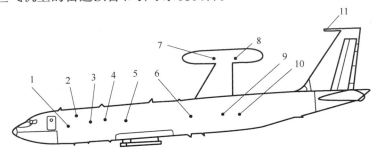

图4.5.1　飞机上的雷达预警和引导系统组成设备分布图
1—无线电通信设备；2—飞行控制系统；3—信息处理设备；4—机载计算机操作员控制台；
5—信息绘制多功能控制台；6—接收装置和机载计算机；7—相控阵雷达系统天线；
8—无线电识别和通信系统天线；9—无线电识别、导航和控制系统设备；
10—发射装置；11—短波通信系统天线。

雷达系统天线是一种扁平的裂缝型（每个裂缝就是一个电磁波收发单元）相控阵天线，这种天线可以进行低速（大约6r/min）旋转（水平转动）。航向角平面上的方向图宽度非常窄，一般约为1°。此时，航向角扇形扫描（机械方式移动无线电波束）可以达到360°，而俯仰角扫描（电子扫描）可以达到±30°。使用的波段是厘米波段，距离分辨力为几百米，航向角分辨力为一度半。

由于使用厘米波段，发射装置可以形成不同宽度的且大功率的（1MW）无线电脉冲。接收装置由几条通道组成，可以接收不同的（简单信号和复杂信号）发射信号。信息处理装置上安装有机载计算机和数字式计算机系统，可以从接收信号中提取出信息。

对低空飞行的空中目标进行探测，是雷达预警和引导系统的基本工作模式，这种目标的反射信号可能会被地面反射或海面反射信号所覆盖。为了保证在这种工作模式下能够有效工作（使用前文介绍过的相干无线电拦截与瞄准系统），使用的发射信号要足够长,而且信号重复频率要很高。当发射信号重复频率比较高时,连续发射几个信号就可以排除掉可能出现的距离测量非单值性问题。需要注意的是,由于目标照射时间(当航向角平面上的方向图宽度为 1°,且天线转动速度为 6r/min)只有 30ms,所以在这个时间指标条件下恰恰是可以排除掉测距的非单值性问题。在上述条件下的工作模式,具有以下几个特点:目标飞行高度不用测量,而且发射信号可以选择线性频率调制信号和相位控制信号。

当发射信号是高重复频率信号,且相控阵天线方向图进行俯仰角 β 扫描时,雷达预警和引导系统会转换到第二种工作模式,即对处于本机下半球的空中目标进行探测,并测量出目标的飞行高度。为了保证测量具有单值性,需要使用几个可以变化的高重复频率脉冲信号。雷达预警和引导系统的第三种工作模式,就是当目标处于地平线上方时(即目标处于本机的上半球),使用低重复频率的发射信号,且相控阵天线方向图对目标进行俯仰角 β 扫描(此时要防止地面和水面反射)。实际上,雷达预警和引导系统的第二种工作模式和第三种工作模式很少兼容使用,而是进行交替使用。

此外,雷达预警和引导系统还具有被动工作模式,此时发射装置停止工作,而相关设备只在接收状态下工作。在这种模式下,雷达预警和引导系统可以(与其他雷达预警和引导系统载机一起)获知无线电辐射源的空间分布图。

最后,介绍一下雷达预警和引导系统对水面目标进行跟踪的工作模式。由于这种模式下使用的是非常短的无线电脉冲,所以不能对目标运动速度进行测量,但是相应的测距范围会有所提升。

简要地归纳一下雷达预警和引导系统的工作模式特点就是:利用高效的机载计算机和数字式计算机系统,可以对接收信号进行处理(分析),并从中提取出目标坐标和运动参数信息;可以对大批量(最多可以达到 600 个)目标的空间移动动态进行统计,但是这需要对空中态势变化进行稳定监视,为此需要提高各种部件(包括存储器设备)的快速处理能力,并改善相关功能软件。由于上述原因会导致雷达预警和引导系统的造价飞涨,但是由于雷达预警和引导系统确实可以改善对作战行动的有效控制,所以雷达预警和引导系统仍然在各个国家得到了广泛应用。

第5章 无线电电子防御系统

5.1 引 言

在现代技术条件下,可以使用各种无线电系统,来获取敌方武器装备性能,以及这些武器装备所采用的技术方法等方面的情报。从防御方的角度来说,他们非常希望能够保守住这些秘密情报,所以会致力于研究如何破坏情报侦察系统的技术方法,而使用无线电电子对抗设备就是其中的一种技术方法,并孕育而生了无线电电子防御系统。

无线电电子防御,就是各种用于侦察和压制敌方无线电电子设备、系统和体系,并保护己方无线电电子设备、系统和体系正常工作的技术方法与作战行动的总称。因此,可以归属于电子防御范畴的所有技术方法与作战行动,主要划分为四种:

(1)无线电电子侦察。

(2)无线电电子对抗。

(3)无线电电子伪装。

(4)无线电电子防护。

下面对这些无线电电子防御的技战术方法进行逐一介绍。

5.2 无线电电子侦察系统

无线电电子侦察所包含的技术方法和作战行动非常复杂,可以根据执行侦察任务的特点划分成两种类型:

(1)电子侦察。

(2)电子技术侦察。

所谓的电子侦察,就是利用敌方无线电系统辐射的信号,测定敌方无线电系统的位置(主要是所在位置的角度方向),而所谓的电子技术侦察,就是对敌方无线电系统发射的无线电信号进行信号参数分析。

实际上这两种电子侦察,通常都是由一个无线电系统来完成的,这种无线电系统被称为无线电电子技术侦察系统,其系统组成结构如图5.2.1所示。

下面详细介绍无线电电子技术侦察系统的工作原理。

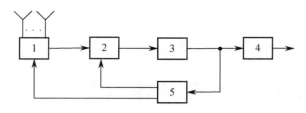

图 5.2.1　电子侦察和电子技术侦察系统的组成结构
1—天线模块;2—接收装置;3—信号分析仪;4—指示器;5—控制模块。

无线电电子技术侦察系统具备的一个功能就是测定敌方无线电系统的所在位置角度。但由于敌方无线电系统的最初所在位置角度是未知的,所以对于无线电电子技术侦察系统的天线方向图来说,或者是一种水平平面上的全向方向图(这样可以保证从任何方向上接收到敌方无线电系统辐射出来的信号),或者是一种可以在空间上进行扫描的方向图(但是方向图在水平平面上的宽度要比较窄,进而可以对敌方无线电系统的辐射源进行扫描)。此外,由于敌方无线电系统发射信号的实际频率也是未知的,所以无线电电子技术侦察系统的天线系统,需要在可能的频段上进行全部覆盖。图 5.2.1 中的天线模块,就是用于实现这种功能。

无线电电子技术侦察系统的接收装置(图 5.2.1 中的 2 号组件)工作方式很有特点,最重要的一个特点就是,接收装置的工作频段 $f_{0\min} \sim f_{0\max}$ 可以对敌方无线电系统的工作频率进行侦察,当然这个频段越宽越好。

无线电电子技术侦察系统的接收装置有三种构成方式。

第一种构成方式是,使用宽频带定频接收装置。这是一种比较传统的构成方式,不需要做特别解释。在对重要的敌方无线电系统进行侦察时,例如,对敌机上的无线电系统辐射情况进行预警时,通常会使用这种接收装置。

第二种构成方式是,使用扫描(变频)接收装置。这种接收装置的变频组件结构如图 5.2.2 所示。当敌方无线电系统发射信号是频率为 f_0 的调制信号时,这个信号会进入接收装置的混频器(图 5.2.2 中的 1 号组件)的第一个输入端口上,而混频器的第二个输入端口上输入的是频率为 f_r 的调制信号,这个信号来自于变频本机振荡器(图 5.2.2 中的 2 号组件,即频率合成器)。混频器输出的合成信号频率为 $f_r - f_0$,并把这个信号发送给滤波器(图 5.2.2 中的 3 号组件),这个滤波器的滤波带宽 Δf 非常窄。如果频率 f_0 与 f_r 之间的差值比较大,即频率差 $f_r - f_0$ 处于滤波带宽 Δf 的外面,那么滤波器没有输出信号,且无线电电子技术侦察系统不会用本机振荡器频率 f_r 对敌方无线电系统的频率 f_0 发射信号进行调制。因此,只有当频率差 $f_r - f_0$ 处于滤波带宽 Δf 的内部时,本机振荡器的变频频率 f_r(在如图 5.2.1 所示的 5 号组件作用下,即在控制模块作用下进行变频)才会使这个滤波器输出调制信号。

194

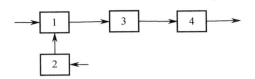

图 5.2.2   无线电电子技术侦察系统接收装置变频组件组成结构

1—混频器；2—变频本机振荡器；3—频率差滤波器；4—幅度检波器。

接下来,滤波器输出调制信号进入幅度检波器(图 5.2.2 中的 4 号组件),检波器输出的视频电压发送给信号分析仪(图 5.2.1 的 3 号组件)和控制模块(图 5.2.1 的 5 号组件),形成敌方无线电系统已经截获的提示信号。同时,把分析出来的频率 f_0 估计值(与频率 f_0 相近似,其精度与滤波带宽 Δf 有关)发送给指示器(图 5.2.1 中的 4 号组件)。

通过上述工作过程介绍,可以注意到无线电电子技术侦察系统的接收装置有 3 个重要技术性能指标,除了工作频段 $f_{0min} \sim f_{0max}$ 之外,还有滤波器带宽 Δf 和变频本机振荡器的延迟时间 τ。在现代技术条件下,无线电电子技术侦察系统的接收装置变频速度,可以达到每秒 $(20 \sim 30)\Delta f$,其中 Δf 的取值范围是 $(50 \sim 500\mathrm{Hz}) \sim (50 \sim 1000\mathrm{kHz})$。

第三种构成方式是,使用多通道(频率通道)定频接收装置。这种多通道组件(滤波器)的组成结构和滤波器幅度 – 频率特性 $K(f)$,如图 5.2.3 所示。

敌方无线电系统发射的未知频率 f_0 信号,进入混频器(图 5.2.3 的 1 号组件)的第一个输入端口。混频器的第二个输入端口输入本机振荡器(图 5.2.3 的 2 号组件)产生的频率 f_r 信号。此时,由于频率差 $f_r - f_0$ 是未知的,所以在整个频段上(即从 $f_r - f_{0min}$ 到 $f_r - f_{0max}$,其中 f_{0min} 和 f_{0max} 分别是估计出来的敌方无线电系统发射信号的最小和最大频率)要用 N 个滤波器(图 5.2.3 的 $3_1, 3_2, \cdots, 3_N$ 组件)的幅度 – 频率特性覆盖住,每个滤波器的滤波带宽 Δf 都是相同的。此时,滤波器的数量 N 为

$$N = \frac{f_{0max} - f_{0min}}{\Delta f} \qquad (5.2.1)$$

经过滤波器处理后输出的信号,发送给幅度检波器,而幅度检波器输出的视频电压信号发送给信号分析仪(图 5.2.1 的 3 号组件),在分析仪中可以通过某个通道(这个通道是由滤波器和幅度检波器组成的)计算出(当频率 f_r 已知时)频率 f_0 的数值。

无线电电子技术侦察系统接收装置的构成方式,主要就是上述三种。

接下来,再介绍一下如图 5.2.1 所示的无线电电子技术侦察系统工作过程。

接收装置(图 5.2.1 的 2 号组件)输出的信号进入信号分析仪(图 5.2.1 的 3 号组件),这个分析仪用于截获敌方无线电系统信号,并提取出信号参数,进入确定敌方无线电系统的类型。也就是说,信号分析仪是无线电电子技术侦察系

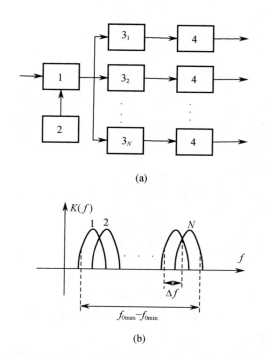

(a)

(b)

图 5.2.3　接收装置的多通道组成结构(a)和滤波器幅度 – 频率特性(b)
1—混频器;2—本机振荡器;3_1,3_2,…,3_N—滤波器;4—幅度检波器。

统中用于进行电子侦察的关键部件。

下面介绍信号截获的工作过程。

所谓的"信号截获",是一个无线电技术处理过程,就是对输入信号进行分析,并形成输入信号中有没有敌方无线电系统发射信号的判定。这就意味着,串联起来的信号探测器末端会有一个门限装置(图 5.2.4),这个门限装置会输出 1 或 0 判读信号。

通常情况下,输入电压 $U(t)$ 中包含有信号 $S(t)$ 和噪声 $n(t)$:

$$U(t) = S(t) + n(t) \tag{5.2.2}$$

或者是只包含有噪声:

$$U(t) = n(t) \tag{5.2.3}$$

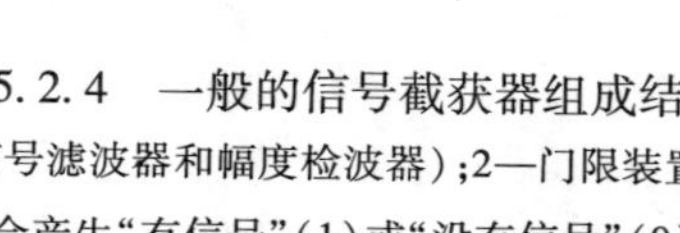

图 5.2.4　一般的信号截获器组成结构
1—接收装置(包括无线电信号滤波器和幅度检波器);2—门限装置(截获门限是电压值 U_0),
这个门限装置会产生"有信号"(1)或"没有信号"(0)的判读信号。

196

也就是说，当 $U(t)$ 出现时刻，截获器的任务就是对式(5.2.2)和式(5.2.3)所示的 $U(t)$ 进行鉴别。需要注意的是，电压 $U(t)$ 中总是会存在着噪声 $n(t)$，因为这些噪声是由于电子运动、太阳辐射、设备内部电流起伏等原因造成的，所以不能根本上消除这种噪声。由于存在噪声，所以电压 $U(t)$ 具有随机特性，这种随机特征可以用概率分布密度函数 $W_{\text{Ⅲ}}(U)$ 进行表示。根据接收装置(图 5.2.4 中的 1 号组件)输入端口上的密度函数 $W_{\text{Ⅲ}}(U)$，可以计算出接收装置输出端口上噪声的密度函数 $W_{\text{Ⅲ}}(И)$，这个密度函数是经过滤波器和幅度检波器处理后出现的新噪声，则有

$$W_{\text{Ⅲ}}(И) = \frac{И}{\sigma_{\text{Ⅲ}}^2} \cdot \exp\left(-\frac{И^2}{2\sigma_{\text{Ⅲ}}^2}\right) \tag{5.2.4}$$

式中：$\sigma_{\text{Ⅲ}}^2$ 为接收装置输入端的噪声功率($И(t)$ 是一个离散随机函数)。

由于电压 $И(t)$ 对应的噪声可以用式(5.2.2)进行表示，所以接收装置输出的经过滤波器和幅度检波器处理后的电压 $W_{\text{cr}+\text{Ⅲ}}(И)$ 概率分布密度可以记为

$$W_{\text{cr}+\text{Ⅲ}}(И) = \frac{И}{\sigma_{\text{Ⅲ}}^2} \cdot \exp\left(-\frac{И^2 + E^2}{2\sigma_{\text{Ⅲ}}^2}\right) I_0\left(\frac{ИE}{\sigma_{\text{Ⅲ}}^2}\right) \tag{5.2.5}$$

式中：$E = \int_0^T S^2(t)\,\mathrm{d}t$ 为信号能量；T 为滤波器的信号处理时间；$I_0(\cdots)$ 为贝塞尔函数。

接收装置输入电压 $И(t)$ 的概率分布密度函数 $W_{\text{cr}+\text{Ⅲ}}(И)$ 和 $W_{\text{Ⅲ}}(И)$，如图 5.2.5 所示。

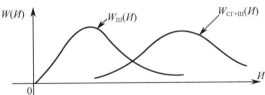

图 5.2.5　门限装置输入电压 $И(t)$ 的概率分布密度函数 $W_{\text{cr}+\text{Ⅲ}}(И)$ 和 $W_{\text{Ⅲ}}(И)$

由于接收装置输入电压 $И(t)$ 中包含有随机成分 $n(t)$，所以门限装置输出信号(0 和 1)也同样具有概率特性，并且出现(0 和 1)信号的概率取决于门限装置输入电压 $И(t)$ 是服从概率分布密度 $W_{\text{Ⅲ}}(И)$，还是服从概率分布密度 $W_{\text{cr}+\text{Ⅲ}}(И)$。可能会有 4 种情况(图 5.2.6)：

(1) 混合着噪声的信号超出门限电压 U_0，这个事件的出现概率被称为正常截获概率 D，可以用下列公式计算：

$$D = \int_{U_0}^{\infty} \omega_{\text{cr}+\text{Ⅲ}}(И)\,\mathrm{d}И \tag{5.2.6}$$

(2) 混合着噪声的信号没有超出门限电压 U_0，这个事件的出现概率被称为

197

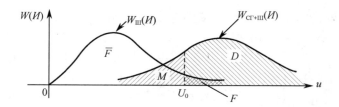

图 5.2.6　在两种输入信号状态下，门限装置输出 0 和 1 的概率

漏检概率 M，可以用下式计算：

$$M = 1 - D \tag{5.2.7}$$

（3）声的电压超出门限电压 U_0，这个事件的出现概率被称为虚警概率 F，可以用下式计算：

$$F = \int_{U_0}^{\infty} \omega_{\text{ш}}(\text{И}) \, d\text{И} \tag{5.2.8}$$

（4）噪声的电压没有超出门限电压 U_0，这个事件的出现概率被称为正常不截获概率 $\overline{F}$，可以用下式计算：

$$\overline{F} = 1 - F \tag{5.2.9}$$

概率 D 和 $\overline{F}$ 是属于正确判定的判定概率，而概率 M 和 F 则是属于错误判定的判定概率。当概率 D 越大（通常 $D = 0.8 \sim 0.99$）且 F 越小（通常来说 $F = 10^{-5} \sim 10^{-8}$），则截获效果会越好。信号功率与噪声功率的比例关系（即信噪比）被称为截获性能，相应的概率 D 和 F 函数曲线如图 5.2.7 所示。这种性能参数可以用于评价不同截获器的效能。

从信号处理的时序过程来看，截获过程发生在信号参数测量过程之前，即当形成"有信号"的判读信号时（门限装置输出 1），则立即开始进行信号参数测量。

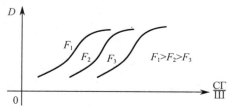

图 5.2.7　截获性能

从侦察任务的角度来看，接收信号的载波频率 f_0 是一个最重要的参数。下面举例说明一下对接收信号载波频率 f_0 进行测量的方法，在本案例中假设频率侦察的精度为 $0.5\Delta f$，即等于滤波器带宽的一半，同时要求可以对载波频率 f_0 进行存储。

在本案例中用于对接收信号载波频率 f_0 进行精确测量的设备是，如

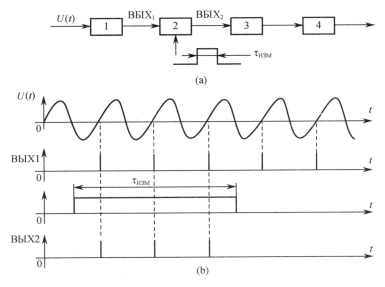

图 5.2.8　数字式频率测量仪组成结构(a)及工作过程信号波形图(b)
1—脉冲发生器;2—选择模块;3—变换器;4—指示器。

图 5.2.8(a)所示的数字式频率测量仪,这种测量仪工作过程中的信号波形,如图 5.2.8(b)所示。

滤波器输出的调制信号 $И(t)$ 进入到脉冲发生器(图 5.2.8 中的 1 号组件),这个发生器会在 $И(t)$ 信号电压从下向上穿过 0 电平时,产生出短脉冲。这些产生出的短脉冲序列,进入选择模块(图 5.2.8 中的 2 号组件)的第一个输入端口。选择模块的第二个输入端口上输入的是,经过延时 $\tau_{ИЗМ}$ 后的触发(选择)脉冲。于是,进入选择模块第一个输入端口的部分短脉冲序列,能够在 $\tau_{ИЗМ}$ 时间内进入到变换器(图 5.2.8 中的 3 号组件),这个变换器可以把进入的脉冲个数转换成频率值,其转换算法是:

$$F_{ИЗМ} = \frac{n}{\tau_{ИЗМ}} \tag{5.2.10}$$

式中:n 为在 $\tau_{ИЗМ}$ 时间内进入到变换器的短脉冲个数。此时,由于产生 $\tau_{ИЗМ}$ 的触发脉冲前沿与短脉冲发生器的工作不同步,所以第一个短脉冲可能会导致出现测量误差 $\Delta F_{ИЗМ}$:

$$\Delta F_{ИЗМ} = \frac{1}{\tau_{ИЗМ}} \tag{5.2.11}$$

例如,当 $\tau_{ИЗМ} = 1$ 时,测量误差 $\Delta F_{ИЗМ} = 1\mathrm{Hz}$。

对于本案例中频率存储问题来说(对接收信号重复频率 f_0 进行存储,是为了实施电子对抗时对应答式干扰机进行工作参数设定),需要使用到一种装置,这种装置的组成结构如图 5.2.9 所示。

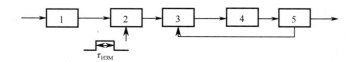

图 5.2.9　频率存储装置的组成结构

1—滤波器；2—选择模块；3—脉冲相位检波器；4—控制单元；5—变频振荡器。

滤波器（图 5.2.9 中的 1 号组件）输出的调制信号（这个信号的频率就是要存储的频率）进入选择模块（图 5.2.9 中的 2 号组件）的第一个输入端口。选择模块的第二个输入端口输入的是，脉冲间隔为 $\tau_{\text{ИЗМ}}$ 的连续脉冲，在 $\tau_{\text{ИЗМ}}$ 时间内，滤波器输出的调制信号经过选择模块进入脉冲相位检波器（图 5.2.9 中的 3 号组件）的第一个输入端口上。在 $\tau_{\text{ИЗМ}}$ 时间内，这个脉冲相位检波器可以将滤波器输出的调制信号与其他（从脉冲相位检波器的第二个输入端口进入的）调制信号进行相位比较，并产生 1 个与这 2 个信号相位差成比例的电压信号。产生的电压信号发送给控制单元（图 5.2.9 中的 4 号组件），这个控制单元采取相应的措施（使之前的 2 个信号相位重合）改变变频振荡器（图 5.2.9 中的 5 号组件）的工作频率。上述这一系列处理过程，都是在 $\tau_{\text{ИЗМ}}$ 时间内完成的，变频振荡器最终输出的信号频率可以保持一定的时间不会变化。这段时间内不会变化的频率，就是要存储的频率。

需要注意的是，如果对战术任务本身来说，进行频率存储时并不要求具有很高的精度，那么可以使用滤波器（图 5.2.3）进行频率存储。

如上所述，就完成了对敌方无线电系统发射信号进行截获和信号载波频率测量（对于无线电电子技术侦察来说，这个频率是敌方无线电系统工作信号的重要参数）的工作。

接下来，介绍如图 5.2.1 所示的无线电电子技术侦察系统工作过程。

实际上，对敌方无线电系统发射信号进行截获和信号参数测量的所有结果，都会在指示器上（图 5.2.1 中的 4 号组件）显示出来。此外，这些结果也会发送给控制模块（图 5.2.1 中的 5 号组件），这个控制模块与接收装置（图 5.2.1 中的 2 号组件）和天线模块（图 5.2.1 中的 1 号组件）连接在一起，可以实现各种信号搜索功能。其中，控制模块产生天线转动指令，进而实现对敌方无线电系统的方位角 α 测量（在水平平面上）。需要注意的是，实际上对敌方无线电系统所在位置进行侦察时，通常只能确定方位角 α（此时，需要 2 个或者是更多的无线电电子技术侦察系统，才能确定敌方无线电系统的所在位置），而且这种侦察功能是由控制模块完成的。

为了测量出敌方无线电系统的所在位置方位角 α（在水平平面上），无线电电子技术侦察系统可以采用幅度测角法和相位测角法（前文介绍过）。这里只介绍一下利用多普勒效应，进行方位角 α 测量的具体方法。

进行方位角 α 测量时所使用的多普勒测量仪组成结构,如图 5.2.10(a)所示。

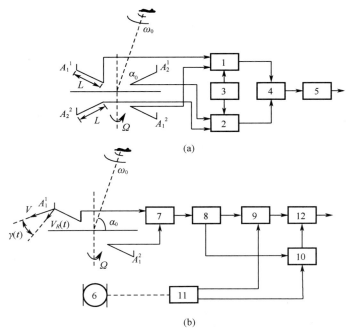

(a)

(b)

图 5.2.10　进行方位角 α 测量时所使用的多普勒测量仪组成结构(a)
及测量仪的一个组成通道工作过程示意图(b)

1—第一个接收装置;2—第二个接收装置;3—本机振荡器;4—测量装置;5—指示器;
6—电动机;7—乘法模块;8—滤波器;9—第一个相位检波器;10—第二个相位检波器;
11—基准电压振荡器;12—计算机。

如图 5.2.10(a)所示,4 个对称安装(相隔距离为 L)的接收天线(A_1^1、A_1^2、A_2^1、A_2^2),以速度 Ω 围绕着中心点转动,形成圆柱形的天线方向图,其等效面积为 $2L$。这 4 个天线都是竖直的金属杆天线,在水平平面上不能进行定向,其接收信号的波段是短波和超短波波段。

频率为 ω_0 的信号进入这些天线,然后(从成对的对立天线上)进入第一个接收装置和第二个接收装置(图 5.2.10 中的 1 号和 2 号组件)的第一个与第二个输入端口上,在这两个接收装置的第三个输入端口上输入的是,来自于本机振荡器(图 5.2.10 中的 3 号组件)的调制信号(这个振荡器用于消除信号的相位位置偏移)。

接收装置向测量装置(图 5.2.10 中的 4 号组件)输入电压信号,然后在指示器上(图 5.2.10 中的 5 号组件)显示出敌方无线电系统相对于无线电电子技术侦察系统天线的方位角 α 角度值。

需要注意的是,无线电电子技术侦察系统的 4 个天线会与载机的机动相互

201

配合,进而可以确定天线相对于敌方无线电系统的方位角(航向角和俯仰角)。如果为了简化问题,假设无线电电子技术侦察系统载机是水平飞行的,那么只需要 2 个天线(例如,A_1^1 和 A_1^2)就可以计算出方位角 α 的角度值。无线电电子技术侦察系统的一个组成通道工作过程,如图 5.2.10(b)所示。

由于天线 A_1^1 和 A_1^2 都是以角频率 Ω(或者是匀速 V)进行转动的(由图 5.2.10 中的 6 号组件,即电动机控制转动),所以这些天线接收到的信号频率会随时间变化(这个时间对应着一个多普勒频率变化值)。也就是说,天线 A_1^1 接收到的信号可以表示成

$$S_1(t) = a\cos\left\{\omega_0\left[1 - \frac{V_R(t)}{C}\right]t\right\} \qquad (5.2.12)$$

而天线 A_1^2 接收到的信号可以表示成

$$S_2(t) = a\cos\left\{\omega_0\left[1 + \frac{V_R(t)}{C}\right]t\right\} \qquad (5.2.13)$$

式中:$V_R(t)$ 为瞬时速度 V 在"无线电电子技术侦察系统—敌方无线电系统"连接线段上的矢量投影。对于本案例来说:

$$V_R(t) = V\cos\gamma(t) = \Omega L\cos\gamma(t) = \Omega L\cos(\Omega t + \alpha_0) \qquad (5.2.14)$$

式中:$\gamma(t)$ 为速度 V 的矢量方向与"无线电电子技术侦察系统—敌方无线电系统"连接线段的瞬时夹角。

在乘法器(图 5.2.10 中的 7 号组件)上,对 2 个信号 $S_1(t)$ 和 $S_2(t)$ 进行乘法运算,当滤波器(图 5.2.10 中的 8 号组件)滤波频率为 $2\omega_0$ 时,乘法运算结果是

$$S(t) = \frac{a}{2}\sin\left[2\omega_0 \cdot \frac{V_R(t)}{C} \cdot t\right] \qquad (5.2.15)$$

式(5.2.15)也可以改写成

$$S(t) = \frac{a}{2}\sin\left[\frac{2\omega_0}{C} \cdot \Omega L\sin(\Omega t + \alpha_0)\right]$$

上述公式进行级数展开后得到

$$S(t) = \frac{a}{2}\sum_{k=0}^{\infty} J_{2K+1}\left[\frac{2\omega_0}{C} \cdot \Omega L\right]\sin\left[(2K+1)(\Omega t + \alpha_0)\right]$$

式中:$J_{2K+1}(l)$ 为一个贝塞尔函数,且 $l = \frac{2\omega_0}{C} \cdot \Omega L = 2\pi\Omega \cdot \frac{2L}{\lambda_0}$。

由于滤波器滤波带宽比较窄,所以滤波器筛选出来的原始信号是

$$S^{(1)}(t) = \frac{a}{2}J_1\left[\frac{2\omega_0}{C} \cdot \Omega L\right]\sin\left[(2K+1)(\Omega t + \alpha_0)\right] \qquad (5.2.16)$$

这个信号被发送给第一个和第二个相位检波器(图 5.2.10 中的 9 号和 10

号组件)的第一个输入端口。这 2 个检波器的第二个输入端口上,输入的是频率为 Ω 的且相位相差 90° 的调制信号,这个调制信号是基准电压振荡器(图 5.2.10 中的 11 号组件)产生的,并且这个振荡器与电动机(图 5.2.10 中的 6 号组件)同步工作。当相位检波器输出电压为 $S^{(1)}(t) = \sin\Omega t$ 和 $S^{(1)}(t) = \cos\Omega t$ 时,计算机(图 5.2.10 中的 12 号组件)输出的电压对应着的就是估计的方位角 α_0 角度值,即

$$\alpha_0^* = \text{arctg}\, \frac{S^{(1)}(t)\sin\Omega t}{S^{(1)}(t)\cos\Omega t} \tag{5.2.17}$$

式中:α_0^* 为方位角 α_0 的测量值。

在现代化的多普勒角坐标测量仪中,已经不再采用机械式的天线转动方式了,而是采用环形栅格固定天线,这种天线的圆柱形方向图长为 $2L$。使用环形栅格固定天线时,天线栅格单元可以周期性地(速度为 Ω)、成对地接通到接收装置输入端口上。

需要注意的是,如果无线电电子技术侦察系统使用了多通道接收装置,那么这种无线电电子技术侦察系统可以同时对几个敌方无线电系统的方位角进行测量。

总结一下无线电电子技术侦察系统的工作过程可以发现,在前文介绍过的那些无线电系统中,有一些无线电系统(例如,雷达预警与引导系统)可以完成类似的电子技术侦察任务。

5.3　电子干扰系统

所谓的电子对抗,是指利用电子干扰和布设假目标的方式,破坏敌方无线电系统正常工作条件的各种技术方法与作战行动的总称。换句话来说就是,电子干扰是一种主动式的或被动式的防御方法。

5.3.1　主动式的电子干扰方法

所谓的主动式电子干扰方法,是指必须向敌方无线电系统进行电磁辐射的电子干扰方法。这种电磁辐射的目标是,最少要破坏掉敌方无线电系统的正常工作状态,甚至是压制住敌方无线电系统的正常工作。

通过辐射破坏敌方无线电系统正常工作状态的无线电系统,被称为电子干扰系统。电子干扰系统的一般组成结构,如图 5.3.1 所示。

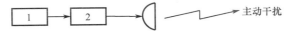

图 5.3.1　电子干扰系统的组成结构

1—干扰机;2—发射装置。

电子干扰系统的干扰机,用于形成需要的干扰样式信号(例如,噪声干扰信号、脉冲干扰信号等)。电子干扰系统的发射装置,用于将干扰信号的功率进行放大。通常可以作为功率放大器使用的是行波管,行波管输出信号功率会非常大(可以达到几百瓦,在脉冲状态下甚至可以达到几百千瓦),而且可以在很宽的频段内(几十兆赫兹)进行快速变频。

电子干扰系统的工作情况,如图5.3.2所示。

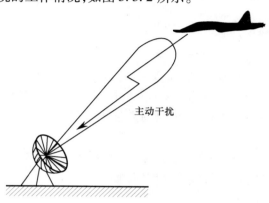

图 5.3.2   电子干扰系统实施主动式干扰时的工作情况

由图5.3.2可见,安装着电子干扰系统的飞机,对敌方地面无线电系统进行照射。当得到目标反射信号后,机载电子干扰系统开始发射信号(主动干扰信号),希望能够对敌方无线电系统进行压制。

下面介绍为了保证达到指定的压制效果 K_Π,应该如何计算最小的压制距离 $R_{\min}$。这个计算问题参考的基本态势,如图5.3.2所示。

如果敌方无线电系统的信号发射功率为 $P_{\text{изл}}$,且天线增益系数为 G_0(G_0 等于方向图最大值 $G(\alpha,\beta)$),那么敌方无线电系统对机载电子干扰系统的辐射功率密度 Π_1 等于:

$$\Pi_1 = \frac{P_{\text{изл}}G_0}{4\pi R^2}$$

式中:R 为敌方无线电系统与电子干扰系统载机之间的相对距离。

电子干扰系统载机的雷达反射面积为 S_0,则敌方无线电系统对载机附近的辐射磁场功率为 P_1:

$$P_1 = \Pi_1 S_0 = \frac{P_{\text{изл}}G_0}{4\pi R^2} \cdot S_0$$

这个辐射磁场经过空间传播之后,在敌方无线电系统天线上形成的功率密度 Π_2 为

$$\Pi_2 = \frac{P_1}{4\pi R^2} = \frac{P_{\text{изл}}G_0}{(4\pi)^2 R^4} \cdot S_0$$

204

此时,进入到敌方无线电系统接收装置输入端口上的(从电子干扰系统载机上反射回来的)信号功率为 $P_{\text{СГ ВХ}}$:

$$P_{\text{СГВХ}} = \Pi_2 S_{\text{АНТ}} = \frac{P_{\text{ИЗЛ}} G_0}{(4\pi)^2 R^4} \cdot S_0 S_{\text{АНТ}} \qquad (5.3.1)$$

式中:$S_{\text{АНТ}}$ 为敌方无线电系统接收天线的有效面积。

下面再来分析如何计算敌方无线电系统接收装置输入端口上的主动干扰信号功率 $P_{\text{П ВХ}}$。假设机载电子干扰系统发射的主动干扰信号功率为 P_0,电子干扰系统天线方向图最大值 $G_1(\alpha, \beta)$ 所对应的天线增益为 G_1。

此时,敌方无线电系统天线上的主动干扰信号功率密度为 $\Pi_{\text{П}}$:

$$\Pi_{\text{П}} = \frac{P_0 G_1}{4\pi R^2}$$

则敌方无线电系统接收天线输入端口上的主动干扰信号功率为 $P_{\text{П АНТ}}$:

$$P_{\text{П АНТ}} = \Pi_{\text{П}} S_{\text{АНТ}} = \frac{P_0 G_1}{4\pi R^2} \cdot S_{\text{АНТ}}$$

由于主动干扰信号频谱宽度 $\Delta f_{\text{П}}$ 通常要大于接收装置的滤波带宽 $\Delta f_{\text{ПРМ}}$,所以能够进入接收装置的只是一部分信号功率 $P_{\text{П ВХ}}$,不是整个信号功率 $P_{\text{ПАНТ}}$,于是

$$P_{\text{ПВХ}} = P_{\text{ПАНТ}} \cdot \frac{\Delta f_{\text{ПРМ}}}{\Delta f_{\text{П}}} = \frac{P_0 G_1}{4\pi R^2} \cdot S_{\text{АНТ}} \cdot \frac{\Delta f_{\text{ПРМ}}}{\Delta f_{\text{П}}} \qquad (5.3.2)$$

通过比较式(5.3.1)和式(5.3.2)可以发现,当电子干扰系统的载机靠近敌方无线电系统时,功率 $P_{\text{СГ ВХ}}$ 的增长速度要比功率 $P_{\text{П ВХ}}$ 的增长速度快。这就意味着,在某个距离 $R_{\min}$ 时,功率 $P_{\text{СГ ВХ}}$ 增长到一定程度,为了保护电子干扰系统载机(使敌方无线电系统不能发现电子干扰系统载机)实施的主动干扰不起作用了,而这个距离 $R_{\min}$ 被称为最小压制距离。

计算距离 $R_{\min}$ 时,需要用到主动干扰作用系数。这个作用系数可以用压制系数 $K_{\text{П}}$ 进行估算:

$$K_{\text{П}} = \frac{P_{\text{ПВХ}}}{P_{\text{СГВХ}}} \qquad (5.3.3)$$

当式(5.3.1)和式(5.3.2)代入式(5.3.3)之后,得到

$$K_{\text{П}} = \frac{P_0 G_1}{P_{\text{ИЗЛ}} G_0 S_0} \cdot \frac{\Delta f_{\text{ПРМ}}}{\Delta f_{\text{П}}} \cdot 4\pi R_{\min}^2$$

上式经过转换得到:

$$R_{\min} = \sqrt{K_{\text{П}} \cdot \frac{1}{4\pi} \cdot \frac{P_{\text{ИЗЛ}} G_0 S_0}{P_0 G_1} \cdot \frac{\Delta f_{\text{П}}}{\Delta f_{\text{ПРМ}}}} \qquad (5.3.4)$$

式(5.3.4)被称为无线电电子压制方程。利用这个方程可以计算出压制作用区域,即敌方无线电系统不能发现电子干扰系统载机的空间范围。如果电子

干扰系统布设在地面上,那么压制作用区域是一个半球形,其球体半径为 R_{min}。

如果敌方无线电系统的 $P_{ИЗП}G_0 = 10^9 \text{W}$,且 $K_{\Pi} = 1$ 的电子干扰系统载机雷达反射面积 $S_0 = 10 \text{m}^2$,那么当 $R_{min} = 10 \text{km}$ 时,需要的主动干扰发射信号功率 P_0 为 10W。

实现主动干扰的技术方法有很多种,但是所有的主动干扰样式可以分为两个大类:压制式主动干扰和假目标式主动干扰。所以,进行主动干扰的电子对抗系统,也被称为压制式干扰电子干扰系统,或假目标式干扰电子干扰系统。

压制式干扰电子干扰系统。所谓的压制是指,对敌方无线电系统实施的主动干扰,是一种随机干扰信号(不规则干扰信号),这种干扰信号可以降低敌方无线电系统的作用距离、破坏其探测能力和分辨能力等。在实现随机干扰时,电子干扰系统必须使用随机(噪声)信号发生器。所以,电子干扰系统在实施压制干扰时,工作在特高频频段,并且可以选择使用 O 型行波管、M 型返波管、雪崩光电二极管、双极晶体三极管等。

实施压制干扰(连续发射随机信号)的电子干扰系统组成结构,如图5.3.3所示。

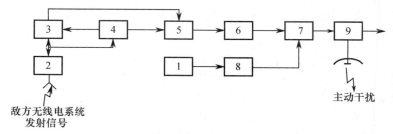

图5.3.3　实施压制干扰(连续发射随机信号)的电子干扰系统组成结构
1—噪声信号发生器;2—接收装置;3—储频模块;4—信号分析仪;5—调谐模块;
6—无线电信号发生器;7—调制器;8—放大器;9—发射装置。

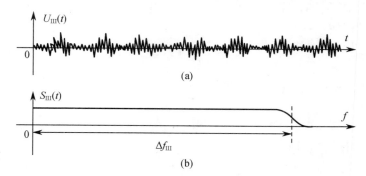

图5.3.4　噪声信号(a)及信号频谱(b)

噪声信号发生器(图5.3.3中的1号组件),是压制式干扰电子干扰系统的基本组件,这种信号发生器产生的一种噪声信号,如图5.3.4(a)所示,相应的信号频谱,如图 5.3.4(b)所示。需要注意的是,这个信号频谱要比压制干扰信号的最大有效频谱宽度要宽一些。这种信号发生器是由光电导体、电子管、晶体三极管(可以产生白噪声)和普通电阻(可以产生热噪声)组成的,当频谱密度等于 $10^{-17} \sim 10^{-16}$ W/·Hz 时,产生的噪声频谱宽度为 $2 \cdot 10^8 \sim 3 \cdot 10^8$ Hz。这种噪声(其频谱与白色光频谱相近似)被称为"白噪声"。这种主动干扰信号在空间传播时,会具有很高的功率(是普通噪声信号的 $100 \sim 1000$ 倍)。

下面介绍电子对抗系统进行无线电电子技术侦察时的工作过程。当敌方无线电系统发射的信号被电子对抗系统的某个天线接收到之后,接收到的信号进入接收装置(图 5.3.3 中的 2 号组件),接收装置输出信号发送给储频模块(图 5.3.3 中的 3 号组件)和信号分析仪(图 5.3.3 中的 4 号组件)。信号分析仪产生一个控制信号,控制储频模块工作,同时使调谐模块(图 5.3.3 中的 5 号组件)转换到相应的工作模式。调谐模块用于对无线电信号发生器(图 5.3.3 中的 6 号组件)进行控制,使其产生与敌方无线电系统发射信号频率相一致的信号。这个产生的信号进入调制器(图 5.3.3 中的 7 号组件)的第一个输入端口,调制器的第二个输入端口输入的是被放大器(图 5.3.3 中的 8 号组件)放大的噪声信号。在电子对抗系统上会事先设定好调制特性(幅度调制、频率调制)。最后,形成的主动干扰信号进入发射装置(图 5.3.3 中的 9 号组件),并从电子干扰系统的另一个天线发射出去。

这种电子干扰系统的组成结构具有普遍性,而且在实施压制干扰时,这种信号处理过程(储频转发过程)会不间断工作。

需要注意以下几个情况。

第一种情况。电子干扰系统中没有安装电子侦察模块,其组成结构如图 5.3.5 所示。这种电子干扰系统可以直接实施主动噪声干扰。

噪声信号发生器(图 5.3.5 中的 1 号组件)产生的不规则信号(图 5.3.4 (a)),其信号频谱宽度 $\Delta f_{\text{Ш}}$ 比较宽,所以产生的噪声信号是一种白噪声。这个噪声信号进入滤波器(图 5.3.5 中的 2 号组件),滤波器的滤波带宽 $\Delta f_{\Phi} < \Delta f_{\text{Ш}}$,滤波器输出的信号被功率放大器(图 5.3.5 中的 3 号组件)放大,然后向空间发射出去。直接发射出去的噪声干扰信号频谱宽度 $\Delta f_{\text{ПОМ}}$ 等于滤波器的滤波带宽 Δf_{Φ}。

图 5.3.5 直接发射噪声干扰的电子干扰系统组成结构
1—噪声信号发生器;2—滤波器;3—功率放大器。

需要注意的是,如果满足条件 $\Delta f_{\text{ПОМ}} > \Delta f_{\text{ПРМ}}$($\Delta f_{\text{ПРМ}}$——敌方无线电系统接收装置的带宽),那么这种干扰样式被称为阻塞式干扰。这种直接发射噪声干扰的无线电系统频率带宽 $\Delta f_{\text{ПОМ}}$ 可以达到 500MHz,发射功率可以达到 10kW。

如果不满足上述条件，即 $\Delta f_{\text{ПОМ}} < \Delta f_{\text{ПРМ}}$，那么当干扰信号的中心频率 $(f_{0\,\text{ПОМ}})$ 与敌方无线电系统接收装置的中心频率 $(f_{0\,\text{ПРМ}})$ 对准时，这种干扰样式被称为瞄准式干扰。

第二种情况。电子干扰系统可以实现自动化的瞄准式噪声干扰（干扰信号与敌方无线电系统发射信号参数相匹配），这种电子干扰系统的组成结构，如图 5.3.6 所示。

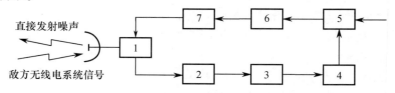

图 5.3.6 实施瞄准式噪声干扰的电子干扰系统组成结构

1—循环存储器；2—接收装置；3—频谱分析仪；4—计算机；
5—控制模块；6—噪声信号发生器；7—发射装置。

电子干扰系统天线接收到的敌方无线电系统信号，首先进入到循环存储器（图 5.3.6 中的 1 号组件），然后进入接收装置（图 5.3.6 中的 2 号组件），接下来再进入频谱分析仪（图 5.3.6 中的 3 号组件），测量出这个信号的频率参数。得到的测量参数结果发送给计算机（图 5.3.6 中的 4 号组件），由计算机产生需要的噪声干扰信号频率参数的数字电码。这个数字电码发送给控制模块（图 5.3.6 中的 5 号组件），由它产生一个控制信号，控制噪声信号发生器（图 5.3.6 中的 6 号组件）工作。需要注意的是，在敌方无线电系统发射信号进入之前，噪声信号发生器不工作。接通噪声信号发生器与控制模块的方法有两种：一是利用外部指令；二是通过计算机控制。接下来，噪声信号进入发射装置（图 5.3.6 中的 7 号组件），再进入循环存储器，并作为直接噪声干扰信号通过电子干扰系统天线向敌方无线电系统进行辐射。

由图 5.3.7 可见，这种方式下形成的直接噪声干扰属于一种瞄准式干扰。这种干扰方式的频带宽度 $\Delta f_{\text{ПОМ}}$ 可以达到 $10 \sim 20\text{MHz}$。

第三种情况。电子干扰系统发射的干扰信号，是一种经过调制的瞄准式干扰信号，这种电子干扰系统的组成结构如图 5.3.3 所示。这种干扰样式下使用的调制信号，可以是多种参数同时进行调制的信号。

如图 5.3.8(a) 所示的，是一种经过幅度调制的噪声干扰信号。这种调制干扰信号的形成方法，如图 5.3.3 所示。图 5.3.3 中的信号发生器（6 号组件）产生的信号频率 f_0 是固定的，这个定频信号进入调制器（图 5.3.3 中的 7 号组件）的第一个输入端口，第二个输入端口上输入放大的噪声信号。调制器输出信号的波形，如图 5.3.8(a) 所示。

除了上述方法之外，还有另外一种调制干扰信号的构成方法（利用中继天

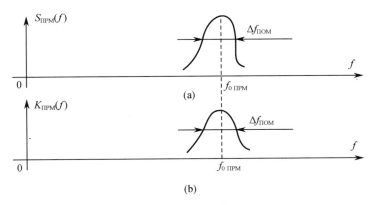

图 5.3.7　实施瞄准式干扰的信号频谱(a)
与敌方无线电系统接收装置的幅度频率特性(b)

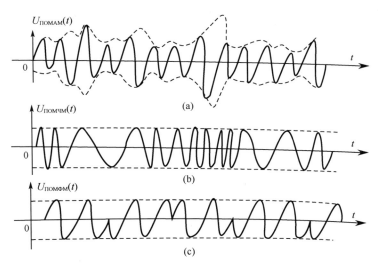

图 5.3.8　对主动干扰信号进行各种连续调制后的信号波形
(a)噪声幅度调制；(b)噪声频率调制；(c)噪声相位调制。

线阵列),如图 5.3.9 所示。敌方无线电系统发射信号进入多单元天线阵列的前半部 1,2,…,N 号单元,这些单元中的每一个单元都经过发射装置与天线阵列的后半部 1',2',…,N'号单元相互连接在一起,于是就构成了具有中继功能的天线阵列(图 5.3.9(a))。

　　如果信号发射装置中设有功率放大器(图 5.3.9(b)),那么根据从敌方无线电系统接收到的信号所构成的主动干扰信号,可以严格地沿着对称的反向方向对敌方无线电系统进行反射。如果发射装置的功率放大器中设有可控移相器(图 5.3.9(c)),那么主动干扰信号的辐射方向可以保持不变,但是需要向移相器外部输入端口上输入噪声信号,进而对主动干扰信号进行连续的幅度调制,并且调制后的信号也是噪声信号。

如图 5.3.8(b)所示的是一种频率调制噪声干扰信号。这种信号的形成方法,如图 5.3.3 所示。在形成这种信号时,在图 5.3.3 中的调制器(7 号组件)上是对信号发生器(6 号组件)产生的频率 f_0 信号用噪声信号进行调制。

如图 5.3.8(c)所示的是一种相位调制噪声干扰信号。这种信号的形成方法与前面两种信号调制方法是一样的,即利用图 5.3.3 中的调制器,对信号发生器产生的频率 f_0 信号用噪声信号进行调制。

由于上述三种干扰信号的参数都是经过噪声调制,所以上述三种干扰样式本质上还是属于瞄准式干扰。这些压制干扰信号的形成过程都只需要非常短的时间,而且是可以连续形成的。

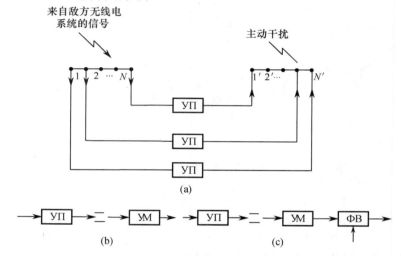

图 5.3.9　利用中继天线阵列进行再次辐射的示意图(a)及天线阵列组成结构(b,c)
УП—信号发射装置;УМ—功率放大器;ФВ—可控移相器。

下面介绍另一种压制干扰样式:间断式压制干扰。

实际上经常使用的一种间断式压制干扰,就是使用杂脉冲实施压制干扰,这种干扰信号的杂脉冲序列中,脉冲宽度 $\tau_{\text{и}}$ 和间隔时间 T_{C} 都具有随机性(但脉冲序列的载波频率 f_0 是固定的)。

如图 5.3.10(a)所示的,是一种可以形成最简单的杂脉冲干扰信号的电子干扰系统组成结构示意图,这种电子干扰系统的工作原理如图 5.3.10(b)所示。

噪声信号发生器(图 5.3.10 中的 1 号组件)产生的噪声信号 $И_{\text{Ш}}(t)$,发送给门限装置(图 5.3.10 中的 2 号组件),其门限电压为 U_0。门限装置输出的电压 $И_{\text{ВЫХ}}(t)$ 可以构成视频脉冲序列,其信号形式是

$$И_{\text{ВЫХ}}(t) = \begin{cases} И_{\text{Ш}}(t), & И_{\text{Ш}}(t) \geqslant U_0 \\ 0, & И_{\text{Ш}}(t) < U_0 \end{cases}$$

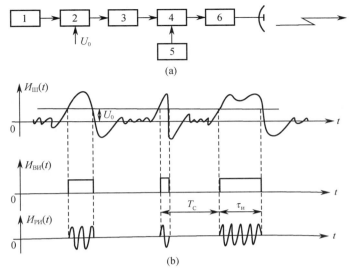

图 5.3.10　形成最简单的杂脉冲干扰的电子干扰系统组成结构(a)及其工作原理(b)

1—噪声信号发生器;2—门限装置;3—视频脉冲发生器;4—调制器;

5—无线电信号发生器;6—发射装置。

接下来,电压 $U_{\text{ВЫХ}}(t)$ 使视频脉冲发生器(图 5.3.10 中的 3 号组件)产生视频脉冲序列 $U_{\text{ВИ}}(t)$,这个脉冲序列进入到调制器(图 5.3.10 中的 4 号组件)的第一个输入端口上。调制器的第二个输入端口输入的是来自于无线电信号发生器(图 5.3.10 中的 5 号组件)的调谐信号,这个调谐信号频率是 f_0。调制器产生的脉冲序列 $U_{\text{РИ}}(t)$ 经过发射装置(图 5.3.10 中的 6 号组件)作为杂脉冲干扰信号向空间发射出去。

这种电子干扰系统是一种自动化无线电系统,即:这种电子干扰系统的工作过程与敌方无线电系统的工作特性没有太大的关联性。这种电子干扰系统发射杂脉冲干扰信号时,敌方无线电系统通常没在工作,也就是说,这种电子干扰系统的发射功率有很大一部分可能会被浪费掉。因此,实际上使用杂脉冲干扰的电子干扰系统,通常是作为无线电电子技术侦察设备使用。在图 5.3.11 中描述了一种使用杂脉冲干扰的电子干扰系统组成结构,同时还描述了它的一些主要工作过程中的信号波形图。

这种电子干扰系统只有在接收到敌方无线电系统发射信号之后,才开始工作。当载波频率为 f_0、脉冲宽度为 $\tau_{\text{иП}}$ 的敌方无线电系统发射脉冲进入接收装置(图 5.3.11 中的 1 号组件)后,经过接收装置进入频率储存装置(图 5.3.11 中的 2 号组件),然后将信号转发给信号发生器(图 5.3.11 中的 3 号组件)。在频率储存装置发送信号作用下,这个信号发生器开始产生频率为 f_0 的信号。此外,接收装置输出的敌方无线电系统信号发送给幅度检波器(图 5.3.11 中的 4 号组

211

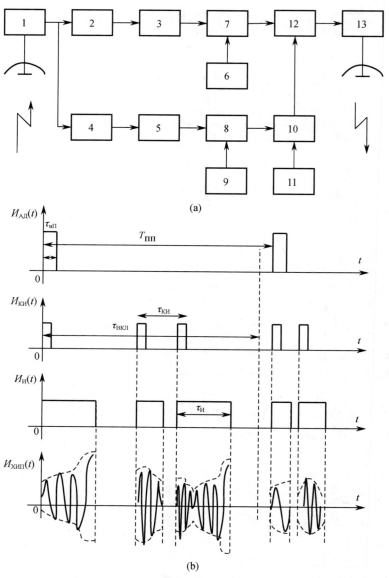

(a)

(b)

图 5.3.11　无线电电子技术侦察设备中安装的杂脉冲干扰
电子干扰系统组成结构(a)及其工作过程信号波形图(b)

1—接收装置；2—频率储存装置；3—无线电信号发生器；4—幅度检波器；5—开关模块；
6—第一个噪声信号发生器；7—幅度调制器；8—短脉冲发生器；9—第二个噪声信号发生器；
10—视频脉冲发生器；11—第三个噪声信号发生器；12—脉冲调制器；13—发射装置。

件)，检波器输出信号为 $И_{АД}(t)$（其重复周期与敌方无线电系统发射信号的重复周期 $T_{пп}$ 相同)。开关模块(图 5.3.11 中的 5 号组件)可以形成一个延时 $\tau_{ВКЛ}$，可以保证在时间 $\tau_{ВКЛ}$ 内产生杂脉冲干扰信号（$\tau_{ВКЛ}$ 要比 $T_{пп}$ 小一些)。

212

形成的杂脉冲干扰信号开始向幅度调制器(图5.3.11中的7号组件)发送频率为f_0的信号和噪声信号(来自第一个噪声信号发生器),于是幅度调制器输出频率为f_0的幅度调制噪声信号。

短脉冲$H_{\text{КИ}}(t)$发生器(图5.3.11中的8号组件)和第二个噪声信号发生器(图5.3.11中的9号组件)用于使干扰脉冲序列中的脉冲间隔周期随机变化,即:在第二个噪声信号发生器的作用下,干扰脉冲序列中的邻近脉冲之间的时间间隔$\tau_{\text{КИ}}$会发生随机变化。

接下来,每个短脉冲都会触发视频脉冲$H_{\text{КИ}}(t)$发生器工作。此时,在第三个噪声信号发生器(图5.3.11中的11号组件)的作用下,这些视频脉冲$H_{\text{КИ}}(t)$的脉冲宽度$\tau_{\text{И}}$会发生不规则变化。

此后,脉冲间隔时间$\tau_{\text{КИ}}$和脉冲宽度$\tau_{\text{И}}$都具有随机特性的视频脉冲$H_{\text{КИ}}(t)$发送给脉冲调制器(图5.3.11中的12号组件)的某一个输入端口,而另一个输入端口上输入的是经过噪声信号幅度调制的信号,这个信号的频率为f_0且信号输入的持续时间为$\tau_{\text{ВКЛ}}$。于是,脉冲调制器输出杂脉冲干扰信号$H_{\text{ХИП}}(t)$,这个干扰信号经过发射装置(图5.3.11中的13号组件)和电子干扰系统天线向空间发射出去。需要注意的是,这种杂脉冲干扰信号进入到敌方无线电系统之后,可以把电子干扰系统的载机自身反射信号隐蔽起来。

5.3.2　发射假目标干扰信号的电子干扰系统

所谓的假目标干扰,就是向敌方无线电系统提供虚假的空中态势信息,进而构成主动干扰。下面具体介绍一下这种系统的工作过程。

假设电子干扰系统的载机,是在敌方无线电系统的探测下飞行。如果电子干扰系统不工作,那么敌方无线电系统可以根据载机反射回来的信号获知载机的空间位置和运动参数信息,然后把获知的信息提供给敌方的拦截系统。如果电子干扰系统工作,并通过转发敌方无线电系统的探测信号,进而形成假目标干扰信号,那么敌方无线电系统除了可以接收到载机反射信号之外,还可以接收到这种干扰信号,而且这种干扰信号的参数与载机反射信号的参数非常近似。于是,敌方无线电系统对载机空间位置和运动参数的探测信息会产生错误(获知的载机目标数量会增加,例如,探测到的飞机目标会出现"分裂"效应)。因此,敌方拦截系统在得到这样的错误信息后,不能发挥出应有的效能作用。

下面介绍发射各种假目标干扰信号的电子干扰系统工作原理。可以根据电子干扰系统载机位置和运动参数构成假目标的参数包括:载机距离、径向速度(相对于敌方无线电系统的矢量方向速度)和位置角度。

距离假目标信号的形成原理是,对于电子干扰系统载机自身反射脉冲H_{C}的延迟时间τ_{C}来说,干扰脉冲$H_{\text{П}}$的延迟时间$\tau_{\text{П}}$(相对于敌方无线电系统发射的脉冲信号H_{P})是不同的。由于干扰脉冲信号$H_{\text{П}}$的功率总是大于载机自身反

射信号 $И_C$ 的功率,所以敌方无线电系统的操作人员(或者是信息提取装置)认为载机距离 R_C 不是真实的目标当前距离的概率会增大,其中 R_C 为

$$R_C = \frac{C\tau_C}{2}$$

而假目标干扰信号形成的距离 R_Π 为

$$R_\Pi = \frac{C\tau_\Pi}{2} \tag{5.3.5}$$

也就是说,敌方无线电系统的操作人员(或者是信息提取装置)可能会把距离 R_Π 作为真实目标距离,并使敌方拦截系统跟踪假目标。此时,如果相对于 τ_C 来说,τ_Π 的时间变化比较平稳(最开始时 $\tau_\Pi \approx \tau_C$),那么这样的干扰样式被称为拖曳式干扰;如果 τ_Π 时间是跳跃变化的(相对于 τ_C 来说的),那么这样的干扰样式被称为转移式干扰。τ_Π 时间的跳变值可能有多种形式,实际上如果转移干扰的($\tau_\Pi - \tau_C$)差值超过距离选择波门(敌方无线电系统中的),那么这种干扰样式被敌方视为是一种拖曳式干扰。

下面将具体介绍距离拖曳式电子干扰系统的工作过程。

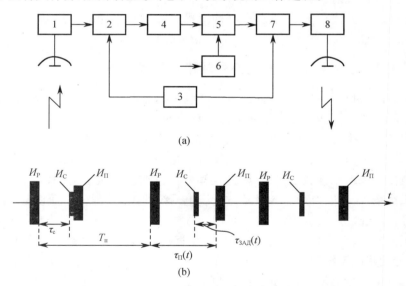

(a)

(b)

图 5.3.12　拖曳式干扰电子干扰系统组成结构(a)及工作原理示意图(b)

1—接收装置;2—第一个混频器;3—本机振荡器;4—过渡频率(频率差)放大器;5—延迟控制装置;

6—控制模块;7—第二个混频器;8—发射装置;$И_P$—敌方无线电系统发射的脉冲信号;

$И_C$—载机自身反射信号;$И_\Pi$—拖曳干扰脉冲信号。

当电子干扰系统天线和接收装置(图 5.3.12 中的 1 号组件)接收到敌方无线电系统发射的脉冲信号 $И_C$(载机反射信号)时,电子干扰系统开始实施拖曳式干扰。敌方无线电系统发射的脉冲信号(载机反射信号)在第一个混频器(图

214

5.3.12 中的 2 号组件)和本机振荡器(图 5.3.12 中的 3 号组件)的作用下,形成具有过渡频率 $f_P(f_P = f_0 - f_\Gamma)$ 的信号,此时 f_0 为敌方无线电系统发射信号的脉冲载波频率,而 f_Γ 为本振信号频率。

频率为 f_P 的过渡信号,在放大器(图 5.3.12 中的 4 号组件)中被放大,并在 t_1 时刻进入到延迟控制装置(图 5.3.12 中的 5 号组件),且在控制模块(图 5.3.12 中的 6 号组件)输出电压的作用下形成时间延迟 $\tau_{3A\text{Д}}(t_1)$,这个延迟时间表示延迟控制装置(图 5.3.12 中的 5 号组件)输入和输出脉冲之间的间隔时间。然后,载波频率为 f_P 的延迟脉冲在第二个混频器(图 5.3.12 中的 7 号组件)和本机振荡器(图 5.3.12 中的 3 号组件)的作用下,转换成初始载波频率 f_0 的脉冲信号(即敌方无线电系统发射的信号,实际上第二个混频器上实现了 $f_0 = f_P + f_\Gamma$ 的信号处理过程),这个信号(作为干扰信号 $И_\Pi$)经过发射装置(图 5.3.12 中的 8 号组件),从电子干扰系统天线向空间发射出去(向着敌方无线电系统的所在方向)。

在下一个敌方无线电系统发射脉冲重复周期 T_Π 中,再一次重复上述工作过程,电子干扰系统会在 t_2 时刻形成时间延迟 $\tau_{3A\text{Д}}(t_2)$,这个延迟时间也是由控制模块(图 5.3.12 中的 6 号组件)输出电压所产生的,但是延迟时间要比 $\tau_{3A\text{Д}}(t_1)$ 长一些。这就意味着,敌方无线电系统会把信号 $И_\Pi$ 当作是载机正在离开时(实际上没有)的反射信号,并且由于 $И_\Pi$ 信号的幅度比较大(与电子干扰系统载机自身的反射信号幅度相比),所以敌方无线电系统会把信号 $И_\Pi$ 发送给敌方拦截系统。

可以对敌方无线电系统实施距离转移式干扰的电子干扰系统组成结构和工作原理,如图 5.3.13 所示。

这种电子干扰系统与前面介绍过的拖曳式干扰电子干扰系统具有相似的工作方式,也是根据敌方无线电系统发射的信号 $И_\text{C}$ 来形成干扰信号。当敌方无线电系统发射的信号 $И_\text{C}$ 载波频率为 f_0 时,这个信号经过接收装置(图 5.3.13 中的 1 号组件)进入频率分配器(图 5.3.13 中的 2 号组件),并在频率分配器上将载波频率降为 f_1。然后,载波频率降为 f_1 的信号进入加法器(图 5.3.13 中的 3 号组件)的第一个输入端口和第一个放大器(图 5.3.13 中的 4 号组件),第一个放大器输出的信号进入第一个变频器(图 5.3.13 中的 5 号组件),使得载波频率 f_1 变成 f_2 之后,被送入超声波延迟线路(图 5.3.13 中的 6 号组件,延迟时间为 $\tau_{3A\text{Д}}$)。经过超声波延迟线路输出的信号(与原始信号之间的相位变化比较小),接下来进行逆向处理:在第二个变频器(图 5.3.13 中的 7 号组件)中,信号载波频率从 f_2 变成 f_1,之后在第二个放大器(图 5.3.13 中的 8 号组件)中,将载波频率为 f_1 的信号进行放大,经过放大之后的信号进入加法器的第二个输入端口。此后,加法器输出信号依次进入第一个放大器和频率倍增器(图 5.3.13 中的 9 号组件)。在频率倍增器中,载波频率 f_1 的信号变成载波频率 f_0(敌方无

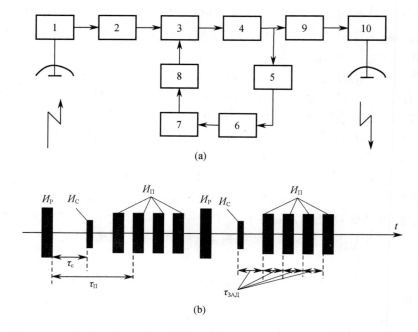

图 5.3.13　距离转移式干扰电子干扰系统组成结构（a）及工作原理示意图（b）

1—接收装置；2—频率分配器；3—加法器；4—第一个放大器；5—第一个变频器；

6—超声波延迟线路；7—第二个变频器；8—第二个放大器；9—频率倍增器；10—发射装置；

$И_P$—敌方无线电系统发射的脉冲信号；$И_C$—载机自身反射信号；$И_П$—转移干扰脉冲信号。

线电系统发射信号的载波频率）的干扰信号。最后，干扰信号 $И_П$ 经过发射装置
（图 5.3.13 中的 10 号组件）和天线向敌方无线电系统所在方向发射出去。

　　通过上述过程可以发现，第一个放大器输出的信号除了要发送给频率倍增器之外，还要发送给逆反馈环路（由第一个变频器和其他组件组成的）。于是，第二个干扰信号是在经过延迟时间 $\tau_{ЗАД}$ 之后，才从天线发射出去。

　　正是通过这种方式，在敌方无线电系统输入端口上，除了会有比较小的电子干扰系统载机自身反射信号 $И_C$ 之外，还会有功率高出一个等级的相互间隔 $\tau_{ЗАД}$ 的干扰信号 $И_П$，这个间隔 $\tau_{ЗАД}$ 的干扰信号可以使敌方无线电系统认为是一群等间距的飞机所反射回来的信号，进而就形成了多个距离假目标。

　　下面介绍一下速度假目标干扰电子干扰系统。

　　这种速度假目标干扰电子干扰系统与距离假目标干扰电子干扰系统具有相似的工作方式，即：速度假目标干扰信号的频谱移动方式，与距离假目标干扰信号的时间移动方式具有相似性。

　　在图 5.3.14 所示的径向速度拖曳式干扰电子干扰系统中，当天线和接收装置（图 5.3.14 中的 1 号组件）接收到敌方无线电系统发射的频率为 f_0 的信号之后，幅度调制器（图 5.3.14 中的 2 号组件）和谐波信号发生器（图 5.3.14 中的 3

216

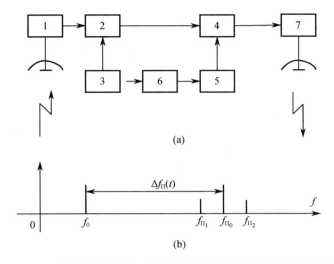

(a)

(b)

图 5.3.14　速度拖曳式干扰电子干扰系统组成结构(a)及其信号频谱(b)
1—接收装置；2—幅度调制器；3—谐波信号发生器；4—相位调制器；
5—锯齿电压发生器；6—控制模块；7—发射装置。

号组件)对这个信号进行幅度调制,使这个信号的频率移动 $\Delta f_{\Pi}(t)$。接下来,这个信号进入相位调制器(图 5.3.14 中的 4 号组件),并在相位调制器的另一个输入端口上输入锯齿电压发生器(图 5.3.14 中的 5 号组件)输出的线性变化电压(锯齿电压发生器是在图 5.3.14 中的 6 号组件,即控制模块的作用下工作)。由于相位调制器中使用了行波管,所以锯齿电压形成的相位调制可以记为

$$\varphi(t) = Kt \qquad (5.3.6)$$

相应的信号频率偏移为

$$\Delta f_{\Pi} = \frac{\mathrm{d}\varphi}{\mathrm{d}t} = \frac{K}{2\pi} \qquad (5.3.7)$$

如果线性变化的锯齿电压的斜率 K 是可变的(由图 5.3.14 中的 6 号组件,即控制模块的信号控制),那么频率偏移值的时间变化可以记为

$$\Delta f_{\Pi}(t) = \frac{K(t)}{2\pi} \qquad (5.3.8)$$

这个频率偏移对应着拖曳(径向速度)干扰信号的频率。接下来,载波频率为 $f_{\Pi_0}(t) = f_0 + \Delta f_{\Pi}(t)$ 的连续幅度调制信号经过发射装置(图 5.3.14 中的 6 号组件)和天线向敌方无线电系统所在方向发射出去。

这种电子干扰系统的特点是,形成的干扰信号载波频率为 $f_{\Pi_0}(t)$ 可大可小,以此来表示假目标飞机的靠近和离开。

用类似的方法可以构建出速度瞄准式干扰电子干扰系统,如图 5.3.15 所示。

当频率为 f_0 的信号进入天线之后,经过接收装置(图 5.3.15 中的 1 号组

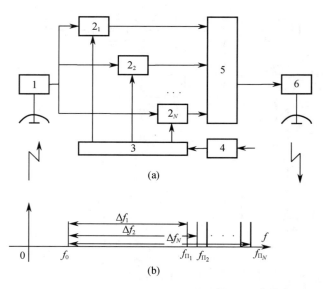

图 5.3.15　速度瞄准式干扰电子干扰系统组成结构(a)及其信号频谱(b)

1—接收装置；$2_1, 2_2, \cdots, 2_N$—频移 $\Delta f_1, \Delta f_2, \cdots, \Delta f_N$ 发生器；3—多通道线性变化电压发生器；

4—控制模块；5—加法器；6—发射装置。

件)进入构成频移 $\Delta f_1, \Delta f_2, \cdots, \Delta f_N$ 的信号处理组件(图 5.3.15 中的 $2_1, 2_2, \cdots,$ 2_N 号组件)。这种频移组件的组成结构与如图 5.3.14 所示的电子干扰系统组成结构十分相似。在控制模块(图 5.3.15 中的 4 号组件)的控制下,多通道信号发生器(图 5.3.15 中的 3 号组件)产生一组线性变化的电压信号(这些电压信号是一种锯齿型电压信号,其信号锯齿波形的斜度分别为 $K_1, K_2, \cdots, K_N$)。在加法器(图 5.3.15 中的 5 号组件)中形成频率分别为 $f_{\Pi_1}, f_{\Pi_2} \cdots f_{\Pi_N}$ 的干扰信号,并将干扰信号发送给发射装置(图 5.3.15 中的 6 号组件)。然后,通过天线将这种瞄准式干扰信号,向敌方无线电系统所在方向发射出去。

由于信号频率 $f_{\Pi_1}, f_{\Pi_2}, \cdots, f_{\Pi_N}$ 是固定不变的(因为 $K_1, K_2, \cdots, K_N$ 对应的 $\Delta f_1,$ $\Delta f_2, \cdots, \Delta f_N$ 频移是恒定的),而且电子干扰系统发射的瞄准式干扰信号功率足够高,所以敌方无线电系统中的信息提取装置会把这些频率 $f_{\Pi_1}, f_{\Pi_2} \cdots f_{\Pi_N}$ 信号认为是空间中具有不同径向速度的 N 个目标,因此敌方拦截系统会瞄准这样的一群目标(实际上这些目标是不存在的)。

上述这 2 个例子,都属于速度假目标干扰样式。下面介绍一下可以实施角度假目标干扰的电子干扰系统,如图 5.3.16 所示。

假设敌方无线电系统工作在脉冲发射模式(脉冲载波频率为 f_0),并且其天线方向图是以角速度 Ω 进行扫描。由于电子干扰系统载机处于敌方无线电系统扫描范围内时,电子干扰系统的天线上会有敌方无线电系统的发射信号进入,这个信号会在电子干扰系统接收装置(图 5.3.16 中的 1 号组件)上形成一串脉

218

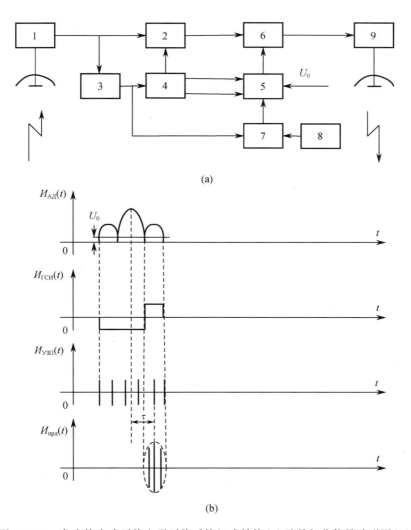

(a)

(b)

图 5.3.16 角度拖曳式干扰电子干扰系统组成结构(a)及其部分信号波形图(b)
1—接收装置;2—频率储存装置;3—幅度检波器;4—信号分析仪;
5—选择脉冲发生器;6—调制器;7—延迟控制装置;8—控制模块;9—发射装置。

冲信号,这些脉冲信号的幅度是经过敌方无线电系统的天线方向图调制过的。
这串脉冲进入频率储存装置(图 5.3.16 中的 2 号组件,其输出信号 $И_{узп}(t)$ 是
一种脉冲序列信号)和幅度检波器(图 5.3.16 中的 3 号组件,其输出信号
$И_{ад}(t)$ 是一种对敌方无线电系统天线方向图进行复制的信号)。信号分析仪
(图 5.3.16 中的 4 号组件)可以根据幅度检波器的输出信号,形成一个具有中
间波瓣和旁瓣的波形信号(图 5.3.16(b))。这种瓣状信号和 $И_{ад}(t)$ 信号一同
发送给选择脉冲发生器(图 5.3.16 中的 5 号组件)的第一个和第二个输入端
口,在这个发生器的第三个输入端口上输入门限电压 U_0。在门限装置中,

$И_{АД}(t)$ 信号与门限电压 U_0 进行比较，比较结果形成输出脉冲 $И_{ГСИ}(t)$，这个信号的正负极性由信号分析仪的输出信号决定。

当信号 $И_{узп}(t)$ 经过调制器（图 5.3.16 中的 6 号组件）时，脉冲信号 $И_{ГСИ}(t)$ 中只有一部分信号才能起动调制器工作，即：当脉冲信号 $И_{ГСИ}(t)$ 为正极时。于是，调制器工作时会输出钟形的（幅度经过调制的）脉冲串，并且这个脉冲串（干扰信号脉冲串）的最大值与敌方无线电系统天线方向图主瓣的最大值会在时间上错开 τ 时间。这个时间偏差与敌方无线电系统天线方向图的扫描角速度 Ω 有关，并且因此构成的假目标方位角等于 $\Omega\tau$。

需要注意的是，延迟控制装置（图 5.3.16 中的 7 号组件）用于改变 τ 时间，控制模块（图 5.3.16 中的 8 号组件）用于控制 τ 时间的变化特征，在这两个装置的共同作用下，可以改变假目标脉冲最大值出现时的时间坐标位置。也就是说，电子干扰系统通过这种方式可以构成角度拖曳式干扰信号。

最后，形成的干扰信号脉冲串（载波频率为 f_0）从发射装置（图 5.3.16 中的 9 号组件）进入天线，并向敌方无线电系统所在方向发射出去。这种角度拖曳式干扰样式，也是一种瞄准式干扰。

如图 5.3.17 所示的，是一种使用反比例视频电压信号构成多个角度假目标干扰信号的电子干扰系统组成结构示意图。

假设敌方无线电系统工作在脉冲发射模式（脉冲载波频率为 f_0），并且其天线方向图是以频率 Ω 进行圆周转动。这就意味着，敌方无线电系统发射的脉冲信号幅度是经过天线方向图调制的，并且这种发射脉冲信号在进入电子干扰系统的天线和接收装置（图 5.3.17 中的 1 号组件）时，是受时间限制的。

电子干扰系统接收装置（图 5.3.17 中的 1 号组件）输出的脉冲进入频率储存装置（图 5.3.17 中的 2 号组件）和幅度检波器（图 5.3.17 中的 3 号组件），幅度检波器产生视频电压信号 $И_{АД}(t)$，这个信号可以对敌方无线电系统天线方向图的工作方式进行复制。然后，视频电压信号 $И_{АД}(t)$ 进入反比例视频电压信号发生器（图 5.3.17 中的 4 号组件），这个发生器的输出信号为 $И_{ФОП}(t)$，且具有信号放大系数为

$$K(И_0) = \frac{K_0}{И_{АД}(t)} \tag{5.3.9}$$

式中：K_0 为一个恒定系数值。

此时，幅度调制器（图 5.3.17 中的 5 号组件）输出端口上，将会形成受时间限制的恒定幅度脉冲序列信号 $И_{AM}(t)$。这个脉冲序列信号的宽度为 τ，当它从发射装置（图 5.3.17 中的 6 号组件）和天线发射出去之后（载波频率为 f_0），就可以形成多个分布在 $\Omega\tau$ 角度范围内的假目标（实际上是不存在的）干扰信号，并且敌方无线电系统不能从角度上将这些假目标区分开。这种干扰信号进入敌方无线电系统之后，可以使其难以正确评估出空中态势。

220

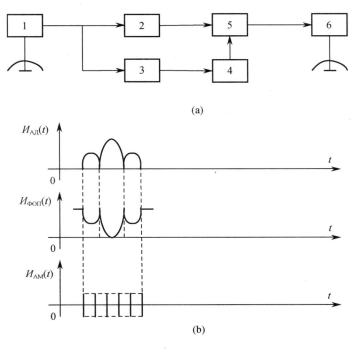

(a)

(b)

图 5.3.17　可以构成多个角度假目标干扰的电子干扰
系统组成结构(a)及其部分信号波形图(b)

1—接收装置；2—频率储存装置；3—幅度检波器；4—反比例视频电压信号发生器；
5—幅度调制器；6—发射装置。

5.3.3　被动式的电子干扰方法

被动式电子干扰方法,是指将敌方无线电系统辐射的信号向某个方向进行再次辐射(这种再次辐射不是使用信号发生器),进而达到降低敌方无线电系统工作效能的目的。这种电子干扰方法实际上是利用了专用的表面镀金属器材和特殊的透波结构,所以这种方法又被称为偶极子干扰和假目标干扰。

下面分别介绍这两种干扰方法。

偶极子干扰。所谓的偶极子干扰,就是利用锡箔、铝箔、镀金属玻璃丝等无源的细小(几十微米长)物体反射电磁波。为了保证对照射的无线电波形成最大反射效应,通常要使用不同尺寸的偶极子。当使用的偶极子长度近似等于照射无线电波的半波长(波长为 λ_0)时,具有最大的有效反射面积 S_0 。实际上,偶极子的长度通常为 $0.47\lambda_0$ 。

当从飞机上投放偶极子时,各种长度的偶极子会被捆成束,在空中散布后会形成反射频带 $\Delta f(\Delta f \cong \cong (0.05 \sim 0.15)f_0)$ 很宽的偶极子云。为了保证具有比较大的有效反射面积 S_0 ,偶极子的投放时间间隔要比较短暂(图 5.3.18)。

投放出来的偶极子在气流作用下散布在空间中,偶极子云的几何中心在风的作用下会发生移动,在重力作用下会下降,并且偶极子在水平平面上的散布数量要大于垂直平面上的散布数量。在平静的大气层中,偶极子云的下降速度最大为 60 ~ 180m/min,最小为 25 ~ 70m/min。但是,偶极子也可能在向上的气流作用下向上移动,甚至是在悬浮状态下保持很长时间。

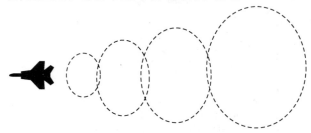

图 5. 3. 18　飞机投放的偶极子在空间中形成的散射干扰

如果假设单个半波长偶极子可以等概率地出现在照射波束的波长上,那么单个偶极子平均有效反射面积为 $0.17\lambda_0^2$。如果飞机上投放的偶极子束中有 M 个半波长偶极子,那么这些偶极子均匀地分布在空间中形成的有效反射面积 S_0 是

$$S_0 = 0.17\lambda_0^2 \eta M$$

式中:η 为偶极子有效作用系数($\eta < 100\%$,因为有一部分偶极子会黏在一起,而且距离远的偶极子会比距离近的偶极子反射能力弱)。

形成的偶极子云平均尺寸,在平静的大气层中可以达到 400 ~ 1000m(水平和垂直方向上),在有风的时候,水平方向上可以达到 500m 左右,垂直方向上可以达到 1500 米左右。

偶极子云反射信号的频率范围大约是 250 ~ 8000MHz。如果为了形成类似于飞机的假目标反射面积 S_0,那么当敌方无线电系统工作在米波波段时所需使用的偶极子数量,要少于敌方无线电系统工作在厘米波段时所需使用的偶极子数量。如果敌方无线电系统发射信号波长 $\lambda_0 = 10\mathrm{cm}$,为了形成类似于飞机的假目标反射面积 $S_0 = 10\mathrm{m}^2$,需要使用的偶极子数量不少于 6000 个,当波长 $\lambda_0 = 0.5\mathrm{m}$ 时,需要使用的偶极子数量不少于 235 个。

假目标干扰。所谓的假目标干扰,就是构造一种人工结构,将敌方无线电系统发射信号向原方向反射回去。这种人工结构,通常布设在远距离遥控飞行器、滑翔机和气球上。投射到空间中的利用降落伞滑翔的假目标,可以在敌方无线电系统输入端口上形成一种特定的信号,使得无线电系统的信息提取装置认为突袭飞机的数量增加了,而且突袭飞机编队的队形也变得更加密集了。这种假目标的构成装置有角反射体、龙伯透镜、再次辐射天线阵列(万 – 阿塔天线阵列)等。

下面简单地介绍一下这些假目标的构成机理。

角反射体也被称为角反射器（图 5.3.19），是由相互垂直的镀金属板构成，这些金属板可以形成三个镜面系统。

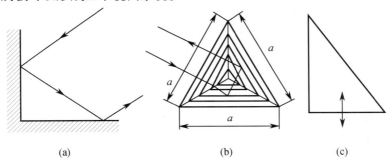

图 5.3.19　角反射体

(a)工作原理示意图；(b)三棱面角反射体中的波束反射过程；(c)活动的棱面。

角反射体的特点是，无线电波束在经过角反射体的反射之后，可以向着无线电波束的辐射源反射回去（图 5.3.19(a)）。当波束沿着角反射体棱面之间的直角等分线入射时，角反射体对波束的反射能力最强。此时，三角形棱面的角反射体有效反射面积 S_0 是

$$S_0 = 4\pi \frac{a^4}{3\lambda_0^2} \tag{5.3.10}$$

式中：a 为棱面长度；λ_0 为入射无线电波长。例如，如果 $a = 48\text{cm}$，那么当入射无线电波频率 $f_0 = 10\text{GHz}$ 时，$S_0 = 134\text{m}^2$，如果 $f_0 = 3\text{GHz}$ 时，$S_0 = 12\text{m}^2$。

在角反射体中，除了使用三角形棱面之外，还会采用正方形的棱面。正方形棱面角反射体的有效反射面积 S_0 是

$$S_0 = 12\pi \frac{a^4}{3\lambda_0^2} \tag{5.3.11}$$

式中：a 为正方形棱面长度。当 $a = 48\text{cm}$，且 $f_0 = 10\text{GHz}$ 时，$S_0 = 1206\text{m}^2$，如果 $f_0 = 3\text{GHz}$ 时，$S_0 = 108\text{m}^2$。此时，角反射体的棱面之间垂直度，需要进行严格检验，因为如果棱面之间垂直度误差为 $1°$，那么角反射体的有效反射面积 S_0 会下降 5 倍。

一般来说，角反射体方向图宽度 $\Delta\alpha = \Delta\beta = (25° \sim 50°)$。为了展宽角反射体方向图，可以使用几个角反射体，并把它们固定在不同方向上构成一个整体结构，或者是转动角反射体（或者是转动构成整体的角反射体）。

通过摆动某个角反射体棱面（图 5.3.19(c)），可以改变入射无线电波向敌方无线电系统进行再次辐射的反射波频率移动（类似于多普勒频率）。此时，当角反射体活动棱面的摆动频率比较小时，角反射体可以形成径向速度多普勒频移假目标，如果假设这个假目标的径向速度 $V_R = 1000\text{km/h}$，当入射无线电波频

率 $f_0 = 10^{10}$ Hz 时,需要的频率移动 $\Delta f = 2$kHz。

角反射体的缺点是方向图不太宽,龙伯透镜反射体可以很好地解决这个问题。所谓的龙伯透镜,就是由几个电介质层构成的球体。这个球体的一个半球面上覆盖着一层金属,球体表面电介质的透波系数 ε 近似于空气的透波系数,而球体内部越向深处则透波系数越高。也就是说,球体内部的无线电波折射系数 n 变化与距离球体透镜中心点的距离 r 有关,即

$$n = \sqrt{2 - \left(\frac{r}{R_0}\right)^2} \qquad (5.3.12)$$

式中:R_0 为龙伯透镜的球体半径。

进入透镜的平行无线电波,会在透镜内部金属层上的一个点反射回来。无线电波经过电介质层反向反射之后,无线电波会以平行入射波的形式向敌方无线电系统所在方向进行反射(图5.3.20(a))。此时,龙伯透镜的方向图宽度与球体内部的金属镀层尺寸有关,例如,当金属镀层长度为1/4球面长度时,透镜的方向图宽度为90°。龙伯透镜的方向图宽度,最大可以达到180°。

龙伯透镜的有效反射面积 S_0 与球体半径 R_0 有关,即

$$S_0 = 4\pi^3 \frac{R_0^4}{\lambda_0^2} \qquad (5.3.13)$$

当透镜球体半径 $R_0 = 30$cm,入射无线电波频率 $f_0 = 10$GHz 时,则 $S_0 = 1000$m^2。

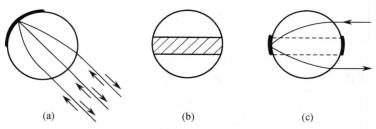

图 5.3.20　龙伯透镜反射体

(a)透镜中扇形金属镀层的入射波反射路径;(b)赤道上环形金属镀层的透镜;
(c)透镜中赤道上环形金属镀层的入射波反射路径。

为了扩大无线电波的反射角度范围,可以采用环形金属镀层的透镜(图5.3.20(b))。通过改变环形金属镀层的宽度和位置,可以形成不同的方向图(入射波在透镜中环形金属镀层上的反射路径,如图5.3.20(c)所示)。

龙伯透镜的特点之一是重量轻,球体半径 $R_0 = 20$cm 的龙伯透镜只有1.6kg,球体半径 $R_0 = 40$cm 的龙伯透镜只有11.6kg。龙伯透镜的一个缺点就是制造复杂(导致造价昂贵)。

再次辐射天线阵列(例如,前文介绍过的万－阿塔无源天线阵列)在用于被动干扰时(图5.3.21),可以构成假目标干扰。

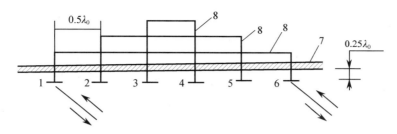

图 5.3.21　中继天线阵列
1~6—偶极子；7—指示器屏幕；8—同轴电缆。

这种天线阵列是由多个收发天线单元(例如,半波长偶极子)组合而成的,这些天线单元的间隔距离,在屏幕上(图5.3.21中的7号组件)显示的刻度为 $0.5\lambda_0$,与屏幕之间的相对距离为 $0.25\lambda_0$,并且这些天线单元之间利用同轴电缆成对地连接在一起,这些同轴电缆具有相同的电气特性长度。在上述条件下,1号偶极子(图5.3.21中的1号组件)接收到的电磁波进入6号偶极子(图5.3.21中的6号组件),1号偶极子就完成了再次辐射。由于同轴电缆具有相同的电气特性长度,所以电磁波可以通过不同的通道,从位于敌方无线电系统发射方向的天线阵列上的偶极子发射出去(反射出去)。

这种天线阵列的有效反射面积 S_0 等于:

$$S_0 = \pi N_{\text{Д}}^2 \frac{\lambda_0^2}{4} \qquad (5.3.14)$$

式中　$N_{\text{Д}}$ 为半波长偶极子数量。

天线阵列的缺点是(除了结构复杂之外),需要事先知道敌方无线电系统的具体工作频率 f_0,并且天线阵列的工作频带宽度 Δf 比较窄。

上述介绍到的假目标干扰样式的共同缺点是,在空间中的活动范围比较小,因此可能会被敌方无线电系统中的运动目标选择装置(例如,前文介绍过的动目标选择电路)剔除出来。因此,在实际使用中,经常会利用其他手段,将假目标在大气层中移动,例如,使用专门的抛射火箭。

5.4　电子隐身系统

所谓的无线电电子隐身,是一种降低无线电电子技术侦察设备工作效能的综合技术。电子隐身技术主要分为两种类型,一种是提高无线电系统自身工作过程中的"低可观测性",另一种是降低地面和空中目标自身的"低可观测性"。

隐身效果的度量单位,通常是用概率 P_{M} 进行表示。$1 - P_{\text{M}}$ 的概率值,等于侦察接收机的信号截获条件概率 D,这个条件概率的参考条件是接收机输入端口上是否有信号。这个条件概率与敌方无线电侦察系统接收机的信噪比 q

有关：

$$q = \frac{P_{\text{сг}}}{P_{\text{ш}}} = \frac{Q}{N_0} \cdot \frac{1}{\Delta f \tau} \tag{5.4.1}$$

式中：$P_{\text{сг}}$ 和 Q 为信号功率和信号能量；$P_{\text{ш}}$ 和 N_0 为噪声功率和噪声频谱密度；$\Delta f \tau$ 为信号基准（时长为 τ 的信号频谱宽度 Δf）。显然，当提高信号基准 $\Delta f \tau$ 时，或者是降低信号截获门限值 $q_0 = \dfrac{Q}{N_0}$ 时，都会改善电子隐身效果。

敌方无线电侦察系统接收机工作频带上的信号功率 $P_{\text{сг}}$ 可以表示成

$$P_{\text{сг}} = \frac{P_{\text{изл}} G_{\text{изл}} G_{\text{прм}}}{(4\pi R)^2} \cdot \eta \tag{5.4.2}$$

式中：$P_{\text{изл}}$ 为隐身无线电系统发射的信号功率；$G_{\text{изл}}$ 为隐身无线电系统发射天线对准敌方无线电侦察系统接收天线的增益；$G_{\text{прм}}$ 为敌方无线电侦察系统接收天线增益；R 为敌我双方无线电系统相对距离；η 为敌方无线电系统接收通道有效作用系数。

敌方无线电侦察系统接收机的包络检波器输入端口工作频带 $\Delta f_{\text{прм}}$ 上的噪声功率 $P_{\text{ш}}$ 可以表示成

$$P_{\text{ш}} = K_{\text{Б}} T_{\text{ш}} \Delta f_{\text{прм}} \tag{5.4.3}$$

式中：$K_{\text{Б}} = 1.23 \cdot 10^{-23} \text{W}/(^\circ) \cdot \text{s}$；$T_{\text{ш}}$ 为输入电路上的等价噪声温度。

将式（5.4.2）和式（5.4.3）代入式（5.4.1），得到

$$q = \frac{P_{\text{изл}} G_{\text{изл}} G_{\text{прм}}}{(4\pi R)^2 K_{\text{Б}} T_{\text{ш}} \Delta f_{\text{прм}}} \cdot \eta \tag{5.4.4}$$

实际上利用式（5.4.1）式（5.4.4）都可以反映出无线电系统电子隐身的工作原理。

5.4.1　提高无线电系统隐身特性的基本方法

无线电系统的工作过程通常都会有信号辐射，这种辐射可以分为两种情况：一种是由方向图主瓣发射的辐射波（发射信号频率位于频谱上的载波频率 f_0 附近），另一种是由方向图副瓣发射的辐射波（发射信号频率位于频谱的外侧）。通过降低这两种辐射，就可以提高无线电系统工作时的隐身特性。

通过方向图提高无线电系统隐身特性的基本方法。根据式（5.4.4）中的基本参数可以看出，降低参数 $P_{\text{изл}}$ 和 $G_{\text{изл}}$ 就可以实现无线电系统工作时的隐身要求。但是，式（5.4.4）中的基本参数，需要分成两种情况进行讨论。

第一种情况。对于主瓣来说，降低发射功率 $P_{\text{изл}}$ 或者是降低增益 $G_{\text{изл}}$ 都可以改善隐身特性。但是这两种方法都不经常使用，因为如果降低发射功率 $P_{\text{изл}}$，则会导致无线电系统作用距离 $R_{\max}$ 减小，而如果降低增益 $G_{\text{изл}}$，则会导致方向图展宽进而导致测角的精确性变差。所以，为了改善隐身特性，需要利用到一种时

间因数,即减少对某个方向上的辐射时长(最大辐射时长就是发射一个脉冲的时长)。

第二种情况。对于副瓣来说,为了改善隐身特性,实际上可以通过某种规则改变天线口径上的电磁场分布来达到降低副瓣辐射的目的。例如,将最大的副瓣均匀地分布在天线口径上。从另一个角度来看,降低副瓣辐射功率,通常会导致主瓣的方向图展宽,进而会导致增益 $G_{изл}$ 减小。也就是说,如果使用强方向图天线,那么可以构成比较大的副瓣。

对于改善天线口径上的电磁场分布问题来说,最佳的参考原则是采用切比雪夫定律(即使用切比雪夫函数)。这种切比雪夫定律在有源天线阵列中应用的比较广泛。

通过辐射信号提高无线电系统隐身特性的基本方法。通过分析式(5.4.1),可以得出这样的结论,即:选择恰当的发射信号,确实可以改善无线电系统的隐身特性,而且这种方法比增大信号基准 $\Delta f\tau$ 具有更好的隐身效果。实际上如果隐身无线电系统使用比较大的信号基准(宽频带的),那么频谱功率密度会非常小,敌方无线电侦察系统很难截获,但是这种隐身无线电系统的信号接收机性能指标参数需要大幅度提升才行。

通过上述分析可知,为了保证足够的隐身特性,隐身无线电系统使用的宽频带信号参数 Δf 和 τ 应该满足下列条件:

$$\begin{cases} \Delta f \gg \Delta f_{ПРМ} \\ \tau \gg \tau_{НАБЛ} \end{cases} \tag{5.4.5}$$

式中:$\Delta f_{ПРМ}$ 和 $\tau_{НАБЛ}$ 分别为敌方无线电系统的工作带宽和探测时长。

此外,提高隐身无线电系统发射信号的宽频带特性,可以对敌方无线电侦察系统产生影响,使得敌方无线电侦察系统对发射信号的频率、调制特性和频谱等侦察困难,进而提高隐身特性。隐身无线电系统采用的比较典型的发射信号,是频率偏移 $f_{Д}$ 与调制频率 F_{M} 比值比较大(比值大于1)的频率调制信号。但是,这种调制信号的频率是用锯齿信号进行调制,这种调制处理技术比较简单。所以,这种线性频率调制信号的信号基准 $\Delta f\tau$,可以达到几百或几千数量级。

上述频率调制信号是由行波管或者是返波管频率调制器产生的,之所以会使用行波管或者是返波管调制器,是因为宽频带频率调制信号的信号基准 $\Delta f\tau$比较大、输出信号功率高,并且输出信号的电平在整个频段上比较平稳。

历史上最早出现的(实际上是在20世纪才开始使用的)隐身方法,是采用技术方法对发射信号载波频率 f_0 的中心频率进行变频。对于这种隐身方法来说,使用什么样的信号形式并不重要,因为实际上任何信号都可以进行频率 f_0变频。从隐身问题本身来看,这种隐身方法的关键是要让敌人不清楚频率 f_0 的变频规则。所以,现代无线电系统中通常采用随机方式的频率 f_0 变频规则,即宽频带发射信号的频率进行随机跳变。

需要注意的是,无线电系统除了会有主瓣辐射之外,还存在着副瓣辐射。这种副瓣辐射的存在,是因为天线馈线接头存在缺陷(有缝隙),以及信号发生器和信号转换器中存在着大功率电流等原因。这种副瓣辐射对于己方无线电系统来说,是一种无益辐射,但是敌方无线电侦察系统却可以从中提取到有用的信息。

降低副瓣辐射的大多数技术方法(即改善无线电隐身效果的技术方案),归根结底都是使用电磁防护。从小到分立元件(放大器、调制器)、大到综合系统(无线电系统、飞机)都要采取电磁屏蔽。

理论上讲,任何一种电磁屏蔽都可以对任何频率的无线电辐射进行抑制,但是实际上对低频辐射进行屏蔽要比对高频辐射进行屏蔽更加困难一些。这是因为对低频辐射(除了磁场之外)进行屏蔽时(使用铜质和钢质结构),主要是利用电磁波反射效应进行屏蔽,而对高频辐射进行屏蔽时,则主要是利用电磁波吸收效应进行屏蔽。一般来说,利用电磁波吸收效应进行屏蔽时,最好使用磁质材料,而利用电磁波反射效应进行屏蔽时,最好使用导电材料。但是,在高频频段时,屏蔽效果会同时受到吸收效应和反射效应的影响,所以在选择屏蔽材料时不需要太多的挑剔。

5.4.2 降低目标的雷达"可观测性"技术方法

雷达对隐身目标的探测能力,可以根据这个目标的反射信号和敌方无线电系统天线接收到的反射信号强度进行判定。所以,要想降低目标的雷达"可观测性",可以通过降低这些信号强度来实现。因此,降低目标的雷达"可观测性"技术方法,属于一种无源技术方法。经常使用的方法有两种:一种是喷涂上防护层;另外一种是改变隐身目标的反射面外形。下面分别介绍一下这两种方法。

使用防护层。防护涂层是喷涂在隐身目标(飞机)的反射面上,作用是降低隐身目标的反射信号强度。防护涂层有两种类型:

(1)干涉作用涂层。

(2)吸收作用涂层。

干涉作用涂层的特点是,可以将入射电磁波反射回来,并使反射波与入射波形成相互干涉。干涉作用防护涂层的作用原理,可以用图5.4.1进行图解说明。

隐身目标(图5.4.1中的编号1)表面上覆盖了一层比较薄的干涉作用涂层(图5.4.1中的编号2),这种涂层由几层相互叠加在一起的电介质(塑料、橡胶)和导电材料制作而成。敌方无线电系统发射的电磁波(图5.4.1中的编号3)照射在涂层外表面上之后,被分成两个部分,一部分从涂层表面反射回去(图5.4.1中的编号4),另一部分渗入涂层内部从隐身目标的外表面反射回去(图5.4.1中的编号5)。

为了达到隐身效果,涂层表面反射的无线电波(图5.4.1中的编号4)与隐

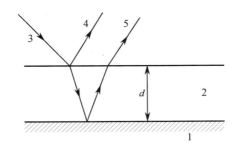

图 5.4.1　无线电波在干涉作用涂层上的相互作用机理

1—隐身目标；2—干涉作用涂层；3—入射无线电波；4—涂层反射无线电波；
5—目标反射无线电波。

身目标外表面反射的无线电波（图 5.4.1 中的编号 5）应该是反相的（理想情况下，这两个无线电波会完全抵消掉）。也就是说，渗入到涂层内部的无线电波传播路径长度应该等于奇数倍的半波长度，即

$$d = (2i+1)\frac{\lambda_{\text{п}}}{4}, \quad i = 1,2,\cdots \tag{5.4.6}$$

式中：d 为干涉作用涂层厚度；$\lambda_{\text{п}}$ 为渗入到干涉涂层内部的无线电波波长。

$\lambda_{\text{п}}$ 可以用下式表示：

$$\lambda_{\text{п}} = \frac{\lambda_0}{\sqrt{\varepsilon\mu}}$$

式中：λ_0 为空间中传播的无线电波波长；ε 为干涉作用涂层的电介质透波特性；μ 为干涉作用涂层的磁通特性。

干涉作用涂层的作用效果与入射无线电波的入射角度有关。法向入射的无线电波干涉作用效果最强。在其他入射角度上，干涉作用效果会快速下降。干涉作用涂层的另一个缺点是带通比较小，即当入射无线电波频率 f_0 的频率偏移达到 5% 时，干涉作用涂层将停止干涉作用。

干涉涂层的优点是，机械强度好、有弹性、厚度比较薄，以及重量比较轻。

吸收作用涂层可以明显减弱渗入到涂层内部的无线电波强度（将无线电波的能量转换成热量），从而降低隐身目标的反射特征（图 5.4.2）。但是，只有当隐身目标外表面的尺寸（长和宽）是直线型的，或者是隐身目标外表面的弯曲半径大于进入到涂层内部的无线电波波长时，吸收作用涂层才会起到隐身效果。如果入射无线电波波长大于目标外表面的最大尺寸，那么吸收作用涂层不能对入射无线电波进行吸收。因此，吸收作用涂层通常是只作用于米波、分米波和厘米波波段。

在米波和分米波波段，通常使用单层的吸收作用涂层（图 5.4.2(a)），这种涂层是用铁磁材料颗粒（这种材料可以大量吸收无线电波）和非磁性电介质绝缘材料制成。如果涂层材料是不均匀的，那么这种涂层会产生隐身效果，而且从

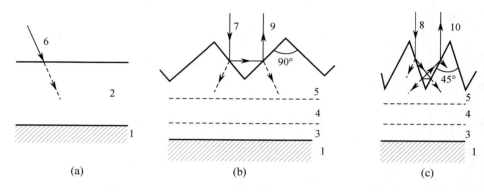

图 5.4.2　无线电波在吸收作用涂层上的相互作用机理
(a)吸收效应；(b)、(c)反射效应。

1—隐身目标；2~5—吸收作用涂层；6~8—入射无线电波；9、10—涂层反射无线电波。

涂层表面越往深处吸收系数越大。

　　在厘米波波段，通常使用多层的吸收作用涂层(图 5.4.2(b)、(c))，每层涂层的底层都是用聚苯乙烯泡沫塑料或者是橡胶材料制成的，而涂层的吸收层是用炭颗粒(石墨或焦炭)制成的。因此，涂层内部越往深处磁通特性越小，而且这种磁通特性变化是均匀变化的(不允许出现跳变，因为这会导致多层涂层分界处的反射系数增大)。需要注意的是，多层涂层可以扩大涂层的带通。

　　为了增大吸收涂层和电磁波的接触面积，进而降低涂层外表面反射无线电波的强度，可以采用凹凸不平的粗糙表面(这种表面的凹凸设计，是具有规律性的)，即采用圆锥形或三角锥形的尖头。这种尖头的顶端要做得比较窄(图5.4.2(c))，这样就会使尖头之间产生二次反射，而且反射系数会快速降低90%以上(如图 5.4.2(c)所示，10 号反射无线电波的强度明显要弱于 9 号反射无线电波)。

　　通过改变隐身目标的外形轮廓，可以降低目标的有效反射面积 $S_{0\Sigma}$。这种情况下的 $S_{0\Sigma}$ 是一种反射信号功率与入射电磁场功率密度之间的比例系数，而且这两个参数之间的比值关系是一个统计计算结果，即：在隐身目标的机体四周进行参数统计计算。

　　由于前文介绍过不同外形轮廓(例如，三角形反射体和正方形反射体)的目标具有不同的有效反射面积，为了使隐身目标具有最小的雷达"可观测性"，需要选择恰当的外形轮廓，进而保证目标外形轮廓的几何结构特征能够最大化地降低目标的有效反射面积 $S_{0\Sigma}$。

　　对于飞机这种几何外形比较复杂的目标来说，单纯只采用一种外形轮廓，显然是不能实现隐身效果的。所以，通过改变飞机的外形轮廓来达到隐身目的时，可以参考以下推荐方案。

　　(1)在敌方无线电系统辐射方向上的机身部件分布要满足最小反射面积

230

要求。

例如,如果敌方无线电系统辐射无线电波是从法向方向上照射到机身部件的外表面上,那么部件反射面积 S_0 要比类似的角反射体反射面积 S_0 大 3dB。但是,如果敌方无线电系统辐射无线电波是从法向方向的 $10°$ 夹角上照射到机身部件的外表面上,那么部件反射面积 S_0 要比类似的角反射体反射面积 S_0 低 28dB。这就意味着,如果飞机机身的下表面比较平坦,那么对于敌方无线电系统来说,当飞机机身下表面与敌方无线电系统辐射无线电波的照射方向相互垂直时,敌方无线电系统对飞机的探测能力最强。但是,当飞机机身与敌方无线电系统辐射无线电波照射方向的相对夹角变化时,飞机的"可观测性"将会快速下降。

（2）避免机身表面上有明显的截断面。

例如,角反射体(带有明显的截断面几何外形)在厘米波无线电波照射下的反射面积 S_0 等于 $1000 m^2$,而在同等条件下,球体和锥体的反射面积 S_0 只有 $1 m^2$ 和 $0.3 m^2$。这就意味着,飞机的尾翼上不应该有相互垂直的平面。所以,隐身飞机上采用两个倾斜的水平尾翼(当敌方无线电系统高出飞机飞行平面时,这种尾翼机构的飞机反射面积 $S_{0\Sigma}$ 会比较大)。

对于飞机上的其他部件来说,飞机机身的头部应做成小角度的锥形体,而机身中间部分应做成圆柱形。

（3）将机身表面上的部件朝一个方向形成最小的张角。

最佳的隐身外形轮廓是(在同等条件下),不同的机身部件相对于机身表面法向方向的倾斜角度是不平行的。

5.5 无线电电子防御系统

所谓的电子防御,就是能够降低敌方无线电系统干扰效果的综合技术方法。能实施电子防御的无线电系统,被称为无线电电子防御系统。

无线电电子防御系统主要采用的技术方法就是,从敌方无线电系统发射的干扰信号背景下选择(提取)出有用的信号。这种有用信号的选择方法包括:①空间选择方法;②频率选择方法;③时间选择方法;④幅度选择方法。

下面分别介绍一下采用不同信号选择方法的无线电电子防御系统工作原理。

5.5.1 采用空间选择方法的无线电电子防御系统

在有敌方无线电系统干扰的空间中,能够可靠获取目标(敌方飞机)角度位置信息的无线电系统,被称为采用空间选择方法的无线电电子防御系统。

采用空间选择方法的无线电电子防御系统组成结构,如图 5.5.1 所示。

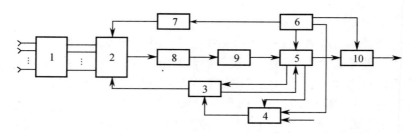

图 5.5.1　采用空间选择方法的无线电电子防御系统组成结构

1—天线模块；2—方向图生成装置；3—计算机；4—控制模块；5—信号分析仪；6—同步器；
7—发射装置；8—接收装置；9—信号处理装置；10—指示器。

天线模块（图 5.5.1 中的 1 号组件）是一个收发单元组（构成相控阵天线），与方向图生成装置（图 5.5.1 中的 2 号组件）连接在一起。方向图生成装置是由计算机（图 5.5.1 中的 3 号组件）的程序控制，而计算机则是在控制模块（图 5.5.1 中的 4 号组件）和信号分析仪（图 5.5.1 中的 5 号组件）提供的信息作用下进行工作。

这种无线电电子防御系统的工作周期由同步器（图 5.5.1 中的 6 号组件）控制。同步器发射的脉冲，会触发发射装置（图 5.5.1 中的 7 号组件）工作。

当敌方飞机反射信号和敌方无线电系统发射的干扰信号混合在一起经过接收装置（图 5.5.1 中的 8 号组件）进入信号处理装置（图 5.5.1 中的 9 号组件）之后，信号处理装置和信号分析仪开始对干扰情况进行分析。信号分析仪输出的信息，会发送给计算机、控制模块和指示器（图 5.5.1 中的 10 号组件）。

在干扰背景下对有用信号（目标信号）进行选择时，可能面临的空中态势有两种情况：

（1）作为要选择的目标，敌方飞机本身就是敌方无线电干扰系统的载机。在这种情况下，形成的干扰被称为组合干扰，如图 5.5.2(a)所示。

（2）作为要选择的目标，敌方飞机本身与敌方无线电干扰系统的载机分布在不同的空间位置上。在这种情况下，形成的干扰被称为转移干扰，如图 5.5.2(b)所示。

图 5.5.2　空中态势

(a)组合干扰；(b)转移干扰。

1—无线电电子防御系统载机；2—目标；3—干扰系统载机。

232

对于如图 5.5.2 所示的空中态势,进行目标空间选择时可以使用以下几种方法:①方向图前置方法;②三波束照射方法;③副瓣干扰抑制方法。

分别介绍一下这三种方法。

对于方向图前置方法来说,天线模块(图 5.5.1 中的 1 号组件)可以形成 2 个方向图,即宽方向图 $G_1(\alpha)$ 和窄方向图 $G_2(\alpha)$,这 2 个方向图可以进行角度扫描,并且宽方向图前置在窄方向图的前面(图 5.5.3)。此时,宽方向图对空间进行预先扫描,不论是组合干扰信号,还是转移干扰信号,都会被预先扫描接收进来,并对干扰信号进行电子侦察。如果宽方向图接收到的信号中只有一个频率(f_0),那么信号分析仪产生的信息是,空间中只有一个目标(即当前空中态势是处于组合干扰情况下),如果宽方向图接收到的信号中有 2 个或更多的频率,那么信号分析仪产生的信息是,空间中有目标和干扰源存在,并将强度最小的信号频率视为是目标反射信号的频率。之后,窄方向图进行更为精确的目标方位角测量。

对于三波束照射方法来说,是使用 2 个方向图,一个方向图是单波束方向图 $G_1(\alpha)$,另一个方向图是双波束方向图 $G_2(\alpha)$,并且方向图 $G_2(\alpha)$ 的最小方向与方向图 $G_1(\alpha)$ 的最大方向相互重合,这 2 个方向图同时进行角度扫描(图 5.5.4)。也就是说,三波束照射方法是采用和差测量法对目标方位角坐标进行测量。由于单波束方向图 $G_1(\alpha)$ 在进行目标方位角测量时会指向目标方向,所以双波束方向图 $G_2(\alpha)$ 的任何一个波瓣上接收到的干扰信号都是足够强的(特别是对于转移干扰来说)。为了减少这种干扰影响,无线电电子防御系统可以使用单脉冲(单个脉冲)工作模式。

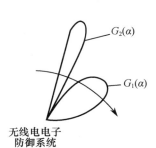

图 5.5.3　方向图前置方法

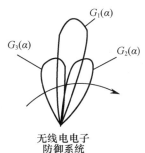

图 5.5.4　三波束照射方法

对于副瓣抑制方法来说,也是使用 2 个方向图(图 5.5.5),一个方向图是窄方向图 $G_1(\alpha)$,这个方向图通过技术方法抑制掉了副瓣影响,另一个方向图是无方向方向图 $G_2(\alpha)$。在干扰作用下(例如,组合干扰),如果方向图 $G_1(\alpha)$ 副瓣上接收到的干扰信号足够强,那么信号分析仪(图 5.5.1)会认为副瓣上的信号不是目标而是干扰源,然后对主瓣接收信号进行分析(此时不使用方向图 $G_2(\alpha)$)。如果使用方向图 $G_2(\alpha)$(或者是使用快速天线转换开关来实现,或者是使用插销型天线来实现），那么可以对方向图 $G_1(\alpha)$ 和方向图 $G_2(\alpha)$ 上接收到的信号进行比较。

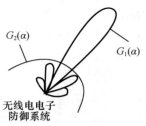

图 5.5.5　副瓣抑制方法

如果方向图 $G_1(\alpha)$ 上接收到的信号 $И_1$ 大于方向图 $G_2(\alpha)$ 上接收到的信号 $И_2$，那么信号分析仪会判定"目标处于方向图 $G_1(\alpha)$ 的主瓣内"，反之（$И_1 < И_2$）则信号分析仪会判定"方向图 $G_1(\alpha)$ 副瓣上存在干扰信号"。

上述三种方法是进行目标空间选择的基本方法。需要注意的是，带有相控阵天线的无线电电子防御系统，通常在信号接收状态下最先形成多波束方向图，然后对副瓣进入的信号进行抑制，最后进行多通道信号接收和快速的信号处理（主要是采用数字式的信号处理方法），进而提取出目标角度坐标信息。

5.5.2　采用频率选择方法的无线电电子防御系统

如果干扰信号的载波频率与无线电电子防御系统的工作频率相同时，能够根据信号频率特征获取足够可靠的敌方飞机距离信息的无线电系统，被称为采用频率选择方法的无线电电子防御系统。

采用频率选择方法的无线电电子防御系统组成结构，如图 5.5.6 所示。

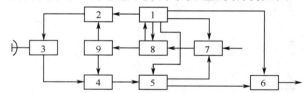

图 5.5.6　采用频率选择方法的无线电电子防御系统组成结构
1—同步器；2—发射装置；3—天线转换开关；4—接收装置；5—信号分析仪；6—指示器；
7—控制模块；8—变频装置；9—变频本机振荡器。

在同步器（图 5.5.6 中的 1 号组件）脉冲作用下，发射装置（图 5.5.6 中的 2 号组件）产生的无线电脉冲，经过天线转换开关（图 5.5.6 中的 3 号组件）和天线向空间发射出去。

从空间中进入到天线中的信号，经过天线转换开关进入接收装置（图 5.5.6 中的 4 号组件），接收装置输出的信号进入信号分析仪（图 5.5.6 中的 5 号组件），信号分析仪得到的信息或者是信号会在指示器（图 5.5.6 中的 6 号组件）

234

上显示出来。

控制模块(图 5.5.6 中的 7 号组件)在外部指令或者是信号分析仪得到的信息作用下,产生变频装置(图 5.5.6 中的 8 号组件)控制信号,变频装置或者是改变信号重复频率 $F_\text{п}$(通过向同步器发送某种脉冲来实现),或者是改变发射信号的载波频率 f_0(通过控制变频本机振荡器来实现)。

采用频率选择方法的无线电电子防御系统工作时,可能会出现的空中态势如图 5.5.2 所示。这种空中态势的特点,在前面已经介绍过了。

在干扰背景下,从目标反射信号中进行频率选择时,通常都是对无线电电子防御系统的发射信号载波频率 f_0 进行选择,或者是对发射信号的重复频率 $F_\text{п}$ 进行选择。

下面介绍无线电电子防御系统对敌方无线电系统发射信号载波频率 f_0 进行频率选择的工作原理。这种无线电电子防御系统的工作原理,可以用如图 5.5.7 所示的时序图和频谱示意图进行解释。

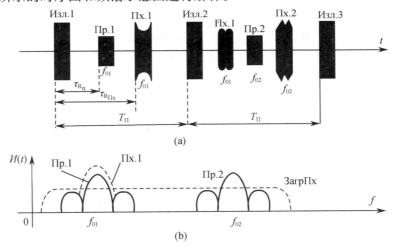

图 5.5.7　在噪声瞄准式干扰背景下的无线电电子防御系统接收装置
输入端口上的接收信号时序图(a)及其信号频谱(b)

Π_p—接收到的反射信号;Π_x—干扰信号;$И_\text{зл}$—发射信号;$3_\text{агрПх}$—阻塞式干扰信号。

这种方法的特点是,无线电电子防御系统发射的脉冲信号($И_\text{зл}$)重复频率 $T_\text{п}$ 是恒定不变的,但是每个脉冲的载波频率是不同的。所以,在一个重复周期 $T_\text{п}$ 时间内,接收装置只对反射信号(Π_p)进行接收。

譬如说,假设敌方无线电系统发射的脉冲瞄准式干扰信号是经过噪声幅度调制过的信号(实际上这种形式的干扰信号使用非常广泛),那么此时可以出现三种情况:

(1)组合干扰情况(图 5.5.2(a)),无线电电子防御系统发射脉冲信号 $И$зл. 1(图 5.5.7(a))。干扰机载机上的电子侦察装备,在接收到这个脉冲信号并测量出信号的载波频率之后,形成与这个信号载波频率相同的,且经过噪声幅度调制过的干扰信号,并把干扰信号向空间辐射出去。这就意味着,无线电电子防御系统接收装置输入端口上会有 2 种脉冲信号进入,即:目标反射脉冲信号($\Pi\mathrm{p}.1$,这个信号有一个时间延迟 $\tau_{R_{\mathrm{u}}}$ 并且载波频率等于 f_{01})和干扰脉冲信号($\Pi\mathrm{x}.1$,这个信号有一个时间延迟 $\tau_{R_{\Pi_{\mathrm{x}}}}$ 并且载波频率也等于 f_{01})。此时,假设 $\tau_{R_{\mathrm{u}}} \approx \tau_{R_{\Pi_{\mathrm{x}}}}$。

由于无线电电子防御系统接收装置能够对反射信号 $\Pi\mathrm{p}.1$ 进行接收调节(使接收机的幅度 - 频率特性频带宽度 $\Delta f_{\Pi\mathrm{PM}} = 1.2\Delta f_{\mathrm{C\Pi}}$,其中 $\Delta f_{\mathrm{C\Pi}}$ 是信号 $\Pi\mathrm{p}.1$ 波形中的主瓣宽度,而且接收机幅度 - 频率特性的中心频率等于 f_{01}),所以接收装置可以输出 2 种信号(反射信号和干扰信号),因为这 2 种信号的频谱重合在一起(图 5.5.7(b))。

在下一个重复周期 T_{Π} 时间内(从发射脉冲信号 $\mathrm{Изл}.2$ 时开始计时),接收装置的幅度 - 频率特性调节会发生变化($\Delta f_{\Pi\mathrm{PM}}$ 保持不变,但中心频率从 f_{01} 变成 f_{02}),使得载波频率仍然为 f_{01} 的干扰信号 $\Pi\mathrm{x}.1$(敌方无线电干扰系统发射的)不再从无线电电子防御系统的接收装置上输出出来。但是,此时无线电电子防御系统的接收装置上会输出第二个反射信号 $\Pi\mathrm{p}.2$ 和新形成的干扰信号 $\Pi\mathrm{x}.2$(这 2 个信号的载波频率都等于 f_{02})。这 2 个信号的频谱形成,如图 5.5.7(b)所示。

通过上述过程,在估算无线电电子防御系统载机与目标之间的距离 R_{u} 时,可以根据第一个到达无线电电子防御系统输入端口的脉冲信号延迟时间 $\tau_{R_{\mathrm{u}}}$ 进行计算:

$$R_{\mathrm{u}} = \frac{C\tau_{R_{\mathrm{u}}}}{2} \qquad (5.5.1)$$

(2)转移干扰情况(图 5.5.2(b)),并且目标距离 R_{u} 小于无线电电子防御系统载机与干扰机载机之间的距离 $R_{\Pi_{\mathrm{x}}}$。根据不等式 $R_{\mathrm{u}} < R_{\Pi_{\mathrm{x}}}$ 可以推导出不等式 $\tau_{R_{\mathrm{u}}} < \tau_{R_{\Pi_{\mathrm{x}}}}$。也就是说,在这种干扰情况下,最后得到的目标距离 R_{u} 估算公式与式(5.5.1)一样。

对于这种空中态势来说,可以得出这样的结论:这种通过改变无线电电子防御系统发射信号的脉冲载波频率的方法,只适应于目标距离不超过干扰机载机距离时的这种情况(即此种情况下无线电电子防御系统可以在干扰背景下提取出这个目标的反射信号)。

无线电电子防御系统发射信号的脉冲载波频率变化是随机性的(为了提高保密性),而且是使用一组低功率石英振荡器进行频率变化和信号放大,这些石英振荡器可以由开关进行控制。因此,无线电电子防御系统可以进行随机快速变频,变频范围可以达到工作频率的 0.15 倍。例如,使用 10cm 波长的无线电电子防御系统工作频率 $f_0 = 3000\mathrm{MHz}$,变频范围为 450MHz。

这种方法是十分有效的,并且从另一个角度来看,如果敌方无线电系统最初实施的干扰不是瞄准式干扰,而是阻塞式干扰(如图 5.5.7(b)所示的

3arpΠx 信号,这种信号具有非常宽的频谱),那么为了要将无线电电子防御系统的整个工作频段都覆盖住,需要阻塞式干扰机的发射机具有很强的功率放大能力。例如,无线电电子防御系统的工作频带宽度扩大 100 倍(例如,从1.5MHz 扩大到 150MHz),要求干扰机发射功率也要提高 100 倍,这对敌方来说是非常困难的。

(3)转移干扰情况(图 5.5.2(b)),并且目标距离 $R_{\text{Ц}}$ 大于无线电电子防御系统载机与干扰机载机之间的距离 $R_{\text{Пx}}$。

这种情况下,$\tau_{R_{\text{Ц}}} > \tau_{R_{\text{Пx}}}$。因此,敌方无线电干扰系统要比目标更早地接收到无线电电子防御系统发射的脉冲信号,并且干扰机发射的干扰信号也要比目标反射信号提前进入无线电电子防御系统的输入端口。于是,目标反射信号会被干扰信号遮盖住。也就是说,干扰信号可以对位于干扰机后方的目标提供保护。此时,干扰信号发射装置自身可能会成为目标。

当无线电电子防御系统采用频率选择方法进行工作时,即通过改变发射信号的脉冲载波频率 f_0 来进行目标信息获取时,上述几种情况都可能会出现。

下面介绍无线电电子防御系统通过改变发射信号重复频率 $F_{\text{П}}$ 进行目标信息获取的基本方法。这种无线电电子防御系统的工作原理和时序图,如图5.5.8 所示(重复周期 $T_{\text{Пx}}$ 恒定不变的脉冲序列 П_{x},作为本案例中的干扰信号)。

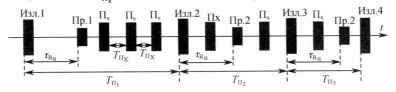

图 5.5.8 有脉冲序列干扰信号时的无线电电子防御系统
发射信号(Изл)和接收信号(Пp)

这种方法的特点是,无线电电子防御系统发射信号 Изл 具有不同的重复周期($T_{\text{П}_1}$、$T_{\text{П}_2}$、$T_{\text{П}_3}$)。无线电电子防御系统在开始工作时,向存在目标和干扰机载机的空间发射脉冲信号 Изл.1。在目标反射信号 Пp.1 到达(经过时间延迟 $\tau_{R_{\text{Ц}}}$之后)无线电电子防御系统输入端口之后,敌方无线电系统发射的干扰信号 П_{x}进入无线电电子防御系统输入端口,并且干扰信号脉冲序列的持续时间等于几个无线电电子防御系统发射脉冲信号的周期时间。同时,目标反射信号(П_{p})和干扰信号(П_{x})的脉冲载波频率相同。

发射信号脉冲与目标反射信号脉冲之间的时间间隔 $\tau_{R_{\text{Ц}}}$ 是恒定不变的,而且可以利用发光指示器(图 5.5.6)对这个时间间隔进行显示,这个指示器进行扫描(距离扫描)的开始时刻,与无线电电子防御系统发射脉冲时的发射时刻是同步的。此时,干扰脉冲序列在指示器屏幕上会变成可擦写的发光线条,而目标反射信号在指示器屏幕上会发光和变亮。此时,目标距离 $R_{\text{Ц}}$ 可以根据式

（5.5.1）进行计算。

5.5.3 采用时间选择方法的无线电电子防御系统

在干扰背景下，利用信号时间特征提取目标信号，进而获得足够可靠的目标距离信息的无线电系统，被称为采用时间选择方法的无线电电子防御系统。

采用时间选择方法的无线电电子防御系统组成结构，如图5.5.9所示。

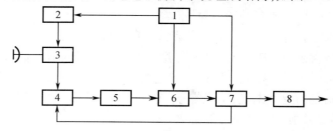

图5.5.9 采用时间选择方法的无线电电子防御系统组成结构
1—同步器；2—发射装置；3—天线转换开关；4—接收装置；5—包络检波器；
6—选择器；7—信号分析仪；8—指示器。

在同步器（图5.5.9中的1号组件）信号作用下，发射装置（图5.5.9中的2号组件）产生射频发射信号，并经过天线转换开关（图5.5.9中的3号组件）和天线向空间发射出去。

从空间接收到的脉冲信号（既有目标反射信号，也有干扰信号），经过天线进入天线转换开关和接收装置（图5.5.9中的4号组件），接收装置输出的信号进入包络检波器（图5.5.9中的5号组件）。然后，检波器输出的视频脉冲（既有目标反射信号，也有干扰信号）进入选择器（图5.5.9中的6号组件）。选择器对输入信号进行某种时间选择。信号分析仪（图5.5.9中的7号组件）对选择好的视频脉冲进行分析，从中提取出目标距离 R_{II} 信息，指示器（图5.5.9中的8号组件）会在屏幕上显示出所提取出来的信息。

采用时间选择方法的无线电电子防御系统，有三种工作方式：
（1）根据信号到达时间，进行目标信息提取。
（2）根据信号重复频率，进行目标信息提取。
（3）根据信号脉冲宽度，进行目标信息提取。

对于上述三种时间选择工作方式来说，相应的选择器（图5.5.9中的6号组件）会有不同的组成结构。

首先，介绍一下根据信号到达时间进行目标信息提取的方法。对于发射信号采用的简单脉冲和复杂脉冲来说，都可以使用这种方法。

对于简单脉冲来说，在进行时间选择时，需要使用所谓的"选择脉冲（选通脉冲）"。如果要求对完整的脉冲进行选择，那么相应的电路结构和信号波形，

238

如图 5.5.10 所示。由于这个电路是选择器(图 5.5.9 中的 6 号组件)上的一个组成部分,所以这个电路中的组件编号沿用了图 5.5.9 中的编号顺序。

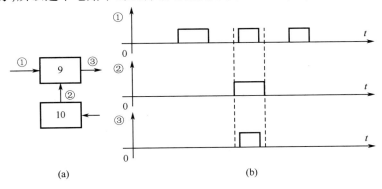

图 5.5.10 完整脉冲时间选择电路结构(a)及其信号波形图(b)
9—接通模块;10—选择脉冲发生器。

中间夹杂着选择脉冲的脉冲串,从包络检波器(图 5.5.9 中的 5 号组件)进入接通模块(图 5.5.10 中的 9 号组件)的第一个输入端口。接通模块的第二个输入端口上输入选择脉冲发生器(图 5.5.10 中的 10 号组件)形成的选择脉冲。选择脉冲发生器是根据信号分析仪(图 5.5.9 中的 7 号组件)的输出信号,产生选择脉冲。此时,接通模块只输出选择好的(从进入的脉冲串中提取出来的)脉冲。

如果不要求对完整的脉冲进行选择,而是对脉冲前沿进行选择,那么这种电路结构和信号波形如图 5.5.11 所示。图 5.5.11 中的组件编号,沿用了图 5.5.9 和图 5.5.10 中的编号顺序。

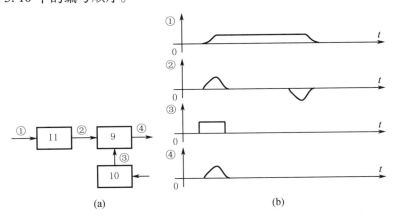

图 5.5.11 对脉冲前沿进行时间选择的电路结构(a)及其信号波形图(b)
9—接通模块;10—选择脉冲发生器;11—微分器。

前沿比较宽的输入脉冲从包络检波器(图 5.5.9 中的 5 号组件)进入微分器(图 5.5.11 中的 11 号组件),微分器输出信号的电压与输出信号时的输出时间成正比。这个输出信号施加给接通模块(图 5.5.11 中的 9 号组件)的第一个输入端口。接通模块的第二个输入端口上输入选择脉冲发生器(图 5.5.11 中的 10 号组件)形成的选择脉冲。选择脉冲发生器需要根据信号分析仪(图 5.5.9 中的 7 号组件)的输出信号,产生选择脉冲。由于选择脉冲与输入信号脉冲前沿同时生成,所以接通模块输出信号电压与输入信号脉冲前沿的宽度成正比。输入信号的脉冲后沿,可以通过类似的方式分离出来。

需要注意的是,实际上选择脉冲进入接收装置的输入端口时(图 5.5.9),上述时间选择过程会经常出现。

对于复杂脉冲来说(例如,线性频率调制脉冲信号,图 3.3.3),在干扰背景下进行时间选择时,需要在接收装置上(图 5.5.9 中的)安装前文介绍过的那种压缩滤波器(图 3.3.4)。对线性频率调制脉冲的时间选择工作原理,可以用如图 5.5.12 所示的信号波形图进行解释。

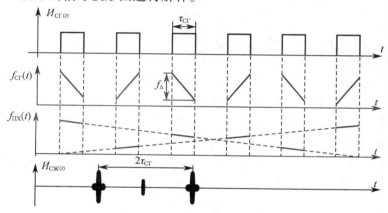

图 5.5.12 干扰背景下对线性频率调制信号进行时间选择的信号波形图

无线电电子防御系统发射的无线电信号包络为 $И_{cr}(t)$,载波频率为 $f_{cr}(t)$。此时,偶数信号内部的脉冲载波频率 $f_{cr}(t)$ 是线性增大的,而奇数信号内部的脉冲载波频率 $f_{cr}(t)$ 是线性减小的。由于频率 $f_{д}$ 的下降幅度十分明显,敌方无线电电子侦察系统通常不能很好地对信号内部的脉冲载波频率 $f_{cr}(t)$ 变化进行跟踪,并且尽管敌方干扰系统可以对线性频率调制信号进行复制,但是干扰信号内部的脉冲载波频率 $f_{пx}(t)$ 下降幅度要明显小得多。于是,在无线电电子干扰系统接收装置(带有压缩滤波器)产生的信号 $И_{cж}(t)$ 中,目标信号的压缩脉冲总是处于奇数和偶数干扰信号压缩脉冲的中间位置。

这种方法非常有效,可以选择出比较弱的(比干扰信号功率低 25dB)目标信号。

接下来,介绍根据信号重复频率进行目标信息提取的方法。使用这种方法时,经常会采用所谓的"脉冲重合原理"。根据信号重复频率进行时间选择的电路结构和信号波形,如图 5.5.13 所示。图 5.5.13 中的组件编号,沿用了图 5.5.9 至图 5.5.11 中的编号顺序,并且这个电路是选择器(图 5.5.9 中的 6 号组件)的组成部分之一。

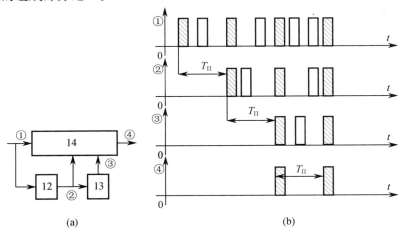

图 5.5.13　根据脉冲重复频率进行时间选择的电路结构(a)及其信号波形图(b)
12—第一个 $T_\text{п}$ 线性延迟模块;13—第二个 $T_\text{п}$ 线性延迟模块;14—脉冲重合比较模块。

目标反射信号(图 5.5.13(b)中画斜线的脉冲)和干扰信号组成的脉冲序列,进入第一个 $T_\text{п}$ 线性延迟模块(图 5.5.13 中的 12 号组件)和脉冲重合比较模块(图 5.5.13 中的 14 号组件)的第一个输入端口。此时,目标反射脉冲的重复周期为恒定值 $T_\text{п}$,而干扰信号的重复周期是随机变化的。经过 $T_\text{п}$ 延时之后,第一个 $T_\text{п}$ 线性延迟模块输出的脉冲序列进入第二个 $T_\text{п}$ 线性延迟模块(图 5.5.13 中的 13 号组件)和脉冲重合比较模块的第二个输入端口。最后,再次经过 $T_\text{п}$ 延时之后,第二个 $T_\text{п}$ 线性延迟模块输出的脉冲序列,进入脉冲重合比较模块的第三个输入端口。

通过上述过程,只有那些同时出现在脉冲重合比较模块三个输入端口上的脉冲(即,目标反射脉冲)才能从脉冲重合比较模块上通过,由于干扰信号脉冲是杂乱无序的,所以干扰信号不能从脉冲重合比较模块上通过。

最后,介绍一下根据信号脉冲宽度进行目标信息提取的方法。

如图 5.5.14 所示的,是一种最常用的根据信号脉冲宽度进行时间选择的电路结构和相应的信号波形图。图 5.5.14 中的组件编号,沿用了图 5.5.9 至图 5.5.13 中的编号顺序。

由目标反射信号脉冲(脉冲宽度为 $\tau_\text{и}$)和干扰信号脉冲组成的脉冲序列,进入微分器(图 5.5.14 中的 15 号组件),由微分器产生一组短脉冲,这组短脉冲对应着输入脉冲的前沿和后沿。之后,这组短脉冲发送给第一个反相器(图 5.5.14 中的 16 号组件,它可以把脉冲极性转换成反向极性)和 $\tau_\text{и}$ 延迟模块(图

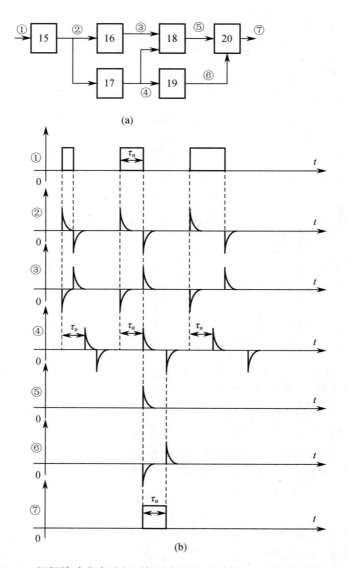

(a)

(b)

图 5.5.14　根据脉冲宽度进行时间选择的电路结构(a)及其信号波形图(b)

15—微分器;16—第一个反相器;17—$\tau_{\text{и}}$ 延迟模块;18—脉冲重合比较模块;

19—第二个反相器;20—接通模块。

5.5.14 中的 17 号组件)。然后,这 2 个组件输出的短脉冲进入脉冲重合比较模块(图 5.5.14 中的 18 号组件)和第二个反相器(图 5.5.14 中的 19 号组件)。只有当脉冲重合比较模块的 2 个输入端口上同时出现正极性的短脉冲时(这种情况只发生在选择器输入端口上出现脉冲宽度为 $\tau_{\text{и}}$ 的脉冲时),短脉冲才能从脉冲重合比较模块上通过。对于第二个反相器来说,它用于将输入短脉冲的极性转换成反向极性。只有出现正极性的脉冲时,接通模块(图 5.5.14 中的 20 号组

242

件)才会接通,即脉冲重合比较模块的输出脉冲可以起动接通模块(开始形成输出信号),而第二个反相器输出的脉冲则会停止接通模块工作(停止形成输出信号)。于是,接通模块输出的脉冲宽度为 $\tau_{и}$,而且 $\tau_{и}$ 值对应着的脉冲,就是输入脉冲序列(输入到选择器中的)中的目标反射信号脉冲。

需要注意的是,如果脉冲重合比较模块没有脉冲输出,那么接通模块不工作。所以,脉冲宽度不等于 $\tau_{и}$ 的脉冲不能通过时间选择器。

5.5.4 采用幅度选择方法的无线电电子防御系统

在干扰背景下,利用信号幅度特征提取出足够可靠的敌方飞机位置和运动参数信息的无线电系统,被称为采用幅度选择方法的无线电电子防御系统。

采用幅度选择方法的无线电电子防御系统组成结构,如图 5.5.15 所示。

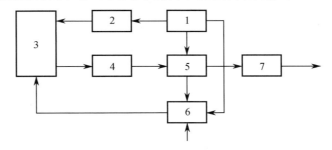

图 5.5.15 采用幅度选择方法的无线电电子防御系统组成结构

1—同步器;2—发射装置;3—天线系统;4—接收装置;5—信号分析仪;6—控制模块;7—指示器。

在同步器(图 5.5.15 中的 1 号组件)信号作用下,发射装置(图 5.5.15 中的 2 号组件)产生无线电信号,并经过天线系统(图 5.5.15 中的 3 号组件)向空间发射出去。

从空间中进入天线系统的信号中包含有干扰信号,这个混合信号进入接收装置(图 5.5.15 中的 4 号组件)和信号分析仪(图 5.5.15 中的 5 号组件)。然后,信号分析仪从混合信号中提取出敌方飞机位置和运动参数信息。提取出来的信息,发送给控制模块(图 5.5.15 中的 6 号组件),同时在指示器(图 5.5.15 中的 7 号组件)的屏幕上会显示出这些信息。控制模块与天线系统连接在一起,可以调节天线方向图在空间中的位置。

采用幅度选择方法的无线电电子防御系统工作时,所面临的复杂空中态势如图 5.5.2 所示。这种空中态势的相关描述,可以参见"采用空间选择方法的无线电电子防御系统"章节中的有关内容。

对接收信号进行幅度选择处理,通常是在接收装置内部进行的,并且可以划分成两种类型:①主动方法(主要是利用各种自动调节放大器);②被动方法(或者是使用限制器,或者是形成特殊形式的信号幅度特征)。

下面具体介绍一下这两种方法。

众所周知,当大功率信号进入接收装置时,接收装置可能会进入饱和状态,即对进入信号的幅度变化不会做出反应,进而导致这种幅度变化不能提供给信号分析仪。因此,这种幅度变化中所包含着的信息也不能被提取出来。

在输入信号幅度很大的情况下,接收装置中的电子设备会产生饱和工作效应,进而工作状态会变成非线性(近似地成为一种交换机,即交替的在饱和与中断两种状态之间转换)。此时,接收装置中的任何一个串联组件发生饱和,那么这种饱和会以一定的频率影响到与它串联在一起的、后面的放大器工作。

实际上可以使用各种方法来避免出现上述的这种饱和现象,其中的一种方法就是使用自动调节放大器。

自动调节放大器(АРУ)的组成结构,如图 5.5.16 所示。这种放大器主要控制中频放大器(图 5.5.16 中的 8 号组件)放大系数。中频放大器输出的信号进入第一个包络检波器(图 5.5.16 中的 9 号组件,即 АРУ 检波器),而检波器输出的视频信号被放大之后,还要经过滤波装置(图 5.5.16 中的 10 号组件)进行放大和滤波,滤波装置输出的信号可以对中频放大器的放大系数进行调节。

经过这种调节之后,中频放大器的输出信号进入第二个包络检波器(图 5.5.16 中的 11 号组件,即接收装置的检波器),这个输出信号中储存着原始信号的幅度变化。需要注意的是,由于这种放大器属于接收装置(图 5.5.15 中的 4 号组件)的一个组成部分,所以图 5.5.16 中的组件编号沿用了图 5.5.15 中的组件编号。

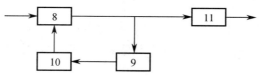

图 5.5.16 自动调节放大器的组成结构

8—中频放大器;9—第一个包络检波器;10—放大与滤波装置;11—第二个包络检波器。

安装有 АРУ 的接收装置工作信号波形图,如图 5.5.17(b)所示。没有安装 АРУ 的接收装置工作信号波形图,如图 5.5.17(a)所示。由图 5.5.17(a)可见,没有安装 АРУ 的接收装置在工作时,在大功率干扰信号 $U_{ПХ}$ 的背景下,接收装置的输出信号 $U_{ВЫХ}(t)$ 中并没有目标反射信号 $U_{СГ}$,因为串联的中频放大器(图 5.5.16 中的 8 号组件)幅度特征曲线上的线段 AC 在 $U_{ВХ}$ 轴上的投影宽度小于输入信号 $U_{ВХ}$ 的幅度范围(个别情况下还小于干扰信号 $U_{ПХ}$ 的幅度范围),所以输入信号 $U_{ВХ}$ 处于非线性的幅度特征曲线线段上(接收装置的输入信号幅度限制条件是,从幅度特征曲线的左侧到 A 点位置为截止区间,从幅度特征曲线的右侧到 C 点位置为饱和区间)。

由图 5.5.17(b)可见,安装有 АРУ 的接收装置在工作时,中频放大器(图

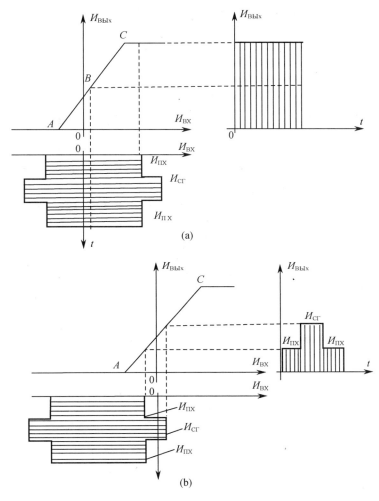

图 5.5.17　安装(a)和没有安装(b)APУ 的信号处理电路电压信号对比图

$и_{\text{сг}}$—目标反射信号电压；$и_{\text{пх}}$—干扰信号电压。

5.5.16 中的 8 号组件)幅度特征曲线上的线段 AC 在 $и_{\text{вх}}$ 轴上的投影宽度超出了输入信号 $и_{\text{вх}}$ 的幅度范围，所以输入信号 $и_{\text{вх}}$ 中包含有目标反射信号 $и_{\text{сг}}$，并且输出信号 $и_{\text{вых}}$ 中也会包含着目标反射信号 $и_{\text{сг}}$ 和干扰信号 $и_{\text{пх}}$。

APУ 的类型非常多，其中有一种自动调节放大器的组成结构如图 5.5.18 所示。图 5.5.18 中的组件编号，沿用了图 5.5.15 和图 5.5.16 中的组件编号。

APУ 的上通道由中频放大器(图 5.5.18 中的 12 号组件)、第一个包络检波器(图 5.5.18 中的 13 号组件)和低频放大器(图 5.5.18 中的 14 号组件)组成，这种组成结构是一种比较典型的无线电技术装备设计方式。在如图 5.5.18 所示的 APУ 中，低频放大器作为实现调节功能的组件。

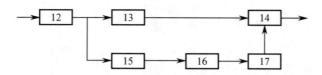

图 5.5.18　自动调节放大器(APy)的组成结构

12—中频放大器；13—第一个包络检波器(接收装置检波器)；14—低频放大器；

15—放大器；16—第二个包络检波器(APy 的检波器)；17—滤波器。

中频信号进入放大器(图 5.5.18 中的 15 号组件)，然后进入第二个包络检波器(图 5.5.18 中的 16 号组件)，之后形成的视频信号经过滤波器(图 5.5.18 中的 17 号组件)进入低频放大器(图 5.5.18 中的 14 号组件)。

这种电路对脉冲宽度 $\tau_{\Pi X}$ 比较宽的(比目标反射信号脉冲宽度 τ_{CT} 还要宽的)干扰信号具有有效的防护能力。当低频放大器输入端口上出现小幅度的且宽度为 τ_{CT} 的信号时，低频放大器的放大系数 K_{YC} 为最大值，而且当出现很宽的干扰信号时($\tau_{\Pi X} > \tau_{CT}$)，低频放大器的放大系数 K_{YC} 会快速减小，于是大功率干扰信号的幅度会降低。这种效应可以用下列公式进行表示：

$$\frac{1}{\Delta F_{\Phi}} > \tau_{CT} \tag{5.5.2}$$

式中：ΔF_{Φ} 为滤波器的带通宽度。

使用 APy 可以明显扩大接收装置的有效工作范围(即线性工作的幅度范围)，可以达到 20～100dB。

另外一种可以扩大接收装置有效工作范围的方法是，使用特殊形式的幅度特征(多数情况下，这种幅度特征的输入 $И_{BX}$ 和输出 $И_{BЫX}$ 信号之间为对数关系，如图 5.5.19 所示)。

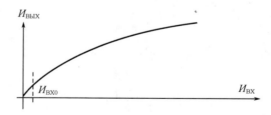

图 5.5.19　接收装置的对数函数幅度特性

这种情况下，弱信号($И_{BX}$ 很小)的幅度特性具有线性关系：

$$И_{BЫX} = K И_{BX} \tag{5.5.3}$$

式中：K 为比例系数。

强信号($И_{BX}$ 很大)的幅度特性具有对数函数关系：

$$И_{BЫX} = \log И_{BX} \tag{5.5.4}$$

246

从式(5.5.3)和式(5.5.4)可知,幅度特性从线性关系转换到对数函数关系时的 U_{BX0} 临界值,通常的选择原则是: U_{BX0} 临界值要比接收装置自身噪声信号幅度的均方根值小 20dB。根据上述原则,实际上整个 U_{BX} 带通是一个对数函数,即接收信号的幅度范围很大,可以避免接收通道出现饱和。

具有对数函数幅度特征的接收装置具有的特点是,可以压制强干扰信号,因为强信号 U_{BX}(包含有目标反射信号和干扰信号)可以通过对数特征的幅度检波和滤波处理之后,进入接收装置。

另外一种可以有效对抗脉冲干扰的技术方法就是,在接收装置中使用限制器。

限制器是一种非常特殊的非线性装置。它可以压制噪声信号,同时还可以降低干扰信号的影响。限制器的种类非常多,本书只介绍最常用的三种限制器,即:下边幅度限制器、上边幅度限制器和双边幅度限制器。

下边幅度限制器的工作原理,如图 5.5.20 所示。下边幅度限制选择电路的组成结构和信号波形图,如图 5.5.21 所示。图 5.5.21 中的组件编号,沿用了图 5.5.15、图 5.5.16 和图 5.5.18 中的组件编号。

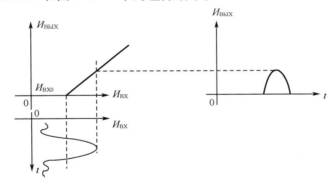

图 5.5.20 下边幅度限制器的工作原理

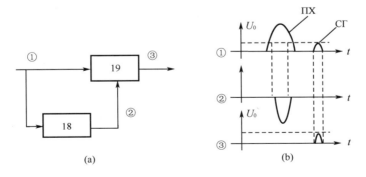

图 5.5.21 下边幅度限制选择电路的组成结构(a)和信号波形图(b)

18—下边幅度限制器和反相器;19—闭锁串联装置。

在下边幅度限制器(图 5.5.21 中的 18 号组件)和闭锁串联装置(图 5.5.21 中的 19 号组件)的输入端口上,输入强干扰脉冲 ПХ(幅度超过限制器门限电压 U_0)和弱目标反射信号 СГ(幅度低于限制器门限电压 U_0)。信号幅度超过电压 U_0 的干扰信号 ПХ,被反相器反相之后发送给闭锁串联装置,此时这个装置处于闭锁(关闭)状态。于是,这个选择电路没有大功率的干扰信号 ПХ 输出。当弱信号 СГ 经过闭锁串联装置时,则可以从选择电路上通过。

上边幅度限制器的幅度特性,如图 5.5.22 所示,其工作原理与下边幅度限制器类似。

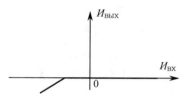

图 5.5.22　上边幅度限制器的幅度特性

由上边幅度和下边幅度限制器合并构成的双边幅度限制,主要是用于构成可以抑制掉强、弱干扰信号,且使目标信号通过的幅度选择器。

具有双边幅度限制功能的幅度选择电路组成结构及其信号波形图,如图 5.5.23 所示。图 5.5.23 中的组件编号,沿用了图 5.5.15 至图 5.5.18 和图 5.5.21 中的组件编号。

由强目标反射信号 СГ 和弱干扰信号 ПХ 混合而成的输入信号,进入上边幅度限制器和下边幅度限制器。此时,这两个限制器上已经事先设定好了限制电压,可以从干扰信号中对目标信号的幅度进行选择,即输入信号中的一部分脉冲可以通过这两个限制器,然后在加法器中对两个限制器输出的信号进行同步展开。于是,幅度被缩小的目标反射信号可以从选择电路中通过,而干扰信号则不能从选择电路中通过。

需要注意的是,幅度限制器不能对所有的脉冲干扰样式进行防护。因此,幅度限制器通常只作为脉冲宽度选择器的一种辅助器件。

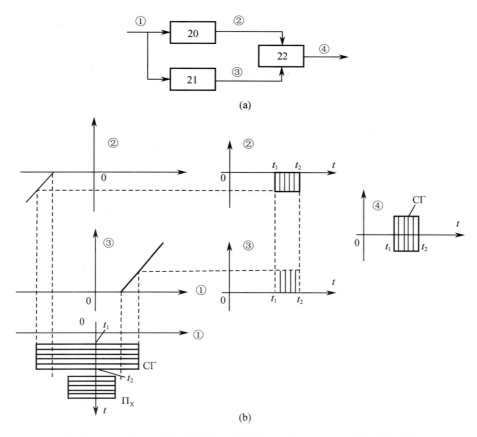

图 5.5.23　双边幅度限制选择电路的组成结构(a)和信号波形图(b)

20—上边幅度限制器；21—下边幅度限制器；22—加法器。

第6章 无线电着陆导航综合系统

6.1 引　言

飞机飞行轨迹的最后阶段是降落和着陆阶段(图3.1.1)。这两个阶段所面临的情况可能非常复杂,而可能导致飞机降落和着陆困难程度增加的情况包括:

(1) 天气情况恶化(能见度变差)。

(2) 空中活动非常密集。

(3) 着陆场照明条件差。

(4) 夜间飞行。

(5) 驾驶员或机组乘员的心理情绪紧张。

为了减少这些情况对降落和着陆阶段的影响,可以使用无线电着陆导航综合系统。

这种系统或者是由地面设备和机载设备共同构成的(这种情况下,在完成相关准备工作的机场上,飞机可以进行自动着陆),或者只是由飞机自身的机载设备构成的(这种情况下,在简易机场上,需要由人工操作完成飞机着陆)。

也就是说,无线电着陆导航综合系统可以完成下列任务:

(1) 根据着陆机场选择最佳的飞行着陆轨迹。

(2) 保持本机驾驶员与机场空管部门,以及与其他空中飞行器机组人员的通信联络。

(3) 为飞行飞机提供某个必须的飞行动力特征曲线着陆轨迹。

(4) 提高降落和着陆阶段的安全程度(特别是提高上述阶段对飞机驾驶的精确程度)。

(5) 缓解机组人员的心理负荷。

无线电着陆导航综合系统的主要特点是,作用距离比较近,不会超过视距距离。

6.2 近距导航无线电系统

近距导航无线电系统是由地面和机载设备组成的综合系统,这些系统组成设备布设在视距之内,并可以在降落和着陆阶段测量出飞行器的所在位置。

利用近距导航无线电系统对飞行器所在位置进行测量时,实际上就是利用机载设备测量出飞行器相对于地面设备(无线电信标机)的坐标(距离 R 和方位角 α),见图 6.2.1。此时,可以利用机载无线电高度表测量出飞行高度 H。对于近距导航无线电系统来说,当飞行高度 H 等于 10000m 时,最大作用距离 R 等于 400km。

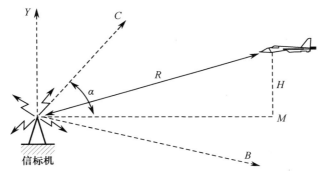

图 6.2.1 飞行器(装有近距导航无线电系统机载设备)和无线电信标机(装有近距导航
无线电系统地面设备)在球面(相对于地表是固定的)坐标系 YCB 中的相对位置
Y—信标机所在位置点上的垂线;C—从信标机所在位置点引出的子午线正北方向;
B—从信标机所在位置点引出的正东方向;H—飞行器飞行高度;R—飞行器相对于信标机的距离;
M—飞行器在地面上的投影点;α—飞行器在 YCB 坐标系中的方位角。

近距导航无线电系统的基础设备就是无线电信标机网络,这些布设在地面上的众多无线电信标机的导航点和坐标,都是机载设备已知的。利用信标机的地面坐标信息,就可以测量出近距导航无线电系统机载设备的距离 R 和方位角 α 参数值,这样机组人员就可以确定自身所在的地理位置。

需要注意的是,近距导航无线电系统工作时使用的频段是:
(1)发射脉冲时,使用分米波频段(波长约为 30cm)。
(2)发射连续波时,使用米波频段(波长约为 3m)。

由于近距导航无线电系统可以对距离 R 和方位角 α 进行测量,所以它属于一种测距测角系统。因此,近距导航无线电系统是由两个彼此相对独立的通道组成,即测距通道和测角通道。这就意味着,近距导航无线电系统或者是单独使用一个通道进行导航,或者是综合使用两个通道进行导航。

图 6.2.2 中展示了上述所说的三种可能情况。下面介绍使用单个通道进行导航时的近距导航无线电系统工作原理。

6.2.1 近距导航无线电系统的测距通道

近距导航无线电系统使用测距通道时,其基本测量原理是利用脉冲(时间)测距方法和另一种下面将要介绍的方法(图 6.2.3)。

近距导航无线电系统测距通道上安装的发生器(图 6.2.3 中的 1 号组件)

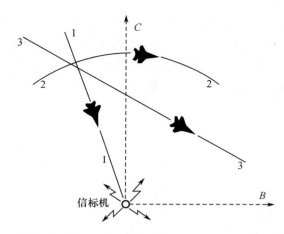

图 6.2.2　近距导航无线电系统使用不同测量通道进行导航时的飞机轨迹
（即由近距导航无线电系统提供的飞行航路）

1 - 1—测角通道提供的飞行轨迹（这是一条穿过无线电信标机所在位置的直线）；

2 - 2—测距通道提供的飞行轨迹（这是一条以无线电信标机所在位置为圆心的弧线）；

3 - 3—综合使用两个通道提供的飞行轨迹；C—正北方向；B—正东方向。

产生询问脉冲 ИЗ - 1，这个脉冲进入到机载发射装置（图 6.2.3 中的 2 号组件）。发射装置以频率 f_1，将这个询问脉冲向空间发射出去。

信标机上安装的地面接收装置（图 6.2.3 中的 3 号组件，它属于近距导航无线电系统测距通道的地面设备）接收到询问脉冲（这个脉冲经过接收装置之后转换成脉冲 ИЗ - 2），并将其发送给应答脉冲发生器（图 6.2.3 中的 4 号组件）。以询问脉冲 ИЗ - 2 进入应答脉冲发生器的瞬间为计时点，经过一个预先设定好的延迟 τ_Φ 之后，应答脉冲发生器输出应答脉冲 ИО - 1。

应答脉冲 ИО - 1 经过地面发射装置（图 6.2.3 中的 5 号组件）加载上载波频率 f_2，并将应答脉冲向空间发射出去。

需要注意的是，频率 f_2（与机载设备询问脉冲的载波频率是不同的）应该满足下列条件：如果信标机不使用这种频率 f_2 发射信号，那么发射信号从地面目标反射后（这种目标与信标机具有近似的组成结构，并且所处位置距离飞机比较近，同时也会发射电磁波）就会反射回这个信标机。

应答信号（即应答脉冲 ИО - 2）经过机载接收装置（图 6.2.3 中的 6 号组件）进入时间间隔 $t_{ИЗМ}$ 测量仪（图 6.2.3 中的 7 号组件），根据图 6.2.3（b）所示，$t_{ИЗМ}$ 的计算公式是：

$$\tau_{ИЗМ} = \frac{2R}{C} + \tau_\Phi \qquad (6.2.1)$$

式中：R 为飞机与信标机之间的相对距离；C 为电磁波传播速度（$3 \cdot 10^8 \mathrm{m/s}$）；$\tau_\Phi$ 为应答脉冲发生器中的信号处理延迟时间（预先设定好的）。

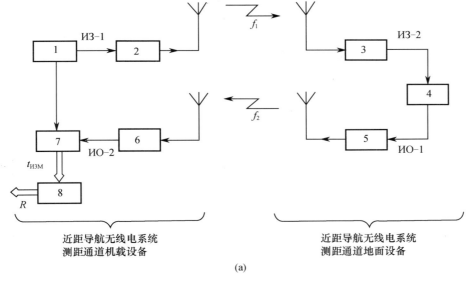

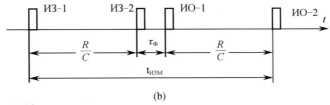

(b)

图 6.2.3 近距导航无线电系统测距通道的组成结构(a)及其
一个测量周期的信号时序图(b)

1—询问脉冲发生器;2—机载发射装置;3—地面接收装置;4—应答脉冲发生器;

5—地面发射装置;6—机载接收装置;7—时间间隔 $t_{изм}$ 测量仪;

8—距离 R 计算器;ИЗ—询问脉冲;ИО—应答脉冲。

最后,被转换成数字电码形式的 $t_{изм}$ 值,被发送给距离 R 计算器(图 6.2.3 中的 8 号组件),根据式(6.2.1)可以得到

$$R = (\tau_{изм} - \tau_\Phi) \cdot \frac{C}{2} \tag{6.2.2}$$

这个距离计算器可以计算出距离 R 的数字式数值。

近距导航无线电系统的测距通道测距原理,就是如上所述。下面介绍一下近距导航无线电系统测距通道中的测距仪工作过程。

这种测距仪的组成结构及其工作原理,如图 6.2.4 所示。由于这个测距仪属于如图 6.2.3(a)所示的测距通道组成部分,所以图 6.2.4 中的组件编号,沿用了图 6.2.3(a)中的组件编号。

下面介绍近距导航无线电系统进行距离测量的工作过程。

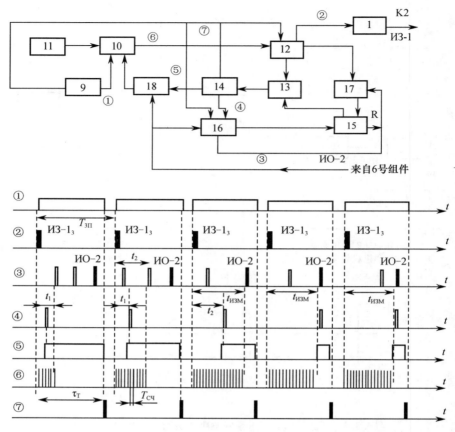

图 6.2.4 测距仪(属于近距导航无线电系统测距通道的组成部分)的组成结构(a)
及其部分测量点上的信号时序图(b)

9—节拍脉冲发生器；10—电子开关；11—计数脉冲发生器；12—计数器；
13—数字电码比较电路；14—选择脉冲发生器；15—距离电码形成装置；
16—第一个重合比较装置；17—距离电码发射装置；18—第二个重合比较装置。

　　每个测量周期都是以节拍脉冲发生器(图 6.2.4 中的 9 号组件)产生节拍脉冲(脉冲宽度等于 τ_T)的时刻作为开始时刻,如图 6.2.4 中①所示。这个节拍脉冲可以触发电子开关(图 6.2.4 中的 10 号组件)接通,并且接通的持续时间等于 τ_T。于是,计数脉冲发生器(图 6.2.4 中的 11 号组件)产生的计数脉冲(这个脉冲的重复周期为 $T_{Cч}$)开始进入计数器(图 6.2.4 中的 12 号组件)。此时,计数器处于计数状态,同时形成触发脉冲 ИЗ -1_3(如图 6.2.4 中②所示),这个触发脉冲进入询问脉冲 ИЗ -1 发生器。在上述测量周期中,最先进行的信号处理过程是发射询问脉冲。

　　需要注意的是,第一个测量周期持续的时间为 $T_{зп}$,在这段时间内,近距导航无线电系统测距通道的机载设备可能会接收到几个应答脉冲,每一个应答脉

254

冲都分别对应一个询问脉冲。此时,根据式(6.2.1)和式(6.2.2)可以计算出第一个询问与应答之间的延迟时间,这个时间对应的就是飞机与信标机之间的真实距离。相应地,下一个询问与应答之间的延迟时间,则对应着地面目标(信标机)第二个应答信号形成的(不真实)距离。因此,近距导航无线电系统测距通道中的机载测距仪,必须要在第一个接收脉冲中测量出距离,所以相应的机载测距仪在结构设计上要满足这种测量要求。也就是说,机载测距仪在搜索状态下(此时,处于地面信标机作用范围内的飞机只与信标机进行必要的联络)和跟踪状态下(此时,处于地面信标机作用范围内的飞机必须持续地与信标机进行联络),对应答脉冲 ИО - 2 进行选择时,需要满足的条件是要在第一个接收脉冲中测量出距离。

相对于上述情况来说,可能还会有更为复杂的情况出现,例如,当信标机作用范围内同时存在多架飞机(此时,机载设备除了可以接收到"自己"的应答脉冲之外,还会接收到其他飞机的应答脉冲),或者是出现干扰设备(这样会导致机载设备上出现对测距过程形成干扰的信号)。但是,上述这些复杂情况具有随机性,而且存在的时间比较短,所以多数情况下在设计测距仪结构时,并不需要考虑解决此类问题。也就是说,近距导航无线电系统测距通道的机载设备,在对应答脉冲 ИО - 2 进行选择时,仍然只需要满足在第一个接收脉冲中测量出距离的条件。

下面继续介绍近距导航无线电系统进行距离测量时的工作过程(图 6.2.4)。

如图 6.2.4 中的③所示,各种混合在一起的脉冲都可能从机载接收装置(图 6.2.3 中的 6 号组件)进入测距仪。为了能够在第一个进入脉冲中测量出距离,在测距仪中有一个数字电码比较电路(图 6.2.4 中的 13 号组件),当计数器(图 6.2.4 中的 12 号组件)输出的数字电码和距离电码形成装置(图 6.2.4 中的 15 号组件)输出的电码相等时,这个数字电码比较电路就会使选择脉冲发生器(图 6.2.4 中的 14 号组件)产生选择脉冲信号,这种选择脉冲信号有两种形式:一种是脉冲宽度固定的窄脉冲,如图 6.2.4 中的④所示;另一种是脉冲宽度变化的宽脉冲,如图 6.2.4 中的⑤所示。第一个重合比较装置(图 6.2.4 中的 16 号组件)的作用是,对进入机载接收装置的脉冲中哪些脉冲是符合窄选择脉冲的情况进行记录(这个信号处理过程是在节拍脉冲宽度 τ_T 这个时间内完成的,即在图 6.2.4 中⑦所示的信号出现之前完成)。在第一个重合比较装置产生的信号作用下,距离电码发射装置(图 6.2.4 中的 17 号组件)将计数器产生的距离电码转发给距离电码形成装置。第二个重合比较装置(图 6.2.4 中的 18 号组件)的作用是,控制第一个到达机载接收装置的脉冲⑥通过电子开关(对于第一个到达机载接收装置的脉冲来说,它的出现时间要晚于窄选择脉冲和宽选择脉冲的脉冲前沿)。

下面介绍可以对"第一个到达脉冲"进行选择的设备工作原理。

节拍脉冲的前沿(图6.2.4①)和第一个到达机载接收装置的脉冲(图6.2.4③)之间的间隔时间t_1(图6.2.4③),可以在下一个测量周期中保持不变(此时,使用的是宽选择脉冲如图6.2.4⑤所示,在当前测量周期中计数脉冲的数量如图6.2.4⑥所示),即在下一个节拍脉冲前沿和选择脉冲前沿的间隔时间内,间隔时间t_1保持不变。类似地,在下一个测量周期中,相应的间隔时间t_2也是保持不变,而且这个测量周期中也会有选择脉冲出现。在此之后,或者是早一点,或者是晚一点,应答脉冲ИО-2开始与窄选择脉冲重合在一起。

这种重合意味着,应答脉冲ИО-2相对于询问脉冲ИЗ-1(或ИЗ-1₃)的延迟时间等于由式(6.2.1)计算出来的$t_{измз}$时间。

这种重合情况(每个测量周期中的)都会被第一个重合比较装置(图6.2.4中的16号组件)记录下来,并在距离电码发生器(图6.2.4中的15号组件)中计算出重合次数(需要用时几个测量周期时间)。当重合次数达到预先设定好的数量时(例如,4个测量周期中有3次重合),距离测量仪将会从ИО-2脉冲搜索状态转换成ИО-2脉冲跟踪状态。对ИО-2脉冲进行跟踪,同样是由距离测量仪完成的。

距离测量仪对ИО-2脉冲进行跟踪时的工作特点就是,在跟踪过程中应答脉冲ИО-2可能会消失。这个信号之所以会消失,通常是由于飞机着陆动作过猛造成的。这种情况下,窄选择脉冲与ИО-2脉冲不会重合,但是在一个预先设定好的时间段内(通常是8~10s),距离电码发生器(图6.2.4中的15号组件)可以保持输出的距离值不变。如果超出这个设定时间之后,ИО-2脉冲仍然不能与窄选择脉冲重合,那么距离测量仪将重新返回到对ИО-2脉冲搜索状态。

6.2.2 近距导航无线电系统的测角(方位角)通道

利用近距导航无线电系统对位于信标机作用范围内的飞机进行方位角α(水平平面上的夹角)测量时,其空中态势如图6.2.1所示。此时,近距导航无线电系统测角通道是由地面设备(安装在信标机上)和机载设备(安装在飞机上)组成的。

近距导航无线电系统测角通道的地面设备,就是采用脉冲发射方式的发射装置。这种设备的工作特点是,发射天线(以及方向图)围绕垂直(相对于地面来说的)轴线Y(图6.2.1)做匀速转动。

近距导航无线电系统测角通道的机载设备,用于接收地面信标机发射的高频脉冲和测量方位角α,其组成结构如图6.2.5所示。

下面介绍这种机载设备的工作过程。

地面信标机发射的脉冲进入接收装置(图6.2.5中的1号组件),然后这个

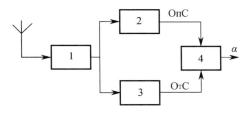

图 6.2.5　近距导航无线电系统测角通道机载设备的组成结构
1—接收装置；2—基准信号发生器；3—计数信号发生器；4—方位角测量装置；
ОпС—基准信号；ОтС—计数信号。

接收装置输出视频脉冲,并将视频脉冲分别发送给基准信号发生器(图6.2.5中的2号组件,这个信号发生器输出的基准信号用于提供一个初始参考时刻,这个初始参考时刻对应的就是0°方位角,即 $\alpha = 0°$)和计数信号发生器(图6.2.5中的3号组件,这个信号发生器输出的信号用于表示当前飞机所在位置的方位角 α)。在基准信号发生器和计数信号发生器输出信号的共同作用下,方位角测量装置(图6.2.5中的4号组件)开始工作,并产生方位角 α 的测量值。

对于近距导航无线电系统测角通道来说,具体使用什么样的机载设备,与使用什么样的测角方法有关。多数情况下会使用两种方位角测量方法,即:

(1)时间测角法(针对本国近距导航无线电系统的特点,而采用的测角方法)。

(2)相位测角法(针对外国近距导航无线电系统的特点,而采用的测角方法)。

下面介绍这两种测角方法的机载设备组成。

采用时间测角法的近距导航无线电系统测角通道。利用时间测角法对目标(飞机)位置进行测角的工作原理,如图6.2.6所示。这种测角方法主要是预先测量出基准信号(ОпС)和计数信号(ОтС)之间的时间间隔 t_{A3},然后把这个时间间隔换算成相应的目标位置角(方位角)角度值。此时,计算方位角 α_0 时,需要确定一个基准方向OH(通常选择正北方向),这个OH方向对应的就是基准信号的出现时刻。基准信号与计数信号(用于计算方位角 α_0)是由飞机机载设备根据信标机发射信号产生的。

地面信标机在发射状态下有两个方向图,一个方向图 $G_1(\alpha)$ 是固定不动的无方向方向图,另一个方向图 $G_2(\alpha)$ 是匀速(转动角频率 Ω_{BP} 等于100r/min,或者是转动频率 $F_{BP} = 1.66Hz$)转动的有2个尖头波瓣的方向图。构成方向图 $G_1(\alpha)$ 的天线,用于发射2种脉冲序列 ПИmn－35 和 ПИmn－36,构成方向图 $G_2(\alpha)$ 的天线,用于发射连续波(频段是 772～1000.5MHz)。脉冲序列 ПИmn－35(脉冲重复频率为 F_{35})和 ПИmn－36(脉冲重复频率为 F_{36})与构成方向图 $G_2(\alpha)$ 的天线转动频率之间的关系是

$$F_{35} - F_{36} = F_{BP} \qquad\qquad (6.2.3)$$

式中:F_{BP} 为构成方向图 $G_2(\alpha)$ 的天线转动频率。

当 ПИmn-35 和 ПИmn-36 这两个脉冲序列相互重合时,就会产生出用于确定基准方向的基准信号。

对于计数信号来说,这个信号是当飞机处于方向图 $G_2(\alpha)$ 范围内时由机载设备产生的(计数信号在如图 6.2.6(b)所示的信号时序图中的位置,对应着第一个钟形脉冲后沿上的最大坡度点)。机载设备根据测量出来的时间间隔 t_{A3},可以计算出飞机相对于基准方向(正北方向)的方位角 α_0 值:

$$\alpha_0 = \Omega_{BP} t_{A3} \qquad\qquad (6.2.4)$$

近距导航无线电系统测角通道机载设备中的测角装置组成结构,如图 6.2.7 所示(图中的圆圈编号对应着如图 6.2.6(b)所示的信号时序图)。由于这个测角装置中包含着如图 6.2.5 所示的设备组成结构,所以图 6.2.7 中的组件编号沿用了图 6.2.5 中的编号顺序。

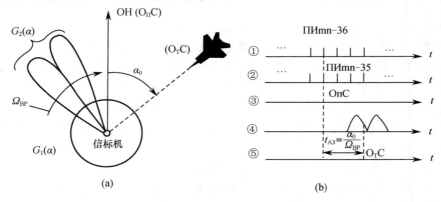

图 6.2.6　采用时间测角法的近距导航无线电系统测角通道的方位角 α_0 测量工作原理
(a)地面信标机方向图($G_1(\alpha)$ 和 $G_2(\alpha)$);(b)信号时序图;
OH—基准方向;OпC—基准信号;OтC—计数信号;
ПИmn-35—信标机天线转动一周产生的 35 个脉冲组成的脉冲序列;
ПИmn-36—信标机天线转动一周产生的 36 个脉冲组成的脉冲序列;
$G_1(\alpha)$—固定天线方向图;$G_2(\alpha)$—转动天线方向图。

下面介绍如图 6.2.7 所示的设备工作过程。

2 个接收到的脉冲序列 ПИmn-36(图 6.2.7 中的①)和 ПИmn-35(图 6.2.7 中的②),从接收装置进入脉冲重合比较装置(图 6.2.7 中的 5 号组件)。当 2 个脉冲序列 ПИmn-36 和 ПИmn-35 重合时,脉冲重合比较装置会产生基准信号 OпC(图 6.2.7 中的③),然后这个基准信号发送给开关电路(图 6.2.7 中的 6 号组件)。

开关电路的第二个输入端口上输入的是来自于计数脉冲发生器(图 6.2.7

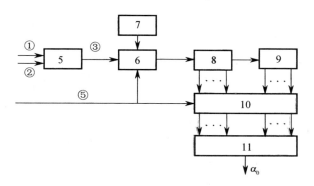

图 6.2.7　近距导航无线电系统测角通道机载设备中的测角装置组成结构

5—脉冲重合比较装置；6—开关电路；7—计数脉冲发生器；8—第一个计数器；
9—第二个计数器；10—电码比对装置；11—计算机。

中的 7 号组件)产生的计数脉冲,计数脉冲的重复频率 $F_{Cч} = 30\mathrm{kHz}$。当基准信号 OпC 出现时,这些计数脉冲经过开关电路进入第一个计数器(图 6.2.7 中的 8 号组件)。当计数信号 OтC(图 6.2.7 中的⑤)到达时,开关电路关闭,计数脉冲停止进入第一个计数器(和第二个计数器),第一个计数器和第二个计数器产生的数字式电码通过电码比对装置(图 6.2.7 中的 10 号组件)转发给计算机(图 6.2.7 中的 11 号组件),由计算机产生并输出测量出来的方位角 α_0 值。

　　之所以使用两个计数器(图 6.2.7 中的 8 号和 9 号组件),是因为脉冲序列 ПИmn – 36 是由离散性质的(以 10° 为单位)脉冲组成的,脉冲序列中的脉冲跟随周期 $T_{36} = \dfrac{1}{F_{36}}$。

　　第一个计数器可以保证其溢出的脉冲(进入到输入端口上的计数脉冲序列)可以在每个时间间隔 T_{36} 内(方位角间隔 10°)全部进入第二个计数器。第二个计数器用于计算出整数个以 10° 为单位的方位角间隔数量,而第一个计数器保留下来的数字式电码(计数脉冲数量)对应的就是 10° 方位角间隔的分数部分。计算机可以将两个计数器最终统计出来的方位角 α_0 值,合成为一个数字式电码。

　　采用相位测角法的近距导航无线电系统测角通道。利用相位测角法对目标(飞机)位置进行测角的工作原理,如图 6.2.8 所示。这种测角方法是利用机载设备产生低频(30Hz)调制信号,这个调制信号的相位与信标机方向图的转动具有对应关系,然后通过测量出这个信号的相位,就可以确定飞机所在位置的方位角 α_0。

　　下面详细介绍地面信标机的工作过程。

　　信标机向空间连续辐射高频(108 ~ 118MHz)信号,这个信号经过中频 9960Hz 的幅度频率调制信号的调制。此时,发射的高频信号被称为载波信号,而调制信号被称为付载波信号。使用付载波信号是为了提供基准方向 OH(通常是正北方向),以便计算出飞机所在位置的方位角 α_0(图 6.2.8(a))。

实际上,信标机天线和方向图 $G(\alpha)$ 围绕中心点转动,转动的角频率 $\Omega_{BP} = 2\pi F_{BP}(F_{BP} = 30\text{Hz})$,而且付载波信号的幅度最大值就是基准方向,当付载波信号幅度达到最大值时,可以确定出付载波信号的频率值。此时,付载波信号的频率与方向图 $G(\alpha)$ 的转动是同步变化的。

下面介绍一下信标机发射信号的形成过程。

飞机上的机载设备需要接收到信标机的发射信号,利用这个信号才能测量出飞机相对于基准方向 OH 的方位角 α_0。

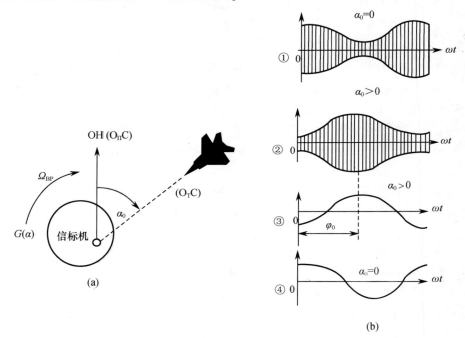

图 6.2.8　采用相位测角法的近距导航无线电系统测角通道的方位角 α_0 测量工作原理

(a)地面信标机方向图 $G(\alpha)$;(b)飞机机载设备的接收信号波形图

①—飞机处于基准方向 OH 时的接收装置输入信号波形图(没有标示出付载波信号调制);

②—飞机方位角 $\alpha_0 > 0$ 时的接收装置输入信号波形图(没有标示出付载波信号调制);

③—计数信号 O_TC 波形图;④—基准信号 $O_\Pi C$ 波形图。

首先,机载设备接收到的信号(信标机发射信号)是被付载波信号进行过幅度频率调制后的信号,而且由于信标机天线的方向图 $G(\alpha)$ 是转动的,所以实际接收到的信号还是经过幅度调制(这是一种额外的调制)的信号(幅度变化的频率为 $F_{BP} = 30\text{Hz}$)。这就意味着,机载设备接收到的信号(信号波形如图 6.2.8(b)所示)可以表示成:

$$И_{\text{ВХПРМ}}(t) = U_m\left[1 + m\sin(\Omega_{\text{BP}}t - \varphi_0) + m_{\text{ПН}}\sin(\omega_{\text{ПН}}t - m_{\text{ЧМ}}\cos\Omega_{\text{BP}}t)\right]\sin\omega_0 t$$

$$(6.2.5)$$

式中:φ_0 为频率为 $F_{\text{BP}} = 30\text{Hz}$ 的调制信号相位,对应着飞机方位角 α_0;m 为方向图转动引起的幅度调制深度系数;$m_{\text{ПН}}$ 为付载波信号产生的幅度调制深度系数;$m_{\text{ЧМ}}$ 为频率调制系数。也就是说,机载设备接收信号中包含有基准方向信息(包含在付载波信号的频率中),以及飞机方位角信息(包含在接收信号的信号幅度中)。

近距导航无线电系统相位测角通道的机载设备组成结构,如图 6.2.9 所示。图中使用的编号沿用了图 6.2.5 中的编号顺序。

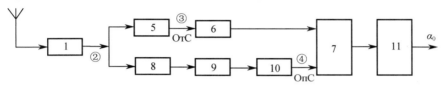

图 6.2.9　近距导航无线电系统相位测角通道的机载设备组成结构
1—接收装置;5—第一个滤波器;6—放大器;7—相位检波器;8—第二个滤波器;
9—放大限制器;10—频率检波器;11—换算计算机。

接收天线接收到的信号进入接收装置(图 6.2.9 中的 1 号组件),接收装置输出信号分别进入两个通道,即:上通道和下通道。上通道中信号进入第一个滤波器(图 6.2.9 中的 5 号组件,这个滤波器输出计数信号 OтC,且计数信号 OтC 的相位 φ_0 代表着飞机所在位置方位角 α_0,计数信号波形如图 6.2.8(b)中的③所示),然后这个计数信号经过放大器(图 6.2.9 中的 6 号组件)放大之后,进入相位检波器(图 6.2.9 中的 7 号组件)的第一个输入端口。下通道中信号进入第二个滤波器(图 6.2.9 中的 8 号组件),然后经过放大限制器(图 6.2.9 中的 9 号组件,用于对过量的幅度调制进行剪切)和频率检波器(图 6.2.9 中的 10 号组件,这个检波器在付载波信号的频率作用下,输出基准信号 OпC,如图 6.2.8(b)中的④所示)之后,形成基准信号并将其发送给相位检波器(图 6.2.9 中的 7 号组件)的第二个输入端口。相位检波器输出端口上形成的信号电压与基准信号和计数信号之间的相位差成正比。这个信号电压发送给换算计算机(图 6.2.9 中的 11 号组件),进而产生飞机所在位置方位角 α_0 的具体值。

下面列出一些近距导航无线电系统的主要技术参数指标:

(1)测距通道。

询问模式下的工作频段:772 ~ 813MHz;

应答模式下的工作频段:940 ~ 1000MHz;

作用距离:可以达到 500km;

信标机发射机最小功率:30kW;

接收装置灵敏度: - 136dBW;

测距精度:200m。

(2) 测角通道。

① 时间测角法。

工作频段:874 ~ 935MHz;

方位角测量精度:0.25°;

信标机发射机最小功率:0.08kW;

② 相位测角法。

工作频段:108 ~ 118MHz;

方位角测量精度:2.35°;

信标机发射机最小功率:0.08kW;

频率调制系数:15 ~ 17。

(3) 总体指标。

工作容量:不少于 100 架飞机;

使用 27V 直流电网供电时:功率为 255W。

使用 115V、400Hz 电网供电时,功率为 120VA;

系统总质量(不计电缆):73kg;

接收装置整机质量:31.8kg;

发射装置整机质量:11.3kg;

测量仪和信号处理机整机质量:18.3kg;

接收装置体积:42.9dm^2;

发射装置体积:11.6dm^2;

测量仪和信号处理机体积:32.3dm^2。

6.3 小高度测量无线电系统

小高度测量无线电系统,是一种安装在飞行器上的用于在着陆阶段(主要是这个阶段)对飞行器当前飞行高度进行自动测量的无线电系统(本书中简称为无线电高度表)。使用无线电高度表时,最大飞行高度一般不超过 1500m。

由于无线电高度表可以自动测量飞行高度,所以这种设备属于飞机驾驶系统的组成部分。最标准的降落过程是:当进入着陆阶段时,无线电高度表在高度为 200m 时开始向飞机驾驶系统发送信号,这些信号的作用是将飞机下滑通道中的信号发送系数从最大值减小到 0(这个信号发送系数为 0 时,对应的飞行高度为 15 ~ 20m)。同时,这些信号还可以降低垂直下降速度(从开始下降高度时为初始点,控制下降速度不超过 0.45m/s)和减小飞机下降迎角控制通道的信号发送系数(比正常飞机降高过程中的信号发送系数小两倍)。

262

下面介绍无线电高度表的工作原理。

无线电高度表的种类非常多,可以根据发射信号的调制方式和接收信号的处理方式进行划分。最经常使用的一种就是,利用频率测量方法来测量高度的无线电高度表,这种无线电高度表的组成结构如图 6.3.1 所示,相应的工作过程信号波形图如图 6.3.2 所示。

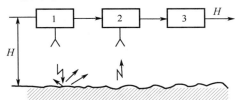

图 6.3.1　无线电高度表的组成结构

1—发射装置;2—接收装置;3—测量装置。

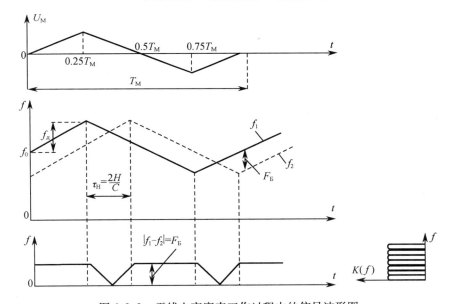

图 6.3.2　无线电高度表工作过程中的信号波形图

U_M—调制电压;T_M—调制周期;f_0—发射信号的中心频率;f_1—发射信号随时间变化的频率移动;

$f_д$—频率偏移;f_2—接收信号随时间变化的频率移动;$F_Б$—频率差(f_1 和 f_2 之间的频率差数学模值);

τ_H—接收信号与发射信号的延迟时间;H—飞行高度;$K(f)$—窄带测量滤波器的幅度 – 频率特性。

发射装置(图 6.3.1 中的 1 号组件)垂直向下发射的信号,是一种连续的频率调制信号。这种频率调制是一种线性的调制,即:调制信号 U_M 具有直线上升和直线下降的线性变化,进而改变发射信号的频率 f_1。这种变化是一种周期性的重复变化(调制周期为 T_M)。

向地面方向发射信号的同时,发射信号(幅度没有明显减小)还会发送给接收装置(图 6.3.1 中的 2 号组件)的某一个输入端口。接收装置的另一个输入端口上进入的是地面反射信号。地面反射信号的载波频率记为 f_2，且频率 f_2 与频率 f_1 具有相同的变化规律，即：进行线性变化的，且在时间上间隔 τ_H 的两个频率值保持相等。τ_H 为从飞行器发射信号到地面反射回来的时间：

$$\tau_H = \frac{2H}{C} \tag{6.3.1}$$

式中：H 为飞行高度；C 为电磁波传播速度。

当进入到接收装置的 2 个信号频率 f_2 和 f_1 不相等时，通过对频率 f_2 和 f_1 的差值进行求模，可以得到频率差 $F_Б$：

$$F_Б = |f_1 - f_2| \tag{6.3.2}$$

测量装置(图 6.3.1 中的 3 号组件)可以根据频率差 $F_Б$ 估算出飞行高度 H，使用的算法是

$$F_Б = |f_1 - f_2| = \frac{f_Д}{0.25T_М} \cdot \tau_H = \frac{4f_Д}{T_М} \cdot \frac{2H}{C} = \frac{8f_Д F_М}{C} \cdot H \tag{6.3.3}$$

式中：$f_Д$ 为频率偏移；$F_М = \dfrac{1}{T_М}$ 为调频斜率。

上式经过转换之后可以得到

$$H = \frac{F_Б C}{8f_Д F_М} \tag{6.3.4}$$

采用频率测高方法的无线电高度表组成结构，如图 6.3.3 所示。图 6.3.3 中使用的编号沿用了图 6.3.1 中的编号顺序。

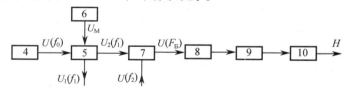

图 6.3.3　采用频率测高方法的无线电高度表组成结构

4—频率为 f_0 的信号 $U(f_0)$ 发生器；5—频率调制和高频放大器；6—调制电压 $U_М$ 发生器；

7—平衡混频器；8—低频放大器；9—窄带测量滤波器；10—计算机。

下面介绍一下这种无线电高度表的工作过程。

信号发生器(图 6.3.3 中的 4 号组件)产生频率为 f_0 的连续信号 $U(f_0)$(通常情况下，无线电高度表使用的工作频率 f_0 接近 4300MHz)。这个信号进入图 6.3.3 中 5 号组件的频率调制器第一个输入端口。第二个输入端口上输入的是信号发生器(图 6.3.3 中的 6 号组件)产生的线性调制信号 $U_М$，这个调制信号具有直线上升和直线下降的线性变化，其调制频率 $F_М$ 通常是 120～150Hz。

由于在频率调制的作用下，信号 $U(f_0)$ 和 $U_М$ 混合成的信号是连续的线性频率调制信号 $U_2(f_1)$(这个信号的频率偏移 $f_Д$ 通常是 40～60MHz)，然后

$U_2(f_1)$ 信号进入平衡混频器(图6.3.3中的7号组件)的第一个输入端口。图 6.3.3中5号组件的放大器将 $U_2(f_1)$ 信号幅度放大后变成信号 $U_1(f_1)$,并将信号 $U_1(f_1)$ 通过发射天线(喇叭天线,方向图宽度 $\Delta\theta$ 为 40~60°)向地面方向辐射出去。

地面反射回来的电磁波进入接收天线(喇叭天线,方向图宽度 $\Delta\theta$ 为 40~60°),接收天线输出信号 $U(f_2)$ 信号进入平衡混频器(图6.3.3中的7号组件)的第二个输入端口。平衡混频器产生频率差为 $F_Б$ 的低频信号 $U(F_Б)$,这个信号被低频放大器(图6.3.3中的8号组件)放大之后,发送给窄带测量滤波器(图6.3.3中的9号组件)。这个滤波器的幅度 – 频率特性 $K(f)$,如图6.3.2所示。滤波器输出端口上形成的电码代表着滤波器输出的频率差 $F_Б$。计算机(图6.3.3中的10号组件)将窄带测量滤波器输出的电码,转换成飞行器的飞行高度测量值 $H_{ИЗМ}$。

需要注意的是,当 $F_Б = F_M$ 时,这种无线电高度表的最小测量高度 H_{min} 可以根据式(6.3.4)计算出来,即

$$H_{min} = \frac{F_Б C}{8 f_Д F_M} = \frac{C}{8 f_Д} \qquad (6.3.5)$$

无线电高度表的工作特点就是,测量出的高度值 H 是一组离散数值(即测量出来的高度值不是连续的),这些离散高度值的间隔为 ΔH,而且 ΔH 值与 H 值无关。之所以会出现 ΔH,是因为信号 $U_2(f_1)$ 和 $U(f_2)$ 之间存在相位差(这个相位差具有随机性),而这个相位差会使飞行高度的测量值 $H_{ИЗМ}$ 相对于真实飞行高度 H(图6.3.4)有一个 $\pm\Delta H$ 变化。这种情况下,考虑到信号 $U_2(f_1)$ 和 $U(f_2)$ 之间的相位差影响,ΔH 值可能等于 H_{min},或者是 ΔH 值可能等于 $2H_{min}$。通过提高频率偏移 $f_Д$ 可以达到降低离散值 ΔH 的效果。例如,$f_Д = 50\text{MHz}$ 时,$\Delta H = H_{min} = 0.75\text{m}$。

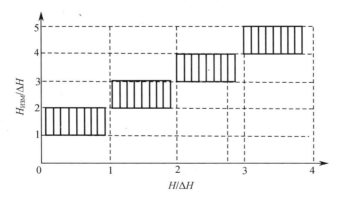

图6.3.4　线性频率调制无线电高度表测量高度值 $H_{ИЗМ}$ 的 $H_{ИЗМ}/\Delta H$
与真实高度 H 的 $H/\Delta H$ 关系图

无线电高度表的优点是,发射天线的发射功率非常低,只有 0. 1 ~ 0. 4W。
下面列出举一些无线电高度表的技术参数指标:

接收装置灵敏度:84dB;

使用 115V、400Hz 电网供电时,功率为 10 ~ 100VA;

使用 27V 直流电网供电时,功率为 10 ~ 100W;

系统总重量:6 ~ 12kg;

收发机体积:3 ~ 12. 5dm^3。

6.4 无线电着陆系统

所谓的无线电着陆系统,是用于在降落和着陆阶段测量飞行器与起飞着陆
跑道相对位置的地面和机载设备综合系统。飞行器的位置信息,是由飞行器机
载设备提供的。

前文在图 3. 1. 1 中给出了飞机飞行轨迹的各个阶段,并在图中标示出了一
种最普通的着陆阶段形式。如果要想更加细致地分析着陆阶段,可以参考图
6. 4. 1(a)中所示的飞行轨迹垂直剖面图。

由 6. 4. 1 图可见:

1——在进入降落前的飞行阶段,飞机通常要保持一定的航向角(水平平面
上的方位角)进行盘旋,使飞机最大程度地靠近进入下滑轨道(预先设定好的飞
机降落航路)的航向航路。

2——在降落阶段,飞机要沿着设定好的航路(下滑轨道)下降高度。

3——在改平阶段,飞机继续下降高度,但是要保持飞机与地面有一个比较
小的迎角。

4——在修正阶段,飞机要相对于起飞着陆跑道的中轴线进行修正(例如,
修正侧向风形成的机体偏斜)。

5——着陆的最后阶段,这个阶段是从飞机接触跑道的瞬间,直到飞机在跑
道上停止滑行为止。

此时,需要自动化地完成着陆控制(包括使用无线电着陆系统)的各种操
作,使飞机的姿态误差不能超过下述指标。

(1) 相对于跑道中轴线来说,飞机机体在水平平面上的姿态偏差不能超过:
飞行高度为 30m 时,机体与跑道中轴线左右偏差不超过 9. 1m;飞行高度为 15m
时,机体与跑道中轴线左右偏差不超过 4. 6m;飞行高度为 2. 4m 时,机体与跑道
中轴线左右偏差不超过 4. 1m。

(2) 相对于下滑轨道来说,飞机机体在垂直平面上的姿态偏差不能超过:飞
行高度为 30m 时,机体与下滑轨道线上下偏差不超过 3. 0m;飞行高度为 15m
时,机体与下滑轨道线上下偏差不超过 1. 4m;飞行高度为 2. 4m 时,机体与下滑

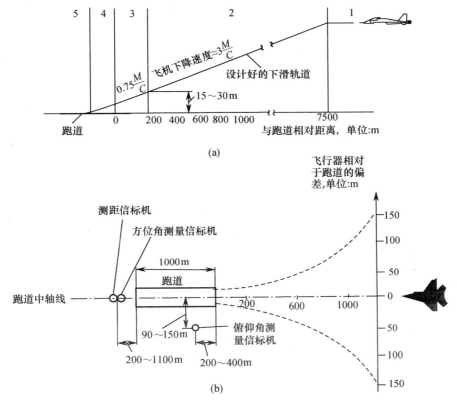

图 6.4.1 飞机降落和着陆阶段飞行轨迹的垂直剖面图(a)
和信标机与起飞着陆跑道的相对位置(b)

1—进入降落前的飞行阶段；2—沿着轨迹降落的飞行阶段；3—着陆前改平阶段；

4—着陆前修正阶段；5—飞机着陆的最后阶段。

轨道线上下偏差不超过 0.4m。

在图 6.4.1(b)中,用虚线标示出了水平平面上的允许误差范围。这个误差范围是国际民航组织 ICAO 规定的飞行安全着陆标准要求。在着陆阶段中的第 3 个阶段(部分阶段)、第 4 个阶段(整个阶段)和第 5 个阶段(整个阶段)中,需要进行手动控制飞行。

下面介绍工作在厘米波段的现役无线电着陆系统的组成。

这种无线电着陆系统的地面设备,主要是由三个信标机组成(测距信标机、方位角测量信标机和俯仰角测量信标机,这些信标机的安装位置如图 6.4.1(b)所示)。无线电着陆系统的机载设备,主要是由彼此独立的测距装置(测量飞机与跑道中心点的相对距离)和测角装置(实时测量飞机俯仰角和航向方位角)组成。这些信标机和相应的机载装置,构成了无线电着陆系统的测距和测角通道。

6.4.1　无线电着陆系统的测距通道

无线电着陆系统的测距通道,用于测量空中飞行器(飞机或直升机)与跑道中心点的相对距离 R。

这个通道使用的是时间(脉冲)测距方法,并且通道的工作原理主要是采用"询问－应答"工作方式。也就是说,飞机机载设备形成询问信号,而地面测距信标机形成应答信号。实际上对距离 R 的测量工作,是在机载设备中完成的。

由于无线电着陆系统测距通道的工作原理和近距导航无线电系统测距通道的工作原理近似,所以计算距离 R 时可以使用式(6.2.1)和式(6.2.2)。

无线电着陆系统测距通道的作用区域,如图6.4.2 所示。图6.4.2 中标示出了三个区域:

(1) 0~13km:高精度测距区域。

(2) 13~15km:过渡区域(通常来说,机载设备高精度测距区域的过渡区域为 14.5km);

(3) 15~37km:普通精度测距区域。

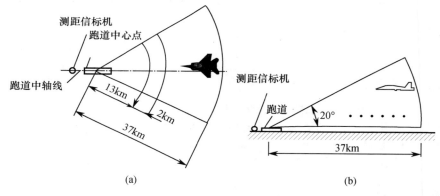

图6.4.2　无线电着陆系统测距信标机的水平作用区域(a)和垂直作用区域(b)

无线电着陆系统测距通道的组成结构,如图6.4.3 所示。

下面介绍无线电着陆系统测距通道的工作过程。

机载设备中的视频处理器(图6.4.3 中的1 号组件)产生2 个电码脉冲,并作为询问信号向空间发射出去。此时,这2 个脉冲之间的间隔时间可能是多种多样的(这取决于在频段 1041~1150MHz 选择什么样的频率通道来发射信号),并且一般来说这个时间间隔可以取最小为 12~18μs、最大为 36~42μs,脉冲宽度可以取 3~4μs。当飞机处于高精度测距区域时,机载设备以每秒2 个脉冲的频率向外发射出去的询问信号为40 个,当飞机处于普通精度测距区域时,机载设备以每秒2 个脉冲的频率向外发射出去的询问信号为16 个。这些电码脉冲最先进入调制器(图6.4.3 中的2 号组件),然后经过机载发射装置(图6.4.3

268

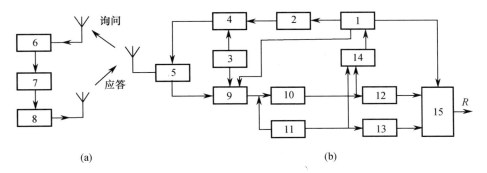

图 6.4.3　无线电着陆系统测距通道的地面设备（a）和机载设备（b）组成结构

1—视频处理器；2—调制器；3—频率合成器；4—机载发射装置；5—天线转换开关；
6—测距信标机接收装置；7—应答信号发生器；8—测距信标机发射装置；
9—机载接收装置；10—窄带滤波器；11—宽带滤波器；12—粗门限装置；
13—精门限装置；14—铁质磁性鉴相器；15—计算机。

中的 4 号组件）的频率合成器（图 6.4.3 中的 3 号组件）变成高频信号,再经过天线转换开关（图 6.4.3 中的 5 号组件）和天线系统作为询问信号发射出去（脉冲功率为 120W）。

询问信号进入地面测距信标机接收天线,然后从接收装置（图 6.4.3 中的 6 号组件）进入应答信号发生器。在这个信号发生器中,询问信号经过译码后产生应答信号（与询问脉冲一样,都是由 2 个脉冲组成,并且询问与应答信号之间的时间间隔是电码形式的,具体的电码值与选择的通道频率有关,可以取值为 $12 \sim 30\mu s$）。这个应答信号进入发射装置,然后经过发射天线向空间发射出去,应答信号的载波频率与询问信号的载波频率相同。

应答信号进入机载天线,然后经过天线转换开关进入机载接收装置（图 6.4.3 中的 9 号组件）,这个装置的工作频段是 $978 \sim 1213MHz$。接收装置的另一输入端口上,输入的是频率合成器（用于形成中间频率）的输出信号和视频处理器（用于降低串联装置的放大系数,达到防过载保护的目的）的输出信号。然后,接收装置（图 6.4.3 中的 9 号组件）输出的信号分别进入窄带滤波器（图 6.4.3 中的 10 号组件,滤波带宽为 $0.35MHz$,当飞机处于普通精度测距区域时,使用这个滤波器）和宽带滤波器（图 6.4.3 中的 11 号组件,滤波带宽为 $3.5MHz$,当飞机处于高精度测距区域时,使用这个滤波器）。由于宽带滤波器的滤波带宽被展宽了,所以可以对具有陡峭前沿的脉冲进行处理,即实现高精度测距。这两种滤波器输出端口上都有一个门限装置,门限装置可以产生某种距离计数脉冲,粗门限装置（图 6.4.3 中的 12 号组件）安装在窄带滤波器输出端口,精门限装置（图 6.4.3 中的 13 号组件,组成结构如图 6.4.4 所示）安装在宽带滤波器输出端口。此外,两个滤波器输出端口还被接入铁质磁性鉴相器（图 6.4.3 中的 14 号组件）的输入端口上（这个鉴相器从结构上看是一种交换器）,鉴相器可以根据飞机当前时刻所处的测距区域(普通精度测距区域或高精度测距区域),来选择是否接通视频处理器。最后,粗门限装置和精门限装置的输出端口与计算机(图 6.4.3 中的 15 号组件)连接在一起,并使计算机与视频处理器同步工作。这个计算机可以根据式(6.2.1)和式(6.2.2)所示的算法,计算出距离 R 的距离值。

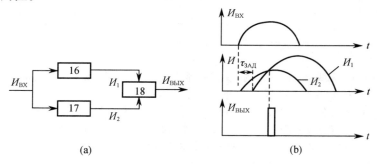

图 6.4.4　精门限装置组成结构(a)及其信号波形图(b)

16—延迟线(延迟时间为 $\tau_{3АД}$);17—衰减器;18—比较器。

下面介绍精门限装置的组成结构和工作过程(图 6.4.4)。由于图 6.4.4 所示的电路属于如图 6.4.3 所示的电路组成部分,所以图 6.4.4 中的组件编号沿用了图 6.4.3 中的编号顺序。

输入脉冲 $И_{BX}$ 的前沿可以用函数 $\cos t$ 表示,而脉冲后沿可以用函数 $\cos^2 t$ 表示,这个脉冲进入延迟线(图 6.4.4 中的 16 号组件,延迟时间为 $\tau_{3АД}=100\text{ns}$)和衰减器(图 6.4.4 中的 17 号组件,衰减值为 6dB),这 2 个组件输出信号 $И_1$ 和 $И_2$ 进入比较器(图 6.4.4 中的 18 号组件,用于进行信号电压比较)。当 $И_1$ 和 $И_2$ 电压相等时,比较器产生用于估算距离 R 的计数脉冲。

下面列举出了一些无线电着陆系统测距通道机载设备的技术参数指标:

高精度测距时的接收装置灵敏度:60dB · μW;

普通精度测距时的接收装置灵敏度:80dB · μW;

使用 115V、400Hz 电网供电时,功率为 75VA;

系统总重量(不计电缆):5.4kg;

发射装置重量:4.77kg;

收发装置体积:7.6dm³。

6.4.2　无线电着陆系统的测角通道

无线电着陆系统测角通道的作用是,通过形成降落飞机与航线和下滑轨道之间的偏差信息,使得接近跑道的飞行器保持在指定的下滑轨道上(图 6.4.1(a))。这种真实航路与设定航线之间的偏差信息,是由无线电着陆系统方位角测角通道计算完成的,而真实航路与设定下滑轨道之间的偏差信息,是由无线电着陆系统俯仰角测角通道完成的。

需要注意的是,方位角测角通道中可以直接计算出真实航路与设定航线之间的偏差,即测量出飞机当前方位角,俯仰角测角通道中需要间接地计算出真实航路与设定下滑轨道之间的偏差,即通过测量飞机当前俯仰角,再把俯仰角转换成当前下滑轨道的倾斜角,最后把得到的倾斜角与预先设定的标准下滑轨道倾斜角进行比较。

这 2 种无线电着陆系统测角通道,主要都是由地面信标机和机载设备组成的。因此,如果方位角和俯仰角信标机是两个独立的地面信标机(图 6.4.1 (b)),那么两种通道的机载设备可以通用,并且机载设备可以在方位角和俯仰角测量状态之间轮流切换。

下面列出一些无线电着陆系统测角通道的技术参数指标:

(1)作用范围。

方位角测量(相对于跑道中轴线),$\Delta\alpha_{3Д} = \pm(40° \sim 60°)$;

俯仰角测量(相对于俯仰角地面信标机天线所在水平平面),$\Delta\beta_{3Д} = (0° \sim 20°)$;

(2)机载设备的信息生成频率。

飞机方位角的每秒测量次数,13 次或 39 次;

飞机俯仰角的每秒测量次数,39 次;

(3)信号载波频率,5000 ~ 5750MHz。

下面具体介绍这两种测角通道的工作特点。

无线电着陆系统方位角测角通道。无线电着陆系统方位角测角通道的作用是,用于测量下降飞机的当前方位角。无线电着陆系统方位角测角通道的设备组成包括,地面方位角测量信标机(用于发送飞机与跑道中轴线之间的偏差信息,这个信标机安装在跑道中轴线的延长线上)和机载设备(用于测量下降飞机的方位角)。

下面介绍这种地面方位角测量信标机的工作原理。

地面方位角测量信标机有 2 个发射天线,即:强方向图天线和弱方向图天线。

强方向图天线通常采用相控阵天线,其辐射单元数量多达 80 ~ 100 个。这个辐射单元的辐射信号幅度和相位可以保持严格的控制,因此方位角测量信标机可以形成水平平面上比较窄的、垂直平面上比较宽的方向图 $G_{A3}(\alpha,\beta)$。相控阵天线的水平宽度为 3.66m,垂直高度为 1.22m,水平方向图(方位角)宽度 $\Delta\alpha_{A3}$ 等于 1°,垂直方向图(俯仰角)宽度 $\Delta\beta_{A3}$ 等于 3° ~ 5°。如果相控阵天线的尺寸不同,那么上述方向图的 $\Delta\alpha_{A3}$ 和 $\Delta\beta_{A3}$ 会有所不同。

在前文介绍过,相控阵天线具有的最重要优点就是,可以足够快速地在空间中(无惯性的)移动方向图。方位角测量信标机的相控阵天线,通过对信号(进入辐射单元中的信号)的幅度和相位进行控制,可以使方向图 $G_{A3}(\alpha,\beta)$ 在方位角平面上(图6.4.5)进行移动(扫描)。这种扫描可以是沿着一个方向扫描,也可以是沿着其他方向扫描,目的是将辐射信号覆盖住整个测角通道的作用范围。

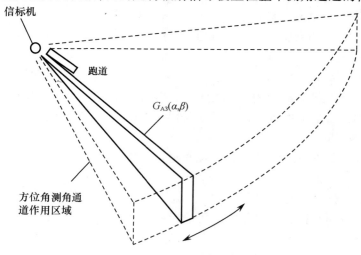

图6.4.5 方位角测量信标机的方向图 $G_{A3}(\alpha,\beta)$

相控阵天线通过自身转动,可以连续发射未经调制的无线电波。因此,当相控阵天线的方向图 $G_{A3}(\alpha,\beta)$ 从处于测角通道作用范围内的飞机附近掠过时,机载接收装置输入端口上进入的脉冲信号宽度为

$$\tau_{HA3} = \frac{\Delta\alpha_{A3}}{\Omega_{A3}} \tag{6.4.1}$$

式中:Ω_{A3} 为方向图 $G_{A3}(\alpha,\beta)$ 的移动角速度。当天线扫描速度为 $0.02(°)/\mu s$,且方向图宽度为 $1°\sim4°$ 时,τ_{HAB} 等于 $50\sim200\mu s$。

机载接收装置输入端口上进入的脉冲信号包络变化,与方向图 $G_{A3}(\alpha,\beta)$ 的所处方向相一致。当方向图 $G_{A3}(\alpha,\beta)$ 向某个方向移动时,所产生的脉冲信号如图6.4.6所示。

需要注意的是,相控阵天线只在无线电着陆系统测角通道的作用范围内(这个范围边界是 $\Delta\alpha_{3\text{Д}}$)进行连续辐射。当方向图 $G_{A3}(\alpha,\beta)$ 指向测角通道作用范围的边界时,相控阵天线停止辐射。

当弱方向图天线开始辐射信号时,会出现一种特殊的间歇时间。弱方向图天线辐射的信号,是由信息信号 $\text{ИC}_\text{Г}$ 和间歇脉冲($K_\text{Л}$ 和 $K_\text{П}$)组成的。

信息信号 $\text{ИC}_\text{Г}$ 是由几个不同宽度的脉冲信号相互衔接组成的,其中每一个组成脉冲都可以完成某种功能,例如,控制相控阵天线与机载设备同步工作、形成机载设备工作的基准时间(从扫描周期开始时计时)、提供地面方位角测量信标机位置、确定区域外飞机位置、启动设备自检等。间歇脉冲用于鉴定(利用机

272

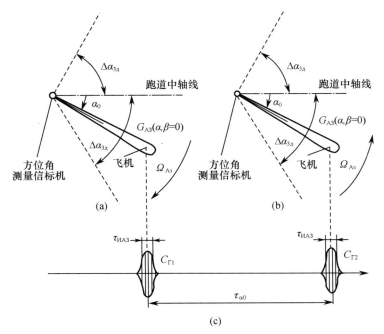

图 6.4.6　当信标机方向图 $G_{A3}(\alpha,\beta)$ 顺时针（a）和逆时针（b）移动时，
无线电着陆系统测角通道作用范围在水平平面上的投影，以及方向
图照射到飞机时机载接收装置上输入的信号波形图（c）
$2\Delta\alpha_{3д}$—无线电着陆系统测角通道的作用范围

载设备）飞机位置，即判定飞机是否处于测角通道的作用范围内。

　　地面方位角测量信标机的发射信号组成方式如上所述。当这个发射信号进入机载接收装置时，可能出现的情况如图 6.4.6（c）和图 6.4.7（b）、（c）所示。

　　下面介绍无线电着陆系统方位角测角通道机载设备的工作原理，其设备组成结构如图 6.4.8 所示。

　　地面方位角测量信标机发射的信号被喇叭型机载天线接收到，这种喇叭天线或者是安装在机身前端，或者是安装在机身下部。然后，这个信号经过机载接收装置（图 6.4.8 中的 1 号组件）变成相应的视频信号，分别进入信息信号 ИСг 处理装置（图 6.4.8 中的 2 号组件，这个装置产生的视频信号发送给同步器，这个视频信号用于表示基准时间、指示器指示范围、作为设备自检信号等等）、间歇信号处理装置（图 6.4.8 中的 4 号组件，这个装置产生的视频脉冲，经过同步器和计算机对飞机控制系统进行控制，使控制系统在测角通道的作用范围内工作）和图 6.4.8 中的 6 号组件。

　　需要注意的是，在信息信号 ИСг 处理装置产生的视频信号作用下，同步器（图 6.4.8 中的 3 号组件）会在需要的时刻（见图 6.4.7）起动间歇信号处理装置和图 6.4.8 中的 6 号组件。此外，同步器输出的视频脉冲还会发送给计数脉冲

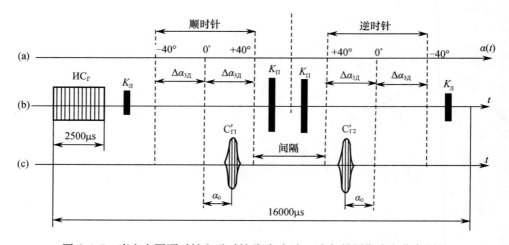

图 6.4.7　当方向图顺时针和逆时针移动时,在一个扫描周期中方位角测量
信标机的最大方向图角度坐标(a);机载接收装置从信标机的弱方向图
发射天线(b)和强方向图发射天线(c)上接收到的信号

$2\Delta\alpha_{3\text{Д}}$—无线电着陆系统测角通道的作用范围(此时,$\Delta\alpha_{3\text{Д}}=40°$);

α_0—飞机在水平平面上与跑道中轴线的相对夹角;ИС_Γ—信息信号;

$\text{К}_\text{Л}$ 和 $\text{К}_\text{П}$—左侧和右侧间歇脉冲;$\text{СГ}'_1$ 和 $\text{СГ}'_2$—强方向图顺时针和

逆时针移动时,飞机机载设备上接收到的信号。

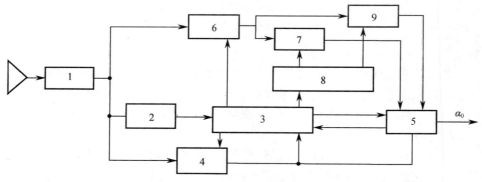

图 6.4.8　无线电着陆系统方位角测角通道的机载设备组成结构

1—机载接收装置;2—信息信号 ИС_Γ 处理装置;3—同步器;4—间歇信号($\text{К}_\text{Л}$ 和 $\text{К}_\text{П}$)处理装置;

5—计算机;6—从信标机强方向图发射天线接收到的信号($\text{СГ}'_1$ 和 $\text{СГ}'_2$)处理装置;

7—第一个接通电路;8—计数脉冲发生器;9—第二个接通电路。

发生器(图 6.4.8 中的 8 号组件),起动计数脉冲发生器开始工作,并控制计算
机进行周期性工作。

　　由图 6.4.7(b)可见,地面方位角测量信标机可以发射(被机载喇叭天线接
收)2 种间歇信号,左侧间歇脉冲 $\text{К}_\text{Л}$ 和右侧间歇脉冲 $\text{К}_\text{П}$。在间歇信号处理装置
(图 6.4.8 中的 4 号组件)中,可以对这种间歇信号的幅度进行比较。如果某个

信号的幅度比另一个信号的幅度低 15dB,那么意味着飞机处于测角通道的作用范围内。反之,则意味着飞机处于测角通道的作用范围之外。在间歇信号处理装置中,还可以对间歇信号的幅度进行进一步分析,如果 $K_Л > K_П$,意味着飞机从测角通道作用范围的左侧离开,于是计算机产生"向右飞行"的信号。同理,当 $K_Л < K_П$ 时,计算机产生"向左飞行"的信号。

最后,为了能够让处于无线电着陆系统测角通道作用范围内的飞机更加准确地引导向跑道中轴线,需要利用图 6.4.8 中的 6 号组件输出的视频信号,这个视频信号就是如图 6.4.6(c) 和图 6.4.7(c) 所示的 $CГ'_1$ 和 $CГ'_2$ 信号。$CГ'_1$ 信号进入第一个接通电路(图 6.4.8 中的 7 号组件),$CГ'_2$ 信号进入第二个接通电路(图 6.4.8 中的 9 号组件),同时在两个接通电路中还会输入计数脉冲发生器产生的计数脉冲。计数脉冲的个数代表着视频信号 $CГ'_1$ 和 $CГ'_2$ 的脉冲宽度,而且计数脉冲个数最终还要发送给计算机,进而计算出信号 $CГ'_1$ 和 $CГ'_2$ 达到最大时所对应的时间坐标。此外,计算机还可以计算出用于表示计数脉冲个数的 $\tau_{\alpha 0}$ 值(见图 6.4.6(c))。

当计算机计算出这些数值之后,可以确定飞机所在位置的方位角 α_0 具体值。然后,把 α_0 值发送给飞机驾驶系统,使飞机改变姿态直到 $\alpha_0 = 0$,即将飞机飞行航线在水平平面上的投影与跑道中轴线的延长线重合。

无线电着陆系统俯仰角测角通道。无线电着陆系统俯仰角测角通道的作用是,用于测量飞机下滑轨道与地表平面的相对倾斜角(这个角度是机载设备预先设定好的)和飞机当前俯仰角之间的实时角度偏差。

无线电着陆系统俯仰角测角通道的设备组成包括,地面俯仰角测量信标机(用于发送飞机与下滑轨道之间的偏差信息,这个信标机安装在跑道中轴线附近,可以相对于跑道中轴线进行小范围移动)和机载设备(用于测量下降飞机的俯仰角,并计算出设定好的下滑轨道倾斜角与测量出的飞机俯仰角之间的偏差角度)。需要注意的是,无线电着陆系统的俯仰角测角通道和方位角测角通道,是共用一套机载设备(即这套机载设备可以在不同的测角状态间切换工作)。

下面介绍这种地面俯仰角测量信标机的工作原理。

这种信标机采用相控阵天线,可以形成垂直平面上比较窄的(大约 1°)、水平平面上比较宽的(80°~120°)方向图 $G_{yM}(\alpha,\beta)$。通过控制相控阵天线的辐射单元,可以使得方向图在俯仰角测量通道的作用范围内进行上下扫描,见图 6.4.9。这种匀速扫描的角速度为 Ω_{yM},一般来说 Ω_{yM} 不小于 0.01~0.02(°)/μs。此时,地面俯仰角测量信标机的相控阵天线,可以在空间中连续发射未经调制的无线电信号。

在图 6.4.10 中描述了机载设备对信号 $CГ''_1$ 和 $CГ''_2$ 的接收过程。这些信号都是在方向图 $G_{yM}(\alpha,\beta)$ 扫过飞机时产生的。因此,这些信号的脉冲宽度等于:

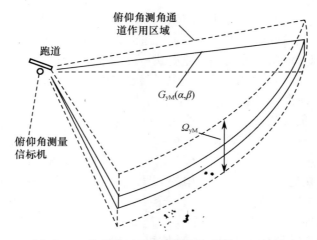

图 6.4.9 俯仰角测量信标机的方向图 $G_{yM}(\alpha,\beta)$

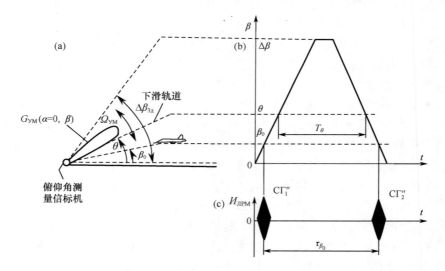

图 6.4.10 俯仰角测量信标机方向图 $G_{yM}(\alpha,\beta)$ 向上和向下移动时，
无线电着陆系统俯仰角测量通道作用范围在垂直平面上的投影（a）；
方向图 $G_{yM}(\alpha,\beta)$ 的俯仰角 β 时间变化曲线（b）；机载设备输入信号（c）
$\Delta\beta_{3д}$—无线电着陆系统测角通道的作用范围；θ—下滑轨道与地面的相对倾斜角。

$$\tau_{ИУМ} = \frac{\Delta\beta_{yM}}{\Omega_{yM}} \tag{6.4.2}$$

式中：$\Delta\beta_{yM}$ 为垂直方向图 $G_{yM}(\alpha,\beta)$ 的宽度。由于接收到的信号包络变化与方向图 $G_{yM}(\alpha,\beta)$ 变化保持一致（当 α 角保持不变时），机载设备输出信号可以表示成

$$\delta\beta = \beta_0 - \theta = 0.5\Omega_{yM}(\tau_{\beta_0} - T_{\theta}) \tag{6.4.3}$$

276

式中：β_0 为飞机俯仰角；θ 为下滑轨道与地面的相对倾斜角（这个角度是机载设备已知的，通常足够小约为 1°～3°）；τ_{β_0} 为信号 $\text{СГ}_1''$ 和 $\text{СГ}_2''$ 之间的间隔时间；T_θ 为最大方向图 $G_{\text{УМ}}(\alpha,\beta)$ 连续 2 次扫过飞机下滑轨道的间隔时间（当 $\alpha=0$ 时）。

可以实现式（6.4.3）算法的无线电着陆系统俯仰角测量通道机载设备组成结构，如图 6.4.11 所示。由于测量 α_0 和 $\delta\beta$ 时，使用的是同一套机载设备，所以图 6.4.11 中的组件编号与图 6.4.8 中的组件编号相同。

机载喇叭天线接收到的信号（信号 $\text{СГ}_1''$ 和 $\text{СГ}_2''$），最先进入机载接收装置（图 6.4.11 中的 1 号组件），然后进入信号 $\text{СГ}_1''$ 和 $\text{СГ}_2''$ 处理装置（图 6.4.11 中的 6 号组件），并由这个信号处理装置产生对应着 $\text{СГ}_1''$ 和 $\text{СГ}_2''$ 信号的视频脉冲。此时，同步器（图 6.4.11 中的 3 号组件）对视频脉冲进行时间选择（必须要进行这个操作，因为无线电着陆系统测角通道的作用范围内可能会存在其他飞机，而这些飞机的反射信号也可能在本机机载接收装置输入端口上形成假目标信号），并起动计数脉冲发生器（图 6.4.8 中的 8 号组件）和控制计算机进行同步工作。

在信号 $\text{СГ}_1''$ 和 $\text{СГ}_2''$ 处理装置输出的视频脉冲中，$\text{СГ}_1''$ 信号进入第一个接通电路（图 6.4.11 中的 7 号组件），$\text{СГ}_2''$ 信号进入第二个接通电路（图 6.4.11 中的 9 号组件）。在这 2 个信号的作用下，接通电路被打开，并且在 2 个视频信号的作用时间内，使计数脉冲进入飞机俯仰角 β_0 计算机（图 6.4.11 中的 10 号组件）。由于 2 个接通电路中的视频信号宽度与进入到计算机（图 6.4.11 中的 10 号组件）中的计数脉冲个数成正比，所以计算机可以计算出这些视频信号中每一个信号最大值出现时的时间，以及信号最大值之间的时间间隔 τ_{β_0}。由于 T_θ 和 $\Omega_{\text{УМ}}$ 是已知的，所以计算机（图 6.4.11 中的 10 号组件）可以根据得到的 τ_{β_0} 和

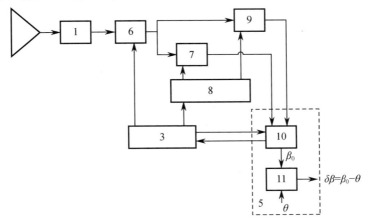

图 6.4.11 无线电着陆系统俯仰角测角通道的机载设备组成结构

1—机载接收装置；3—同步器；5—计算机；6—信号 $\text{СГ}_1''$ 和 $\text{СГ}_2''$ 处理装置；7—第一个接通电路；

8—计数脉冲发生器；9—第二个接通电路；10—飞机俯仰角 β_0 计算机；

11—减法器；θ—下滑轨道与地面的相对倾斜角。

$\tau_{\text{ИУМ}}$ 值计算出具体的飞机俯仰角 β_0。

由于无线电着陆系统俯仰角测角通道不仅要测量出 β_0，而且还要对 $\delta\beta$ 进行修正（目的是利用飞机驾驶系统，控制飞机保持在设定好的下滑轨道上），所以机载设备的输出装置是一个用于计算 $\delta\beta = \beta_0 - \theta$ 差值的减法器（图 6.4.11 中的 11 号组件）。实际上，图 6.4.11 中的 5 号组件（计算机）中的一个功能模块，可以作为减法器使用。

下面列出一些无线电着陆系统测角通道的机载设备技术参数指标：

方位角测量时的测量误差：$0.015° \sim 0.017°$；

俯仰角测量时的测量误差：$0.01° \sim 0.017°$；

消耗功率：30W；

主要部件重量：$5 \sim 6$kg；

主要部件体积：$5 \sim 6$dm^3。

参 考 文 献

1. Авиационная радионавигация. Справочник/Под ред. *Сосновского А.А.*— М.: Транспорт, 1990. — 264 с.
2. Авиационная радиосвязь: Справочник/Под ред. *Олянюка П.В.*— М.: Транспорт, 1990.— 208 с.
3. Авиационное радиоэлектронное оборудование/*Алексеев Ю.Я.*, *Бенев В.Н.*, Ефимов В.А., *Каверин С.Н.*, *Татарский Б.Г.* Под ред. *Ефимова В.А.* — М.: Изд. ВВИА им. Н.Е. Жуковского, 1993.— 230 с.
4. Авиационные системы радиоуправления, в 3-х тт./Под ред. *Канащенкова А.И.* и *Меркулова В.И.*— М.: Радиотехника, 2003.
5. *Анодина Т.Г.*, *Кузнецов А.А.*, *Маркович Е.Д.* Автоматизация управления воздушным движением.— М.: Транспорт, 1992.— 280 с.
6. *Бакулев П.А.*, *Сосновский А.А.* Радиолокационные и радионавигационные системы.— М.: Радио и связь, 1994.— 296 с.
7. *Баскаков С.И.* Радиотехнические цепи и сигналы.— М.: Высшая школа, 2003.— 462 с.
8. *Виницкий А.С.* Автономные радиосистемы.— М.: Радио и связь, 1986. — 336 с.
9. *Волкоедов А.П.* Радиолокационное оборудование самолетов.— М.: Машиностроение, 1984.— 152 с.
10. *Гоноровский И.С.* Радиотехнические цепи и сигналы.— М.: Радио и связь, 1986.— 512 с.
11. *Давыдов П.С.*, *Сосновский А.А.*, *Хаймович И.А.* Авиационная радиолокация.— М.: Транспорт, 1984.— 223 с.
12. *Долуханов М.П.* Распространение радиоволн.— М.: Связь, 1972.— 336 с.
13. Защита радиолокационных систем от помех. Состояние и тенденции развития/Под ред. *Канащенкова А.И.*, *Меркулова В.И.*— М.: Радиотехника, 2003.— 416 с.
14. *Канащенков А.И.*, *Меркулов В.И.*, *Самарин О.Ф.* Облик перспективных радиолокационных систем.— М.: ИПРЖР, 2002.— 176 с.
15. *Коптев А.Н.* Системы самолетовождения.— М.: Машиностроение, 1984.— 128 с.
16. *Криницын В.В.*, *Логвин А.И.* Формирование и передача сигналов в авиационных радиоустройствах.— М.: Транспорт, 1998.— 248 с.
17. *Куприянов А.И.*, *Сахаров А.В.* Радиоэлектронные системы в информационном конфликте.— М.: Вузовская книга, 2003.— 528 с.
18. *Марков Г.Т.*, *Сазонов Д.М.* Антенны.— М.: Энергия, 1975.— 528 с.
19. *Гришин Ю.П.*, *Ипатов В.П.*, *Казаринов Ю.М.* и др. Радиотехнические системы. Под ред. *Казаринова Ю.М.*— М.: Высшая школа, 1990.— 496 с.
20. *Борисов В.А.*, *Калмыков В.В.*, *Ковальчук Я.М.* и др.Радиотехнические системы передачи информации. Под ред. *Калмыкова В.В.*— М.: Радио и связь, 1990.— 302 с.
21. *Болдин В.А.*, *Горгонов Г.И.*, *Коновалов В.Д.* и др. Радиоэлектронное оборудование. Под ред. *Сидорина В.М.*— М.: Воениздат, 1990.— 288 с.
22. *Сосновский А.А.*, *Хаймович И.А.* Радиоэлектронное оборудование летательных аппаратов.— М.: Транспорт, 1987.— 256 с.
23. Устройства СВЧ и антенны. Проектирование фазированных антенных решеток/ *Воскресенский Д.И.*, *Степаненко В.И.*, *Филиппов В.С.* и др. Под ред. *Воскресенского Д.И.*— М.: Радиотехника, 2003.— 631 с.

内 容 简 介

　　本书以各种典型的机载无线电设备为案例,系统介绍了各种机载无线电设备的工程设计原理和信号处理方法,对不同设计原理的优缺点进行了机理分析,并结合机理分析深入阐述了机载无线电设备在工程设计与研制生产中需要注意的问题。本书主要内容涵盖了经典机载通信系统设计、航空无线电定向、定位导航系统设计、机载雷达系统设计、机载电子对抗系统设计、微波着陆系统设计,从这些无线电技术应用系统案例中,可以直观地反映出俄制航空电子设备的技术特点、工程设计理念和技术最新进展。本书适用于无线电通信、导航、着陆、目标探测和识别,与电子侦察、对抗和防御专业的科研设计人员,以及航空装备发展论证研究人员、航空装备使用维护工程师,与高等院校教师、研究生和大学生参考使用。